催化汽油吸附脱硫(S Zorb)装置案例集及孙同根操作法

李　鹏　孙同根　主编

中国石化出版社
·北京·

内 容 提 要

本书详细介绍了催化裂化汽油吸附脱硫(S Zorb)装置典型案例，着重叙述了孙同根大师根据装置运行经验提出的独具特色的操作方法。全书从工艺技术原理、设备结构、生产运行管理等方面进行定性及定量分析，针对部分装置出现的脱硫能力下降、进料系统高温部位结焦、取热盘管泄漏、吸附剂管线磨损、程控阀故障等问题，进一步分析原因，提出解决措施。

本书是一部将理论融于生产运行实践的专著，可以供从事催化裂化汽油吸附脱硫相关工作的科研、设计、生产和管理工作的广大人员及高等院校相关专业师生学习和参考。

图书在版编目(CIP)数据

催化汽油吸附脱硫(S Zorb)装置案例集及孙同根操作法 / 李鹏，孙同根主编. — 北京：中国石化出版社，2024.6

ISBN 978-7-5114-7531-2

Ⅰ.①催… Ⅱ.①李… Ⅲ.①石油炼制-催化汽油-脱硫-化工设备-案例 Ⅳ.①TE624.1

中国国家版本馆 CIP 数据核字(2024)第 100159 号

中国石化出版社出版发行

地址：北京市东城区安定门外大街 58 号

邮编：100011 电话：(010)57512500

发行部电话：(010)57512575

http://www.sinopec-press.com

E-mail：press@sinopec.com

北京科信印刷有限公司印刷

全国各地新华书店经销

*

787 毫米×1092 毫米 16 开本 16 印张 372 千字

2024 年 6 月第 1 版 2024 年 6 月第 1 次印刷

定价：68.00 元

编委会

主编： 李　鹏　孙同根

编委： 黄福荣　徐　莉　李　铮　赵　欣

前言

催化汽油吸附脱硫(S Zorb)技术由燕山石化公司于2007年引进，由于具有脱硫深度高、氢耗低以及辛烷值损失少等优点，中国石化买断后作为中国石化炼油企业生产超低硫清洁汽油的核心技术。目前，在国内已经建成了39套S Zorb工业装置，总加工能力超过52.3Mt/a，其应用范围广泛，产生了重大的经济和社会效益。在S Zorb技术创新与发展过程中，通过结合工程设计及实际运行经验，成功实现装置长周期平稳运行，同时在降低装置剂耗和能耗方面也取得显著进步。但随着运行周期变长，部分装置出现了脱硫能力下降、进料系统高温部位结焦、取热盘管泄漏、吸附剂管线磨损、程控阀故障等问题，需要进一步分析原因，提出解决措施。

2023年，中国石化集团公司炼油事业部在石油化工管理干部学院，举办了第一期汽油吸附脱硫装置专家培训班，由三位中国石化设计、研究、生产方面的高层级专家(石油化工科学研究院研究员徐莉、工程建设公司技术总监黄福荣、金陵石化技能大师孙同根)组成班主任团队，共招收了27名学员，其中中国石化学员24人，中国石油1人，中国海油1人，延长石油1人。三位班主任带领学员对学员所在装置开工以来出现的典型案例进行了征集，编写了《催化汽油吸附脱硫(S Zorb)装置案例集》。从反应、再生、闭锁料斗、原料等四个方面进行了分类，各案例主要包括基本情况、原因分析、优化措施、共识等部分，从工艺技术原理、设备结构、生产运行管理等方面进行定性及定量分析，并提出了行之有效的建议措施。

孙同根大师2013年根据金陵石化150Mt/a S Zorb装置运行经验，创造性提出了独具特色的操作方法，中国石化炼油事业部在2015年将此方法命名为孙同根操作法。操作法实施10年以来，对S Zorb装置安全平稳经济运行起到了良好的促进作用，借举办专家班时机，孙同根大师又与学员一起，对操作法进行了补充完善，与案例集一起编辑出版，希望能把运行经验传授给中国石化集团公司以外的同行，共同促进中国炼油行业的技术进步。

本书将理论融于生产运行实践，对解决装置运行实际问题，推动汽油吸附脱硫技术的持续进步，对已建成的催化汽油吸附脱硫装置安全平稳生产，具有指导意义。

中国石化炼油事业部　李　鹏

2024年1月5日

上篇 催化汽油吸附脱硫(S Zorb)装置案例集

下篇　催化汽油吸附脱硫（S Zorb）孙同根操作法

上　篇

催化汽油吸附脱硫（S Zorb）装置案例集

第一章 ▶ 反应部分

案例一 S Zorb 装置 D105 脱气线泄漏

引言：S Zorb 装置反应系统脱气线为反应器接收器 D105 顶返回反应器 R101 的管线。脱气线内介质为易燃易爆油气和吸附剂的混合物，属于高危部位，脱气线一旦泄漏着火，会对装置的平稳运行和人身安全造成重大威胁，对环境造成严重污染，造成巨大经济损失。

摘要：本文介绍了 S Zorb 装置脱气线泄漏着火出现的部位，并对着火泄漏原因进行详细分析，为避免再次泄漏着火，提出了合理的解决防范措施。

关键词：S Zorb　脱气线　汽油　泄漏着火

1. 背景介绍

D105 为 S Zorb 装置反应器接收器，D105 顶气相线为 D105 顶返回反应器 R101 的管线，主要用于 D105 内油气排回至反应系统，便于吸附剂顺利自反应器 R101 向 D105 转剂，同时有利于 D105 吸附剂气提效果，防止油气被带入闭锁料斗，避免闭锁料斗烃氧环境转换时在规定的时间内吹烃不合格，造成安全隐患。大量油气带入再生系统，生成大量水，为硅酸锌的生成创造条件，使吸附剂在输送过程中结块，堵塞管线阀门和设备，导致吸附剂失活。S Zorb 装置 D105 顶部脱气线内介质为油气和吸附剂，运行时状态为 410~430℃、2. 6~2. 9MPa。脱气线为装置重点监控部位，风险较大，多套 S Zorb 装置该管线出现泄漏着火情况。

从 D105 顶至 R101，首先，分布 4 个 45°长半径弯管，最后一个是 90°弯管，弯管和直管之间通过自紧式活套法兰进行连接。脱气线泄漏的部位主要集中在弯头处，图 1-1-1 为某装置 D105 脱气线顶部 90°弯头泄漏处图片。此外，D105 脱气线也位于直管段及脱气线进 R101 反应器入口处器壁阀后。泄漏部位大都为管线穿孔，形状不规则。

图 1-1-1　D105 脱气线顶部 90°弯头泄漏处

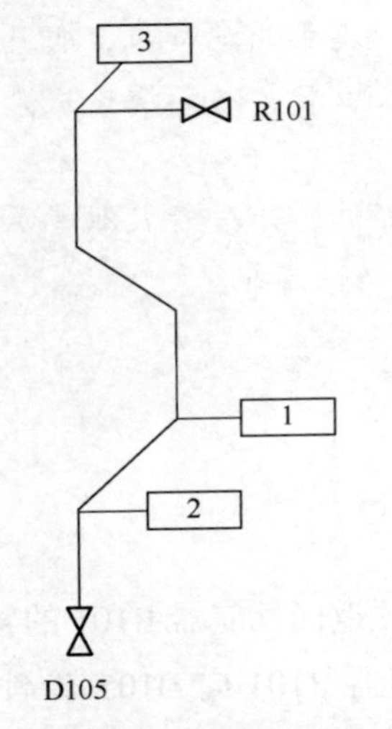

图 1-1-2　D105 脱气线泄漏部位示意图

2. 原因分析

D105 脱气线工作压力为 2.6～2.9MPa，温度为 410～430℃，气相返回线全长 15.1m，管径 $DN100$，设计采用了大曲率半径弯管，从下到上共分布有 4 个 45°/$R=8D$ 长曲率半径弯管和 1 个 90°/$R=5D$ 大曲率半径弯管。通过对泄漏位置进行分析，泄漏位置多为弯头处，如 D105 脱气线底部第二个 45°弯管(位置 1 处)发生泄漏，如图 1-1-2 所示，现场检查发现中部外弯正中线部位被冲刷出一个黄豆大小的孔。其他弯头底部第一个 45°弯管(位置 2 处)和顶部 90°弯管下部外弯(位置 3 处)也相继发现泄漏。若对脱气线进行全面测厚，发现弯管外弯多处减薄情况较为严重。

对 D105 脱气线内部检查，发现内部冲蚀严重，通过如图 1-1-3拆除的管线检查可以看出：第一个 45°弯管的冲刷减薄相对其他弯管更为明显；90°弯管虽然位于最后，但由于弧度较小，受冲刷腐蚀同样较为明显，弯管外弯的侧面相对于正面部位减薄量较小，但也存在不同程度的减薄。分析减薄原因是为保证 D105 内吸附剂上油剂分离效果，气提氢气量控制过大(标准状况下 1200～1400m^3/h)，脱气线内线速过高(4.4m/s)，导致吸附剂对弯头处造成冲刷腐蚀。

3. 处理措施及效果

3.1　弯管处增加外保护半套管

针对脱气线全面减薄的情况，对脱气线进行了全部更换，并对弯管进行了改造。将与原弯管同等规格的 P11 弯管段沿纵向中心线剖开，选用外半弯，两端用 P11 板材封堵，内部密集填充刚玉料，在外弯部位形成外保护半套管如图 1-1-4 所示，对脱气线实现了三重保护。同时将管线的测厚频次增加至 1 次/月，加强运行监控。

图 1-1-3　D105 脱气线内部冲蚀图

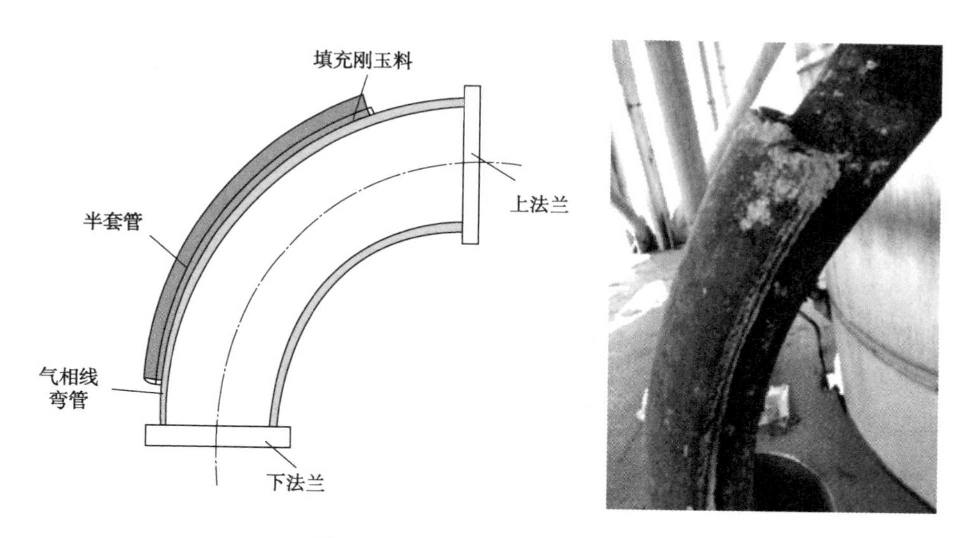

图 1-1-4　D105 脱气线弯头改造

3.2　对脱气线进行扩径改造

根据气体理想状态方程 $PV=nRT$，在压力为 2.8MPa、温度为 410℃ 的条件下，计算出体积 V_2，根据线速公式 $u=V_2/A$，$A=\pi d^2/4$ 可以计算出不同气提氢气量下的线速，如表 1-1-1所示。加大脱气线管径可以降低脱气线内线速，进一步减弱对脱气线的冲蚀。将其由 $DN100$ 扩径至 $DN150$，将气提量进一步降低到 590Nm^3/h。

表 1-1-1 脱气线线速对比

脱气线管径/mm	气提氢气量 V_1/(Nm³/h)	反应条件下的体积 V_2/(m³/h)	线速/(m/s)
100	1300	112.2	3.9
	900	77.6	2.7
	670	57.8	2.0
150	670	67.8	1.2
	590	50.9	0.8

3.3 调整气提氢气量

气提量过大冲刷管道，气提量过小，气提效果不佳，容易将烃类物质带入再生器。降低脱气线流速以减缓管道磨损，各企业将气提氢气流量按<900Nm³/h 控制，同时参考 1.50Mt/a 装置(流量为 670Nm³/h)、1.2Mt/a 装置(流量为 425Nm³/h)操作经验。

通过对脱气线弯头增加外保护半套管、脱气线进行扩径改造和调整气提氢气量后，管线减薄趋势得到明显控制，除直管段和内弯处稍有减薄外，其余部位无明显减薄情况。

4. 优化方向

① D105 内吸附剂床型为固定床，以 1.5Mt/a 装置为例，D105 内气提氢气线速按 0.01~0.045m/s 控制，经计算对应气提氢气量应控制在 150~675Nm³/h。为避免管道磨损，控制脱气线内气提氢气线速不大于 3m/s，根据该线速可计算出气提氢气流量最大不宜超过 900Nm³/h，两个条件均需满足，因此，控制 D105 气提氢气量 FIC2301 在 670Nm³/h 以下；同时为了保证 D105 气提效果，气提温度为 400~430℃，需确保吸附剂在 D105 内停留时间在 20min 以上。

② 条件允许时对 D105 脱气线进行扩径改造，由 *DN*100 扩为 *DN*150，经过计算线速可以从 2.8m/s 降至 1.26m/s(按气提量 900Nm³/h、压力 2.7MPa、温度 410℃计算)，在此线速下可以大大降低对弯头的冲刷磨损。

③ 建议设计将 D105 脱气线进行内部喷涂抗磨材料改造以提高抗磨性。

④ 管线安装时严格按照标准施工，防止热应力集中，加强施工质量监督。

⑤ 加大监控力度，相关管线定期测厚，并增加测厚点密集度和采用多种测厚方式(电磁测厚和超声测厚等)。

⑥ 在脱气线弯头处平台安装超声波报警仪以便及时发现泄漏。

⑦ 假若脱气线泄漏着火，脱气线无法切除，建议在改造脱气线时加远程切断阀。

5. 共识

D105 脱气线泄漏着火的主要原因为反应器接收器气提量过大，从而使脱气线内流速大，夹带的吸附剂不断冲刷管道，造成管道破损，高温油气及氢气泄漏着火。防范措施主要有合理安排测厚时间和布点范围，调整操作参数，适当降低气提流量，提高管道的壁厚等级，使用耐磨管件和加强管线内部的抗冲刷硬度等措施。

案例二 S Zorb 反应器底部转剂线泄漏分析及措施

引言： FCC 汽油是我国车用汽油的主要组分，S Zorb 是中国石化目前超低硫精制汽油主要生产工艺。因部分企业 S Zorb 装置在吸附剂循环方面仍在使用反应器底部转剂线维持吸附剂正常循环，导致管线出现磨损，一旦泄漏引发着火事故，存在极大的安全隐患。

摘要： 吸附剂循环再生是 S Zorb 装置正常生产过程的重要环节，吸附剂循环输送管线一旦泄漏，吸附剂循环中断，影响产品质量和装置长周期运行。本文主要介绍在 S Zorb 装置运行过程中反应器底部转剂线运行的基本情况，并对转剂线出现泄漏情况进行讨论，认为在现有管线中，介质在管道内的速度是造成转剂线泄漏的主要原因，同时针对该情况提出相关防范措施：降低管线线速、使用厚壁管件、定期测厚等。

关键词： S Zorb　转剂线　泄漏　反应器

1. 基本情况

1.1 装置简介

S Zorb 技术可在辛烷值损失较小的情况下使 FCC 汽油产品的硫含量降低到 10μg/g 以下。与传统的加氢脱硫工艺相比，S Zorb 工艺具有辛烷值损失小、氢耗低、能耗低和反应活性稳定的优点。

第一代国产化设计的装置出现吸附剂循环不畅的问题，主要表现在反应器横管收料困难。由于反应器吸附剂不能很顺畅地通过反应器横管溢流进入反应器接收器 D105，使得闭锁料斗第一步收料时不能建立正常料位，导致吸附剂循环量不足以及吸附剂带油严重，影响装置产品质量，造成吸附剂失活，为维持装置正常生产，第一代国产化设计的企业通过投用反应器底部转剂线维持吸附剂正常循环，保证产品质量。

1.2 反应器底部转剂工艺流程简述

吸附剂循环再生是装置正常生产重要环节，目的是将在反应器吸附了硫的吸附剂自反应部分输送到再生部分，同时将再生后的吸附剂自再生部分送回到反应部分。由于无法正常通过反应器上部的横管进入反应器接收器 D105 进行收料，第一代的部分国产设计装置长期或短期投用反应器底部转剂线，将吸附剂输送至 D105，具体如图 1-1-5 所示。

由于投用反应器底部转剂线，将吸附剂由反应器底部提升至 D105 代替横管收料易导致转剂线内部冲刷，主要体现在管线弯头、物料转向的位置（如图 1-1-6 所示），如在某企业

S Zorb 装置反应框架第三层平台反应器底部转剂线弯头泄漏着火，并引燃了旁边的电缆线槽导致装置紧急停工处理。

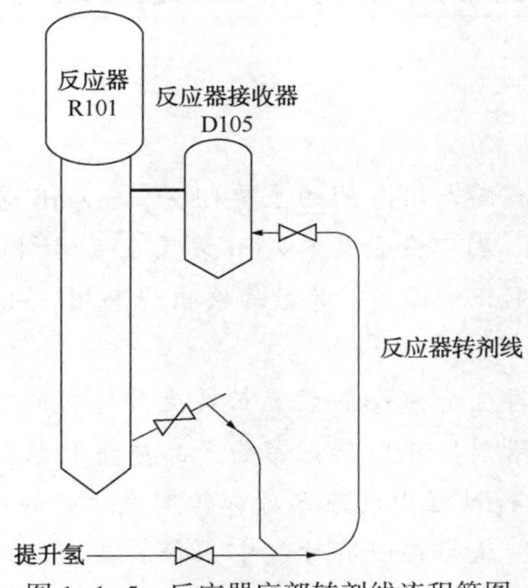

图 1-1-5　反应器底部转剂线流程简图

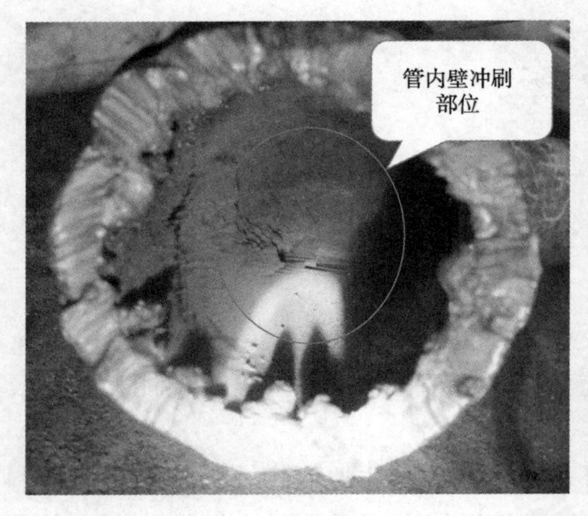

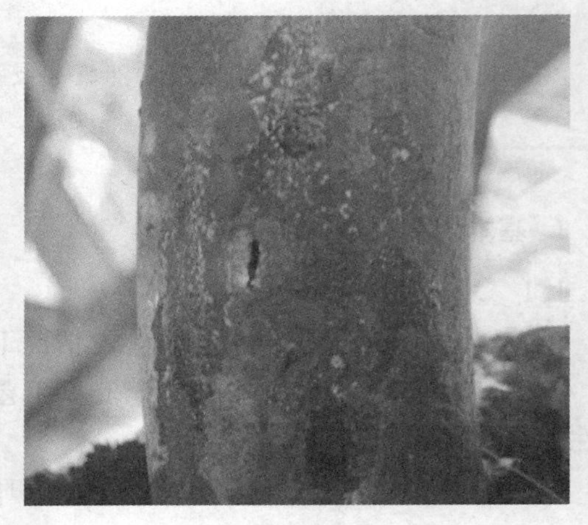

图 1-1-6　反应器底部转剂线弯头冲刷情况

图 1-1-7　反应器底部转剂线水平横管底部冲刷泄漏

在另一企业 S Zorb 反应器转剂线水平横管出现底部泄漏，高压氢气、热油气、吸附剂泄漏，并夹带火焰，具体如图 1-1-7 所示。

2. 原因分析

2.1　泄漏机理

在固体颗粒输送过程中，固体颗粒与管道内壁存在强烈摩擦和撞击所造成的磨损是输送管道失效的重要原因之一，而输送管道中的弯管是最容易磨损的部位。弯管的磨损率是直管的 50 倍左右。固体颗粒在管道输送过程中所涉及的磨损主要有冲击磨损、表面疲劳磨损和磨粒磨损。冲击磨损是指气体和固体颗粒的两相流混合物以高速和连续不断的方式冲击管道内壁面，使壁面材料发生塑性变形；而有些颗粒则被内壁面反弹出去，使壁面承受连续不断的交变应力而发生疲劳。固体颗粒对壁面的冲击有垂直方向冲击和斜方向冲击。表面疲劳磨损是由于固体颗粒在壁面的滚动和滑动而引起的。表面疲劳磨损可以发生在输送系统中任何固体颗粒与壁面有接触的地方及管道内壁。磨粒磨损主要是由于硬质固体颗粒的不规则形状而引起。

2.2 反应器底部转剂线主要部位冲刷磨损原因分析

S Zorb 装置反应器底部转剂线在将吸附剂从反应器底部提升至 D105 过程中，管线冲刷腐蚀主要是由于提升氢气吸附剂颗粒混合物与管线内壁表面冲击碰撞造成磨损而导致，尤其在管线弯头、下料三通等位置更为明显。而反应器底部转剂线使用循环氢气作为提升推动介质，如产生泄漏，转剂线内的循环氢气、反应器夹带出来的油气将引起着火，存在较大的安全隐患。

研究表明，气固相的冲刷腐蚀与固体颗粒的动能有直接关系，其磨损量与固体颗粒的速度存在以下关系：

$$E=Kv^n$$

式中 E——磨损率，mg/g；

v——气速，m/s；

K 和 n——常数。

从上述公式可知，磨损量将随着气速的增大而增高，而且气速越高，磨损量增加的速率就越快。由于反应器底部转剂线跟随装置建设完工，因此，在转剂线弯管磨损因素中提升氢气气速磨损最为主要。

而转剂线弯管发生泄漏是由于吸附剂颗粒在弯管内方向发生变化，在改变吸附剂流动方向的位置容易造成颗粒对管壁的冲刷，具体如图 1-1-8 所示。

由于磨损量与固体颗粒的速度成正比，因此，转剂线内介质线速越高，弯头被冲刷磨损概率就越大。

而反应器底部转剂线另外一个比较容易冲刷的位置，位于转剂线下料斜三通吸附剂流通管路及提升氢直管段的交汇处。提升氢气与反应器底部来的吸附剂在此段管道内混合，由于该位置具有特殊的结构，吸附剂管道斜向插入主管道内部。提升氢气经过此位置时有一个节流混合的过程，使得吸附剂被提升氢气向前推动输送。由于存在施工要求不高的情况，导致吸附剂管道斜向插入主管道超设计 1/2，使得流体向上的角度增大，从而产生一个涡流冲刷点，如图 1-1-9 所示。

设计上转剂线该三通位置时，需要吸附剂管道斜向插入主管道径向 1/2 处，但某企业在前期施工过程中没有按设计要求进行施工，导致斜管插入直管部分过长，达管径的 2/3，使得提升氢气和吸附剂交汇处因变径过大线速提高，且流动方向向上角度加大，以致在斜插管附近形成涡流冲刷点。

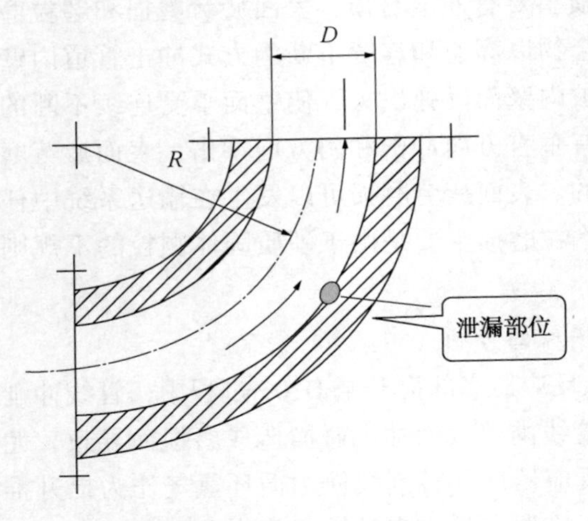

图 1-1-8　弯头冲刷示意图

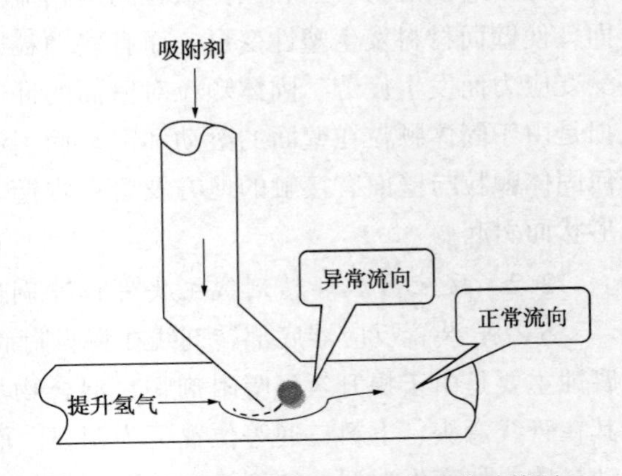

图 1-1-9　转剂线下料三通位置流动简图

3. 优化措施

3.1　在维持正常转剂前提下，适当降低提升氢气量

在现有管线前提下，管线内线速是造成转剂线管内磨损的最主要原因之一，因此在维持吸附剂循环量不变的前提下，尽量减少转剂线的提升氢气量，降低转剂线内线速。由于气相输送线速需要在3m/s以上，正常生产中尽量将反应器底部转剂线线速向3m/s操作调整，故在3m/s下，1.5Mt/a规模的S Zorb反应器底部转剂线最低气量如下：

$$V_{\min}=v\times A=3\times3.15\times0.08\times0.08/4\times3600=54.43\text{m}^3/\text{h}$$

式中　v——线速，m/s；

$V_{\min}$——体积流量，m^3/h；

A——截面积，m^2。

在反应器底部转剂线实际投用过程中温度为350℃、压力为2.5MPa，经换算在标准工况下体积流量为596.31Nm^3/h，因此，在维持吸附剂循环量不变的前提下，最小提升氢量控制在600Nm^3/h(取整)。其他规模S Zorb提升氢量见表1-1-2。

表 1-1-2　目前国内 S Zorb 反应器底部转剂线最小提升氢量

规模/(t/h)	直径/mm	面积/m^2	体积流量/(m^3/h)	标准工况/(Nm^3/h)
240	100	0.00788	85.05	931.73
180	80	0.00504	54.43	596.31
150	80	0.00504	54.43	596.31
120	50	0.00197	21.26	232.93
90	50	0.00197	21.26	232.93

3.2　严格按设计要求进行施工

管线设计具有方向性及结构性，故对现场施工作业环节必须严格按设计要求进行施工，避免因现场施工产生偏差缺陷。在设计上反应器底部转剂线三通位置，需要吸附剂管道斜向插入主管道径向1/2处，以减少吸附剂和热氢交汇处产生的磨刷、冲蚀。

3.3　设计上优化改进

从气固输送产生的冲刷机理可知，反应器底部转剂线在使用过程中管道内的磨损无法避免，故在设计上可采取提高吸附剂管道壁厚等级方法延迟磨损到穿孔的使用时间；也可通过采用新技术或新材质等降低转剂线磨损量，提高管线抗冲刷磨损性能。采用大曲率半径的弯头，在应力满足条件下优化转剂线设计，尽量减少弯头数量。

3.4　日常监测管理

由于反应器底部转剂线在使用过程中的磨损无法避免，除采用设计上优化等手段外，必须增加管线磨损监测手段，如通过脉冲涡流检测等技术合理安排频次对管线进行监测，制定减薄率维护策略，提前消除磨损泄漏隐患。

4. 共识

① 在现有管线中线速是造成转剂管内磨损的一个最主要原因，建议提升氢气量进行控制，如表1-1-2所示，或在可以维持转剂需求前提下继续降低提升氢气量。

② 由于转剂线具有特殊的结构等特性，在管道施工改造环节，必须遵循设计要求进行施工作业。

③ 日常做好管线冲刷监控，做好预防性维护策略。

案例三　S Zorb装置反应器分配盘泡帽磨损

引言： S Zorb装置反应器分配盘是装置的核心部位，随着运行周期的延长，反应器分配盘均存在不同程度的冲刷磨损。此处介质为高温高压临氢环境，一旦分配盘冲刷穿透，将会产生大量吸附剂细粉，对反应器过滤器ME101压差影响较大，甚至会引发次生安全事故。所以如何减缓反应器分配盘以及泡帽的磨损是个重要课题，对保障装置安全平稳长周期运行至关重要。

摘要： 某公司S Zorb装置大检修期间，发现反应器底部分配盘泡帽周边磨损冲刷，割除泡帽盖板进行逐一检查。本文针对暴露出来的问题，结合装置的运行经验，分析了反应器分配盘泡帽磨损和堵塞的原因，并从设计、工艺、设备检修三个方面提出优化改进建议。

关键词： S Zorb　反应器　分配盘　泡帽

某公司1.5Mt/a S Zorb装置检修期间对核心设备反应器分配盘泡帽进行检查，发现泡帽周围的分配盘表面以及泡帽存在不同程度的磨损、结焦，本文对此问题进行深入分析。

脱硫反应器(R101)是本装置的核心设备，反应器内装有专用的吸附剂。混氢原料由反应器底部进入，为了更好地将原料均匀分布于反应器内，充分与吸附剂进行接触，在反应器底部入口设有分布器并配备了111个泡帽的分配盘。分配盘由盘板、泡帽分配器、通道板等组成。混氢原料通过泡帽分配器的限流孔时产生一定的压降，从而实现进料的均匀分布。每个限流孔上都有一个固定的泡帽，以减少吸附剂的磨损并防止吸附剂泄漏到分配盘的下方。

1. 分配盘检修发现的问题

S Zorb装置大检修期间，发现反应器分配盘与盖板交界处冲刷穿透，出现两处孔洞，36个泡帽有不同程度的磨损，45个泡帽堵塞，所有泡帽周围均存在不同程度的冲刷凹坑，如图1-1-10所示。

图1-1-10　穿透的分配盘和冲蚀断裂的泡帽

S Zorb装置反应器(R101)分配盘共有111个泡帽，开工约1年时间，发现内部有4只泡帽下部有较大坑蚀，最大约40~50mm深。对分配盘冲蚀严重部位相对应的泡帽及周围的泡帽共计13个，割除泡帽顶盖板后检查发现约一半的泡帽与升气管之间存在堵塞问题，其中，局部堵塞的泡帽流通部位对应的分配盘冲刷特别严重。

2. 原因分析

2.1　分配盘和泡帽冲刷腐蚀

检修期间，发现分配盘有一处孔洞(未穿透)，30个泡帽有不同程度的堵塞，大部分泡帽周围有莲花状凹坑，如图1-1-11所示。

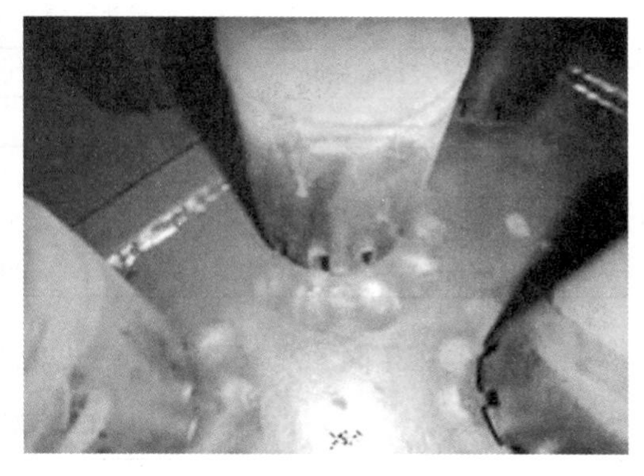

图 1-1-11　分配盘泡帽不同程度的磨损坑

2.1.1　下料冲刷

分配盘出现冲刷位置磨损区域正对还原器（D102）收料口，吸附剂下料长期冲刷导致收料口附近泡帽冲刷断裂，进而冲刷分配盘，并最终导致分配盘磨穿。当装置长期高负荷运行时，吸附剂循环速率大，这种情况更容易发生。

2.1.2　泡帽部分堵塞，流速增大

反应器分配盘部分冲刷严重区域位于泡帽一侧，因为该泡帽发生堵塞后，气流流通直径变小，速度增大，且在各流向不再均匀分布，高速气流携带反应器底部的吸附剂进而持续对反应器分布盘进行冲刷磨损。不同工况下冲击分配盘的速度见表 1-1-3。

表 1-1-3　不同工况下冲击分配盘的速度

项目	低负荷	正常工况	高负荷
处理量/(t/h)	165	178	196
线速度/(m/s)	0.31	0.34	0.37
泡帽入口速度/(m/s)	5.93	6.42	7.04
冲击分配盘速度/(m/s)	20.22	21.88	23.99

冲刷腐蚀与流速的关系：研究发现，气固相的冲刷腐蚀与磨粒的动能有直接的关系，其磨损量与速度之间存在以下关系：

$$E=Kv^n$$

式中　E——磨损率，mg/g；

K——常数；

v——磨粒的冲蚀速度，m/s；

n——速度指数。

由此可知，速度越大，产生的冲蚀磨损越大。正常生产过程中，对分配盘的冲刷是不可避免的；若是分配盘泡帽存在不同程度的堵塞，将会导致冲击分配盘速度增大，进而加剧冲刷磨损速度。

S Zorb 装置在相同工况下，对泡帽升气管不同堵塞情况进行计算分析，见表 1-1-4。

表 1-1-4　泡帽升气管堵塞情况与冲击分配盘的速度

项目	泡帽升气管堵塞 0%	泡帽升气管堵塞 1%	泡帽升气管堵塞 10%	泡帽升气管堵塞 50%
处理量/(t/h)	165			
线速度/(m/s)	0.31			
泡帽入口速度/(m/s)	5.93	5.99	6.59	11.86
冲击分配盘速度/(m/s)	20.22	20.22	20.22	20.22

S Zorb 装置在相同工况下，对泡帽出口管不同堵塞情况进行计算分析，见表 1-1-5。

表 1-1-5　泡帽出口管堵塞情况与冲击分配盘的速度

项目	泡帽出口管堵塞 0%	泡帽出口管堵塞 1%	泡帽出口管堵塞 10%	泡帽出口管堵塞 50%
处理量/(t/h)	165			
线速度/(m/s)	0.31			
泡帽入口速度/(m/s)	5.93			
冲击分配盘速度/(m/s)	20.22	20.42	22.46	40.43

2.1.3　盖板垫片老化

盖板垫片(材质为 δ=3.2mm 带不锈钢加强丝的柔性石墨)前两次检修时均未发现异常，故未更换。但长期服役使其老化失效，导致分配盘冲刷穿透盖板和分配盘连接处。

吸附剂 D102 进入 R101 的下料口，直冲盖板附近。盖板与分配盘厚度均为 90mm，均有 4mm+0.5mm 厚的 EG347 型堆焊层，但盖板四周与分配盘之间有 13mm 间隙，而支撑圈宽度仅 17mm，故吸附剂极易通过盖板与分配盘的间隙将支撑圈冲刷穿透，并进一步扩大孔洞。

2.1.4　长期使用转剂线

因第一代 S Zorb 装置反应接收器(D105)收料口设计偏高，影响收料，故本装置经常使用转剂线向 D105 输送吸附剂。但转剂线收料口与泡帽顶端在同一水平面，会引起高温吸附剂和油气在分配盘处形成旋涡，破坏正常的流化床混氢原料和吸附剂的平稳状态，导致吸附剂对分配盘的冲刷加剧。

2.1.5　长期冲刷磨损

泡帽周围的莲花状凹坑，是气相流体通过泡帽后，夹带吸附剂冲刷分配盘造成的，通过泡帽流体力学特征分析发现，这类冲刷是不可避免的。影响冲刷严重程度的因素有泡帽齿缝(即导流口)的高度以及通过泡帽的气体流量、流速。齿缝高于分配盘越多，气体与吸附剂颗粒接触点到分配盘的距离越大，吸附剂颗粒被加速的时间越长，吸附剂颗粒撞击分配盘表面的速度就越大。气体流量越大、流速越高，对分配盘的冲刷磨损越严重。

2.2　泡帽堵塞

2.2.1　循环氢中断

因运行周期中曾出现过晃电、循环氢中断停机，即便生产在短时间得到恢复，但在进料中断期间，吸附剂也会在反应器中发生沉积降温，形成死床，泡帽被吸附剂淹没使得气体无法流通，从而出现堵塞现象。异常工况下泡帽过孔速度见表 1-1-6。

表 1-1-6 异常工况下泡帽过孔速度

项目	正常工况	进料中断	循环氢中断
处理量/(t/h)	165	0	0
氢气流量/(Nm^3/h)	13168	13168	1800
线速度/(m/s)	0.315	0.083	0.01
泡帽过孔速度/(m/s)	5.93	1.56	0.20

2.2.2 流体流速影响

堵塞的泡帽分布在反应器周围，流体在器壁侧的流速相对于远离器壁的流速要低，从而产生一定的静压差，使得反应器器壁侧吸附剂密度变大，这会导致器壁四周的泡帽更容易堵塞。泡帽被吸附剂部分堵塞会影响其通过的气体流量，进一步降低吸附剂提升能力。在这种情况下，情况持续恶化，最终将导致在反应器器壁一侧泡帽被吸附剂堆积堵塞，泡帽流型改变，产生沟流，致使吸附剂烧结。

3. 解决方案与措施

3.1 优化设计

反应器收料口直冲分配盘，且正好是盖板位置，还原罐至反应器下料时，高温吸附剂直接冲刷泡帽和分配盘，导致收料口附近泡帽断裂，分配盘穿透。盖板与分配盘之间有13mm间隙，此处极易冲刷穿透。分配盘和盖板厚度为90mm，材质为14Cr1Mo，通过流体力学模拟等技术手段，对分配盘的通道板结构进行设计改进。

3.2 工艺优化和设备材质升级

工艺和设备材质方面采取如下措施：

① 减少底部转剂线投用频次，降低吸附剂自D102下料线速，避免吸附剂直接冲击分配盘和泡帽，降低其对分配盘和泡帽的冲刷程度。

② 由于泡帽焊接在分配盘上，且排列密度较大，施工空间不足，更换泡帽的施工难度较大，可将原来的安装方式由焊接改为方便拆卸的螺纹连接，并通过点焊加以固定。

③ 分配盘本体材质为14Cr1MoR(H)，是一种临氢设备用铬钼合金钢钢板，具有强度高、抗氢蚀的特点。分配盘上面还有4mm厚的E347型堆焊层，以提高分配盘抗高温、抗硫的能力。但E347型不锈钢硬度较低，耐磨性不足，在吸附剂颗粒持续冲刷分配盘的状态下，无法为分配盘提供有效的保护。

④ 在反应器入口管线上增加一个法兰，与器壁法兰组合成一件可拆卸弯头。检修时将弯头卸下，既可以对底部弯头进行清理，亦可对反应器入口管线进行爆破吹扫，减少结焦物质进入反应器底部而堵塞泡帽。

4. 操作优化与检修对策

① 日常操作及调整尽量平稳，要防止循环氢中断或反应温度过低。针对第一代S Zorb装置横管转剂困难的情况，应调整操作，采取适当措施尽量恢复正常的横管转剂，避免长

期使用卸剂线转剂。

大检修期间应对分配盘进行一次全面检查，并且更换盖板垫片，修补分配盘堆焊层；更换破损泡帽，并对堵塞泡帽进行清理或更换；清理反应器底部，吹扫入口管线。

② 检修阶段，将分配盘以及泡帽作为检修重点，通过制定专业的分配盘检修方案，对其表面的缺陷进行堆焊修复处理。堵塞的泡帽大多集中在器壁边缘，更换难度大，因此，需对仅堵塞无磨损的泡帽进行疏通作业。先用磁力钻在泡帽顶部开孔，然后用冲击钻将堵塞在缝隙中的结块清理干净，最后将切割下的圆盘重新焊接在泡帽顶部。

③ 检修初期对反应器上游设备及管线进行清理，包括对换热器间短接、弯头、换热器管束等部位的顽固结焦物进行高压水枪清洗，检查确认清洁无异物后回装，并对加热炉至反应器入口管线进行爆破吹扫，最大限度减轻上游杂质对反应器运行的影响。

④ 建议反应器分配盘压差控制在 20~40kPa，定期跟踪吸附剂筛分粒径；若反应器分配盘压差低于 12kPa，须进行综合检查处理。

5. 共识

反应器内部气固双相流体形态复杂多变，由于工艺和操作条件的限制，分配盘磨损和泡帽堵塞的发生是不可避免的，如何缓解和减轻分配盘的流动磨损状况成为保证 S Zorb 装置长周期平稳运行的重要课题。本文从多方面对问题进行了分析总结，并提出了相应优化措施。工艺上尽量使运行负荷满足设计要求，防止因运行负荷过大或者过低使气固两相偏离设计工况，从而造成分配盘的磨损或泡帽的堵塞。运行上精细操作，科学管理，通过动态调节加工负荷、吸附剂循环量、循环氢量等参数，保持合理反应线速，避免生产波动，降低吸附剂死床的概率。检修上通过技术手段全面精准发现并彻底解决问题，采取分配盘修补、泡帽疏通更换、管线爆破吹扫等检修措施消除设备隐患，保障设备功能完好。

案例四　S Zorb 装置脱硫反应器 R101 飞温事故分析

引言：生命重于泰山，安全生产是民生大事，一丝一毫都不能放松。S Zorb 装置反应系统脱硫反应器 R101 为高温高压临氢环境，一旦飞温超过反应器设计温度则有可能引发着火事故，存在极大的安全隐患，所以如何确保开工时反应器温度可控是装置的重点工作之一。

摘要：本文以 S Zorb 装置脱硫反应器 R101 飞温为例，分析了开工阶段反应器飞温所造成的原因。通过假定部分前提进行了计算，进一步验证了原料汽油中烯烃饱和放热和含硫分子吸附 Ni 金属放热为造成飞温事故的主要原因，提出了相应整改防范措施，确保了 S Zorb 装置的安全、平稳开工。

关键词：S Zorb　反应器　飞温

1. 基本情况与事故经过

某S Zorb装置于2016年2月13日开工初期喷油的过程中反应器床层温度突然急剧升高。由于反应器设计温度为470℃，反应温度超过470℃会造成设备超温损坏。班长立即安排内操切断进料，内操降低处理量直至停止进料，逐步恢复至喷油前状态，熄灭部分加热炉主火嘴，降低加热炉出口温度，逐步将循环氢流量开至最大，加强废氢排放带出反应热。反应床层温度最高上升至466℃后开始逐步下降，后恢复正常，操作参数及趋势如图1-1-12~图1-1-14所示。

2. 原因分析

S Zorb装置主要工艺原料为上游催化裂化装置生产的含硫全馏分汽油，根据炼油厂PONA(P：烷烃；O：烯烃；N：环烷烃；A：芳烃)组成分析可知其原料中含有一定量的C_4~C_{11}直链及支链烯烃，这是造成脱硫反应器温度在短时间内大幅上升的先决条件。S Zorb脱硫反应需要氢气参与，因此氢气在脱硫的同时会与汽油原料中一定比例的烯烃发生加氢饱和反应生成烷烃。该反应为强放热反应，烯烃饱和反应热导致了脱硫反应器飞温。除烯烃饱和反应热之外，根据S Zorb反应机理可知，汽油原料中的含硫分子在反应器中会通过π络合吸附在吸附剂的金属Ni上，该吸附过程同样会释放部分吸附热，这也进一步加剧了反应器飞温。

S Zorb装置反应器飞温事故原因主要在于首次开车时使用新吸附剂开工，与此同时原料汽油中烯烃含量过高，其烯烃含量大致占原料的20%(体)，如上文所述，装置开工进油初期吸附剂在反应器内经历新鲜吸附剂吸附反应和烯烃饱和反应两个强放热反应，在开工初期提高反应器原料汽油进料量速度过快、时间间隔较短，导致反应器内吸附剂吸附热积聚，随后烯烃加氢放热反应剧烈，随吸附放热以及烯烃饱和反应放热，反应出口温度逐步上升，反应产物在E101与进料换热，造成进料换热后温度同步上升，导致加热炉出口温度上升，进而使反应温度进一步上升，以上条件的叠加导致反应飞温。

通过计算进一步论证上述事故原因。在实际生产过程中，由于汽油原料中烯烃种类繁多，各类烯烃反应热不同且各烯烃同分异构体反应热也不同，单体烃的具体转化情况难以得知，较难十分准确计算反应热，因此本案例分析仅采用假定和简化的算法进行大体计算分析。经查阅相关资料发现，烯烃饱和反应热随着碳数的增加而增大，因此假定将原料汽油中C_4~C_{11}烯烃及各同分异构体均简化为1-丁烯进行计算，同时假定原料汽油中20%(体)的烯烃均参与了饱和反应。

在上述假定的前提下通过下列公式进行计算：

$$\Delta H\times m_{\text{汽油}}\times 20\% = C_p\times(m_{\text{汽油}}+m_{\text{氢气}})\times\Delta T$$

1-丁烯加氢反应方程式为：

$$C_4H_8+H_2\longrightarrow C_4H_{10}$$

因此，ΔH可通过下列公式进行计算：

$$\Delta H=\Delta H_{C_4H_{10}}-(\Delta H_{C_4H_8}+\Delta H_{H_2})$$

计算采用的数值和计算结果见表1-1-7，其中已知数据来源于DCS及Aspen模拟结果。

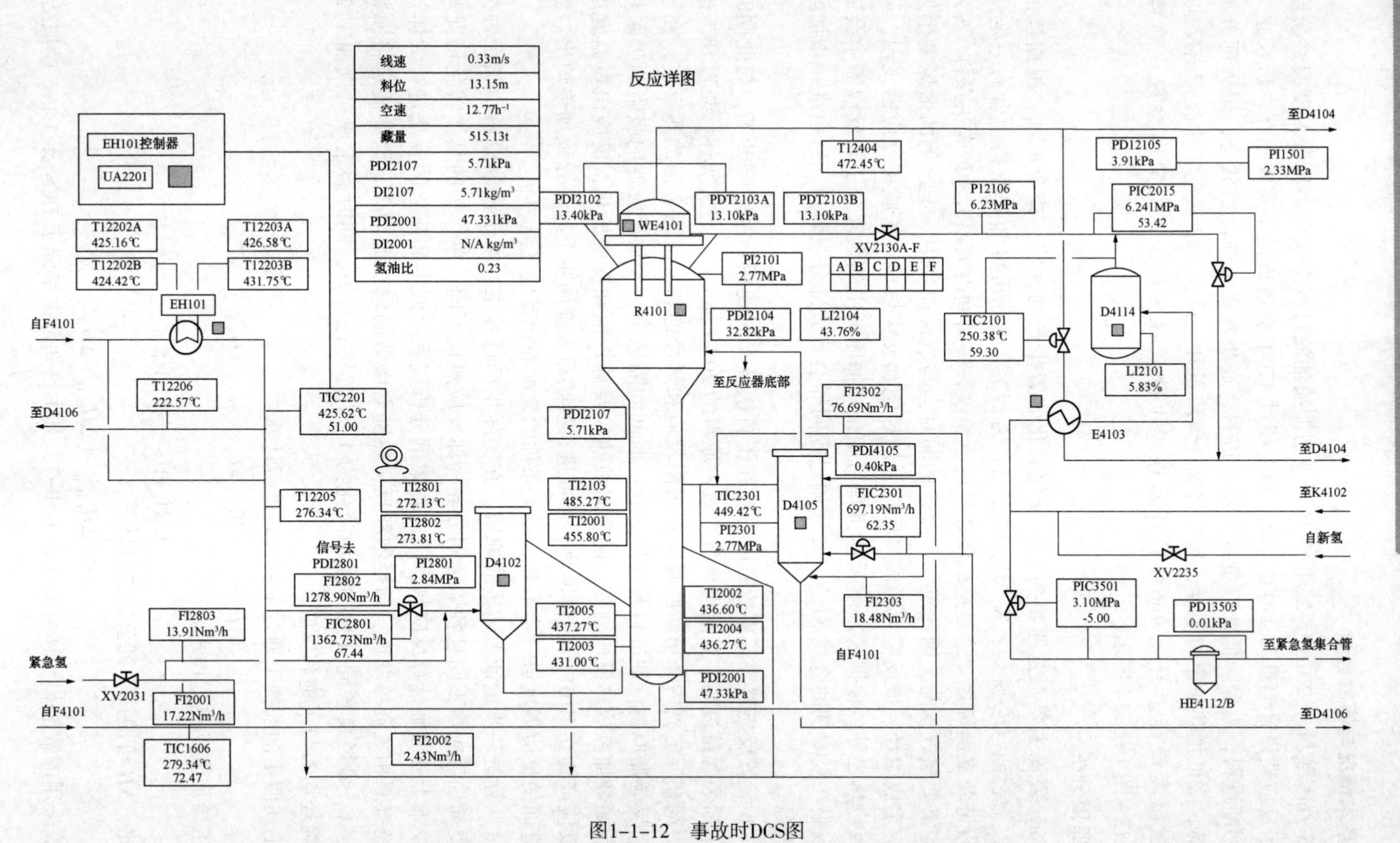

图1-1-12 事故时DCS图

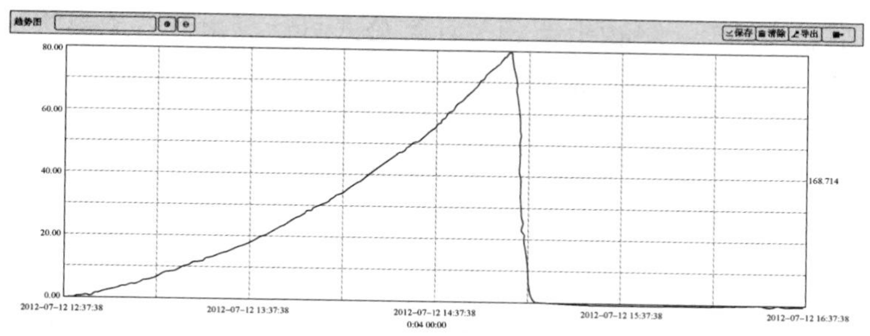

图 1-1-13 反应进料趋势图

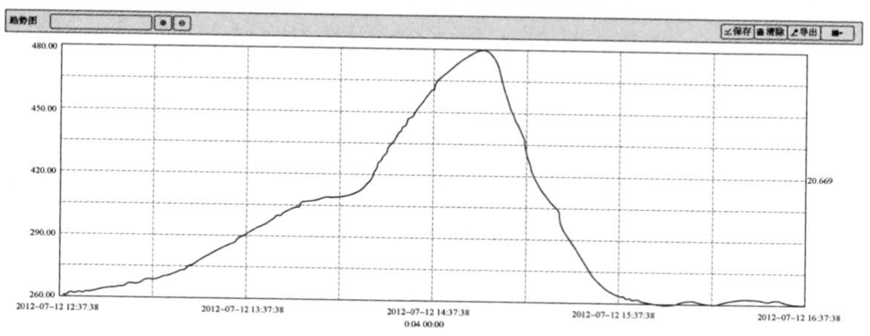

图 1-1-14 反应温度趋势图

表 1-1-7 计算模拟数据表

项目	参数	数据
已知	R101 总进料量/(t/h)	75
	氢油比	0.23
	氢油分子量/(kg/kmol)	69
	C_4H_{10}生产焓$\Delta H_{C_4H_{10}}$/(kJ/kmol)	-94358
	C_4H_8生产焓$\Delta H_{C_4H_8}$/(kJ/kmol)	26787
	H_2生产焓ΔH_{H_2}/(kJ/kmol)	7469
	比热容 C_p/[kJ/(kmol·℃)]	190
计算	加氢饱和反应焓变 ΔH/(kJ/kmol)	-128614
	$m_{汽油}$/(kmol/h)	884
	$m_{氢气}$/(kmol/h)	203
	反应温升 ΔT/℃	110

综上，计算可知在假定前提下仅保守估计烯烃饱和反应放热可造成温升约为 110℃。除此之外，反应初期的吸附热也贡献一部分温升，但鉴于吸附物无法实际计算，可参考某公司开工阶段不含烯烃的直馏汽油造成的反应温升 60~80℃。因此，结合假定计算所得烯烃饱和温升和参考所得吸附热温升，可进一步验证造成某公司 S Zorb 装置反应器飞温事故的主要原因为没有合理控制反应器反应热。

3. 整改防范措施

① 新鲜吸附剂开工时，严格控制原料烯烃含量，防止因原料烯烃含量过高导致烯烃饱

和放热量过大造成较大温升，经由上节相关计算公式可计算出假若原料汽油中烯烃含量为10%，则烯烃饱和反应温升可降低至55℃。

② 开工初期应重点监控炉出口温度、反应器下部温度、反应器下部及中部温升上涨趋势、E101管程出口温度。随着吸附热和反应热逐渐表现出来，若发现上述监测点有温度快速上涨趋势应及时降低加热炉负荷，控制好燃料气压力，直至炉出口至反应器底部温升趋势平稳。

③ 操作上应避免提量速度过快，假定开工提处理量按20t/h，对自进料换热器E101管程出口为始，经进料加热炉F101、脱硫反应器R101至换热器E101壳程入口为止，在该处理量下的总时间进行计算，若时间相当则可证明所选处理量合理。该时间可按管道内和反应器内停留时间分开计算。

经查阅相关资料，某厂E101管程出口至F101长度约24m，F101内总炉管长度约36m，F101出口至R101入口约25m，R101出口至E101管程入口约25m，因此管道总长度为110m，管道尺寸为*DN*350，因此可通过下述公式计算管道停留时间：

$$v_{管道}=\frac{V_{汽油}+V_{氢气}}{A_{管道}}$$

$$t_{管道}=\frac{L_{管道}}{v_{管道}}$$

计算采用的数值和计算结果见表1-1-8。

表1-1-8　计算模拟数据表

项目	参数	数据
已知	汽油量/(t/h)	20
	管道尺寸/m	0.35
	$L_{管道}$/m	110
计算	汽油体积流量 $V_{汽油}$/(m^3/h)	467
	氢气体积流量 $V_{氢气}$/(m^3/h)	107
	管道截面积 $A_{管道}$/m^2	0.096
	管道线速度 $v_{管道}$/(m/s)	1.66
	管道中停留时间 $t_{管道}$/min	1.1

经查阅相关资料，某厂反应器高度为30m，下部直径为1.98m，因此可通过下述公式计算反应器中停留时间：

$$v_{反应器}=\frac{V_{汽油}+V_{氢气}}{A_{密相}}$$

$$t_{反应器}=\frac{H}{v_{反应器}}$$

计算采用的数值和计算结果见表1-1-9：

表 1-1-9 计算模拟数据表

项目	参数	数据
已知	反应器高度 H/m	30
	反应器下部直径/m	1.98
计算	反应器密相截面积 $A_{密相}/m^2$	3.078
	反应器线速度 $v_{反应器}$/(m/s)	0.052
	反应器停留时间 $t_{反应器}$/min	10

因此，通过上述计算可知管道与反应器总停留时间为 11.1min，假定的处理量 20t/h 即每次提量 5t，每次提量间隔 15min(0.25h)，与 11.1min 相近。因此可得出共识，为防止反应器飞温，开工初期应平稳、逐步提升处理量，每次提升处理量不超过 5t，每提一次处理量至少停顿 15min。

④ 使用新剂开工时进料量一定后，需化验分析吸附剂载硫情况，当载硫量大于 6%后再按照正常调整方式进行调整操作。

案例五 S Zorb 装置 D105 锥体松动环法兰泄漏着火事件

引言：伴随我国汽油质量升级的快速推进，吸附脱硫技术得到了广泛应用，S Zorb 装置在汽油清洁生产中占据了重要地位，装置的安全平稳运行尤为重要。S Zorb 装置反应系统反应器接收器 D105 锥体松动环为高温高压临氢环境，同时存在吸附剂连续冲刷，管线易磨损泄漏，一旦泄漏就会引发着火事故，存在极大的安全隐患，确保该部位安全运行是装置的重点工作。

摘要：本文以 S Zorb 装置 D105 松动环法兰泄漏着火为实例，介绍了 D105 基本情况、事件处置情况及影响。通过对 D105 松动环法兰泄漏着火原因包括工艺操作参数、法兰部位质量、管道应力、安装质量、松动气体、松动喷嘴、正常运行环境等进行分析，认为泄漏主要原因包括检维修质量管控不到位、松动环氢气流量偏大、松动氢气喷嘴与锥体轴线不同心、运行环境周期性变化等。提出了严格把控检维修质量、做好装置日常平稳运行、定期进行检查落实问题整改、完善现场监控手段、改善周边设备的安全运行环境、加强培训演练等建议措施。其中 D105 松动环氢气量要严格控制线速不大于 0.045m/s，在 D105 吸附剂流化气提满足要求情况下可停用 D105 松动环氢气。

关键词：S Zorb　松动环　泄漏　接收器

1. 基本情况

催化原料汽油在反应器 R101 内发生吸附脱硫反应，反应后的待生吸附剂经反应器上部的横管溢流进入反应器接收器 D105，吸附剂氢气气提后从锥底压送到闭锁料斗 D106。以某公司 1.2Mt/a S Zorb 装置为例，反应器接收器底部分有三股热氢(气提氢气、锥体松动氢气、松动环反吹氢气)，如图 1-1-15 所示。气提氢气进气体分配器，气体分配器开有 12 个 ϕ6.6 小孔，开口朝下；锥体松动氢气，管口朝下指向 D105 出口；底部松动环反吹氢气通过松动环进入 D105 出口管道。

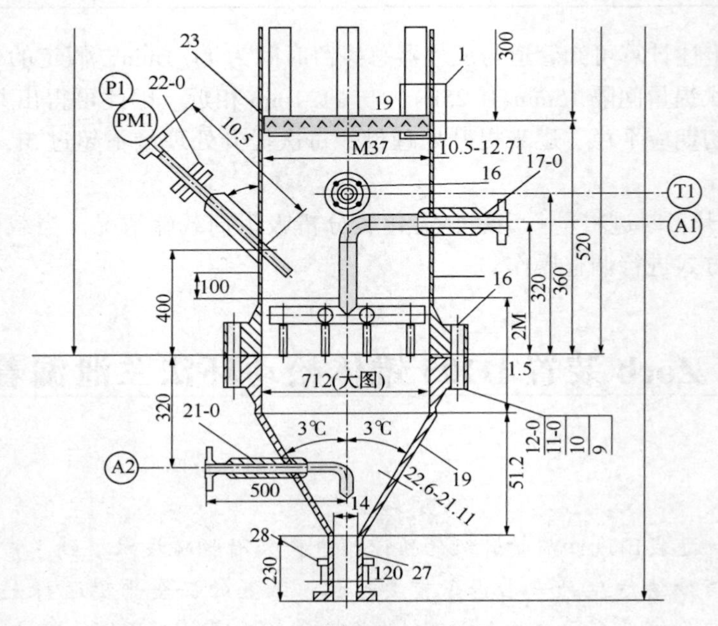

图 1-1-15　D105 锥体图

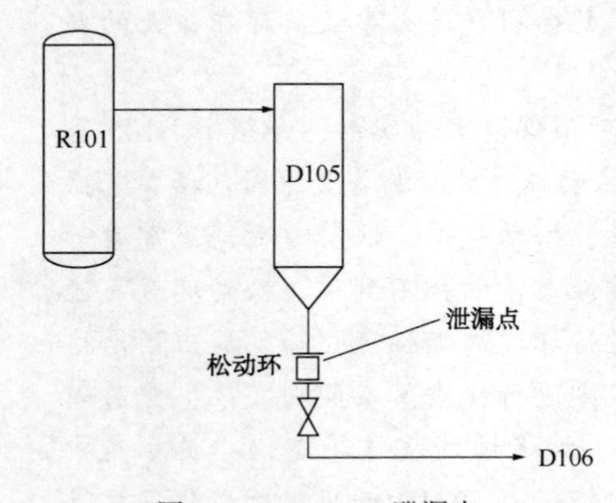

图 1-1-16　D105 泄漏点

2. 事件描述及影响

2.1　事件描述

S Zorb 装置 D105 锥体松动环法兰泄漏着火事件近年来在多家企业相继发生，该类法兰泄漏事故偏多，如图 1-1-16 所示。该法兰位于反应器框架 5 层平台处，泄漏初期有大量黑色吸附剂烟雾冒出，并在短时间内开始着火。由于该部位无法在线切出，装置启动紧急泄压联锁，关闭新氢边界阀，反应系统压力泄至微正压后，从循环氢压缩机出入口通入氮气对反应系统进行置换，泄漏部位进行保护性燃烧直至熄灭。

2.2　事件影响

D105 底部锥体松动环法兰及其紧靠设备是受影响最直接的部位，若泄漏法兰面向闭锁料斗侧，火焰可能引燃了附近电缆槽盒中的电缆线造成大量的仪表故障失灵，烧毁该层D106顶部阀门仪表，平台采用格栅板装置还可能对D105上部设备造成损坏，根据事件实际造成的破坏程度不同抢修周期一般在1~3天。以某公司1.2Mt/a S Zorb装置为例，事件造成直接经济损失见表1-1-10。

表1-1-10 D105锥体通气环泄漏着火直接经济损失实物清单

序号	材料名称	数量	单价/元	总价/元
1	槽盒800×300	20m	672/m	13440
2	仪表通信电缆	4200m	10/m	42000
3	照明灯具	5套	1000/套	5000
4	控制阀CL600 DN40 F11 耐磨	1个	50000/个	50000
5	控制阀CL600 DN25 F11 耐磨	2个	40000/个	80000
6	电磁阀	12台	8000/台	96000
7	定位器	3台	10000/台	30000
8	管线 ϕ48×5 镀锌钢管	30m(0.098t)	8000/t	784
9	变送器 抗氢渗	12台	10000/台	120000
10	烃氧分析仪预处理系统	1台	80000/台	80000
合计	517224			

3. 原因分析

3.1 工艺操作参数

D105内介质为吸附剂和油气，温度为350~420℃，压力为2.1~2.7MPa。从发生泄漏的部分企业工艺参数趋势来看，泄漏前温度、压力在正常范围内并保持相对平稳，呈现小幅周期性波动。以某公司1.2Mt/a S Zorb装置为例，压力(左)、温度(右)如图1-1-17所示。从图中趋势可知，泄漏事件发生前，反应器接收器D105操作压力在2.3MPa左右，操作温度在350~380℃，运行相对平稳。

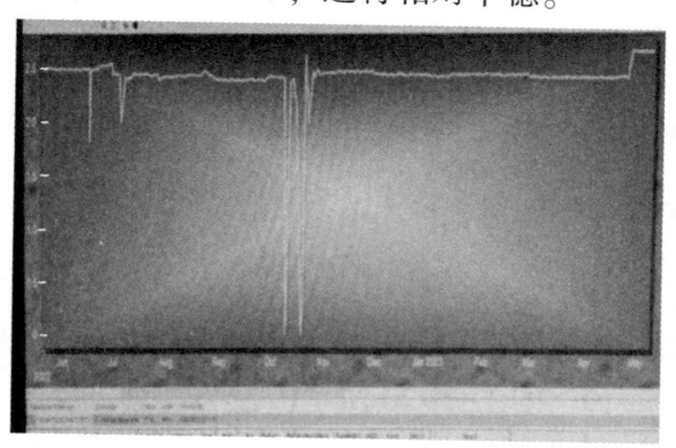
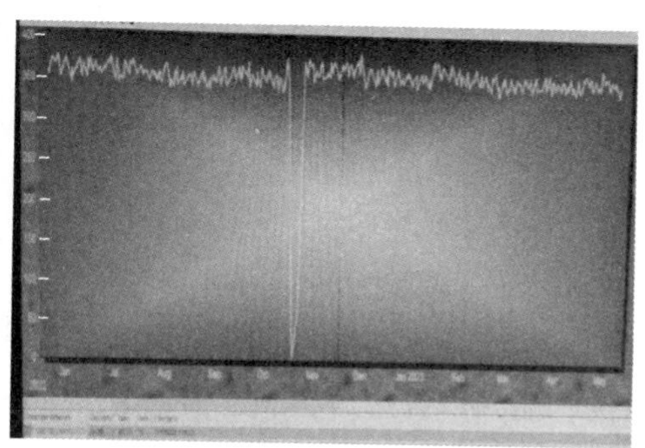

图1-1-17 D105压力及温度

3.2 法兰部位质量

发生泄漏企业法兰、垫片、螺栓规格及硬度均满足设计要求。

此处采用 SH/T 3407—2013《石油化工钢制管法兰用缠绕式垫片》CL600/DN80/SUS304 内外环+石墨，厚 4.5mm 柔性石墨垫片。D105 出口泄漏部位法兰规格型号是 CL600/DN80/RF 平面法兰，F11 材质。松动环规格型号为 *DN*80×25/RF/SW，F11 材质。螺栓规格型号是 M20×195，经检测，材质为 35CrMoA。

3.3 管道应力

多数发生泄漏企业管道及附件设置均与设计一致。

如图 1-1-18 所示，D105 锥底至 D106 下料管线总长度为 6874mm，主要管件包括 *DN*80 管线、1 台手动球阀、3 台程控阀。现场与设计单管图 80-C-2301-11AD2-HC(2)进行核对，包括管线走向、弹簧支吊架、膨胀节安装方位均与设计一致。

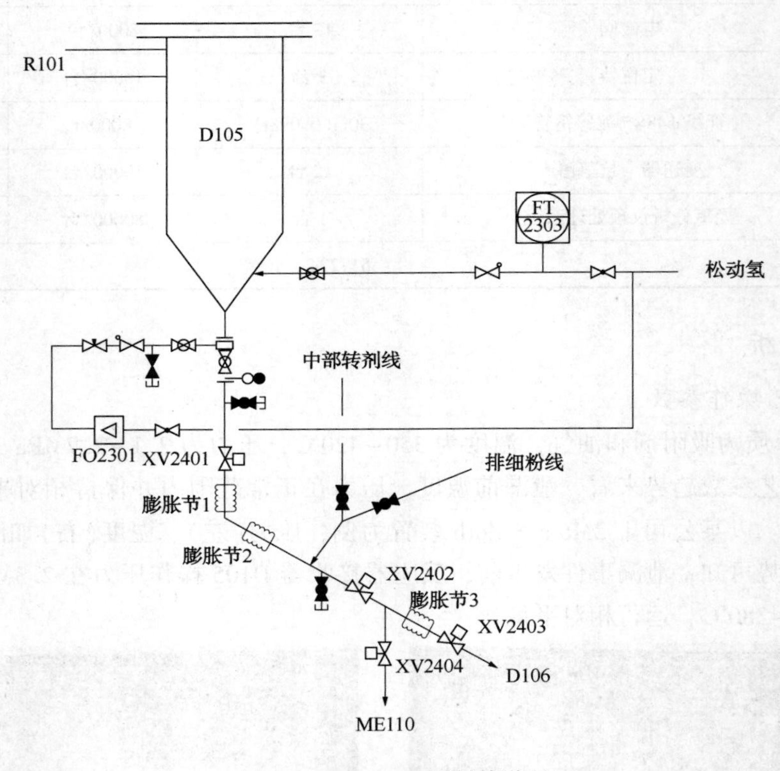

图 1-1-18 D105 下料管道图

3.4 安装质量

部分泄漏企业存在检维修质量管控不到位、垫片安装存在偏斜导致法兰泄漏。以某企业为例，泄漏部位垫片、法兰损伤情况如图 1-1-19、图 1-1-20 所示。

法兰泄漏点对应部位垫片冲蚀严重，几乎占垫片的 50%；垫片内圈处有周向磨损痕迹；松动环未冲刷部分密封面平整，未见明显缺陷，靠近泄漏点侧的法兰面有明显的径向损伤，说明是泄漏法兰的垫片安装存在偏斜情况，造成含固体颗粒介质在D105下部法兰与松动环上部密封间隙形成涡流，不断冲蚀垫片内加强环，进而冲蚀起密封作用的石墨层，最终导致介质击穿密封面造成泄漏。

图 1-1-19 泄漏部位垫片

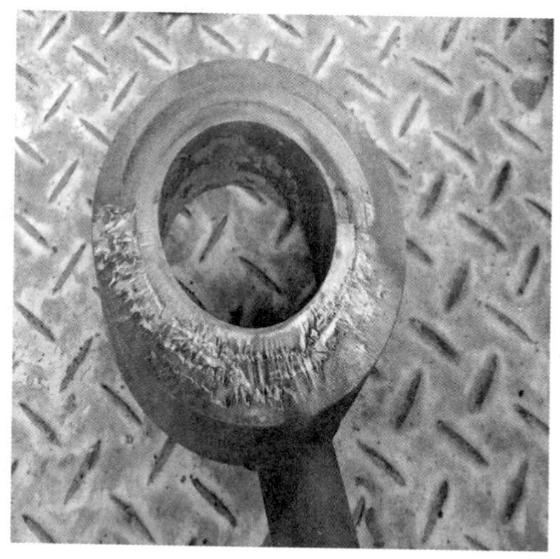

图 1-1-20 松动环法兰损伤图

3.5 松动氢气流量

部分泄漏企业存在松动环氢气流量偏大导致法兰泄漏情况。以某企业为例，泄漏如图1-1-21所示，松动环被冲刷出35mm×20mm左右的不规则缺口，内部检查也发现该部位周边冲蚀严重。由于该处氢气无计量仪表，根据磨损情况认为松动环氢气量偏大，局部线速大，气流携带吸附剂造成松动环磨损。

图 1-1-21 松动环磨损泄漏部位

某公司1.2Mt/a S Zorb装置，D105热氢压力为3.3MPa，热氢气温度为300℃，D105压力为2.5MPa，温度为400℃，松动氢气管径为15mm，松动环管径为80mm，氢气流速取设计经验值15m/s，根据 $Q=\pi D^2/4$ 及 $PV=nRT$，松动环部位线速计算见表1-1-11。

表 1-1-11 松动环线速计算表

项目	松动氢气管线					D105 松动环				
	压力/MPa	温度/℃	管径/mm	流速/(m/s)	流量/(m^3/h)	压力/MPa	温度/℃	管径/mm	流速/(m/s)	流量/(m^3/h)
数值	3.3	300	15.0	15.0	10.6	2.5	400.0	80.0	0.8	16.3

D105 松动环部位为鼓泡床操作，建议操作线速为 0.01~0.045m/s，从表 1-1-11 中可知，松动氢气阀门全开时，松动环内线速可达到 0.8m/s，远高于 D105 松动环建议操作线速。经现场调研该企业管线阀门开度约为三分之一，气体通量为全开的 28.3% 左右，可计算松动环内线速为 0.2m/s 左右，所以松动环氢气量偏大是造成磨损冲蚀的原因。

3.6　锥体松动氢气喷嘴

部分企业存在 D105 锥体松动氢气喷嘴与接管轴心线不同心导致松动环法兰泄漏情况。以某企业为例，锥体下接管内壁一处冲刷严重，凹坑深度 12mm(原始壁厚 22mm)，松动环上法兰密封面冲刷形成局部凹槽。按照设计图纸要求，喷嘴应与接管同心，且偏差不应超过±1.5mm，实际测量喷嘴与接管轴心线偏差达 7mm，远远超出设计要求的±1.5mm，如图 1-1-22、图 1-1-23 所示。

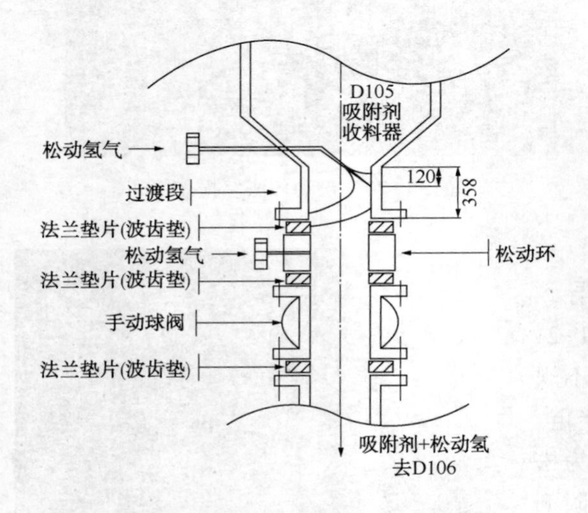

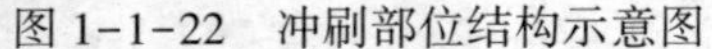
图 1-1-22　冲刷部位结构示意图

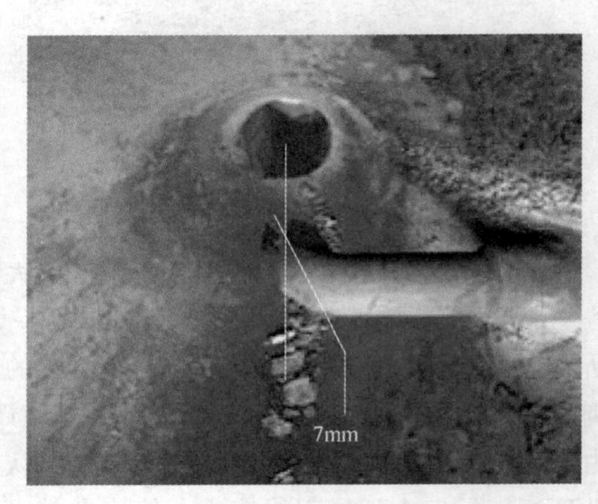

图 1-1-23　锥体松动氢气喷嘴对中图

松动氢气喷嘴未能与锥体轴线同心，实测偏差 7mm，喷嘴轴心延长线正对锥体下接管凹坑，松动氢气长期携带吸附剂对锥体下接管进行冲刷，造成锥体接管腐蚀凹坑并形成扰动，对松动环上密封处形成冲刷。因垫片强度较设备强度低，冲刷腐蚀对垫片的影响较大，情况较严重。使用初期，接管凹坑深度较浅，扰动不强烈，长期使用后凹坑深度逐渐加深，扰动加剧对垫片冲击加剧，导致垫片冲刷腐蚀加速，将垫片密封石墨冲蚀完后造成泄漏。

3.7　正常运行环境

D105 间断转剂运行，半小时左右向闭锁料斗 D106 转剂一次。当 D105 不下料时，此段温度为 300℃左右。下料时，350~420℃的油气与吸附剂从 D105 进入 D106，每半小时有一次温变过程，同时程控阀快速开关过程中会对该部位造成冲击，正常运行环境对管线安全运行的影响是客观存在的。

3.8 原因汇总

从多数企业泄漏情况来看，S Zorb 装置 D105 锥体松动环法兰泄漏主要原因包括以下方面：

① 检维修质量管控不到位，垫片安装存在偏斜。垫片安装存在偏斜造成含固体颗粒的介质在 D105 下部法兰与松动环上部密封间隙形成涡流，不断冲蚀垫片内加强环，进而冲蚀起密封作用的石墨层，最终导致介质击穿密封面造成泄漏。

② 松动环松动氢气流量偏大。松动环法兰部位局部限速偏大，气体携带吸附剂冲刷松动环，也可能存在涡流加剧磨损导致泄漏。

③ 松动氢气喷嘴未能与锥体轴线同心。喷嘴氢气长期携带吸附剂对锥体下接管进行冲刷，造成锥体接管腐蚀凹坑并形成扰动，对松动环上密封处形成冲刷造成泄漏。

④ 运行环境苛刻。该管线运行温度、压力、介质组成随闭锁料斗周期性约 30min/次变化，同时 3 台程控阀动作过程中产生一定振动，从而使管路、法兰、膨胀节等管件受到交变应力的影响，生产运行过程中，在受力薄弱点易发生泄漏。

4. 共识

根据 D105 底部锥体松动环法兰泄漏分析，建议在以下几个方面采取措施：

① 严格把控检维修质量。一是严格按照设计要求施工，二是落实每次大检修必检，三是按照质量验收表做好施工质量检查，四是避免维修过程中野蛮施工，对阀门管线生拉硬拽等。

② 做好装置日常平稳运行。一是确保 D105 收剂正常，若 D105 长期处于收不到剂或剂少的情况，当闭锁料斗步序 1.2 步(反应器接收器向闭锁料斗转剂)时，将导致反应器内高压气流直接进入闭锁料斗中，导致转剂线气速过快，磨损加剧。二是合理控制松动环氢气流量，线速上限为 0.045m/s，计算加装孔板孔径为 4.3mm，实际可考虑选用孔径为 3mm 孔板，同时配备副线作为备用；建议操作线速为 0.01～0.045m/s，所以氢气流量控制越低越好，吸附剂休止角为不大于 40°，D105 锥体与水平面角度为 60°，D105 锥体角度大于吸附剂休止角，D105 吸附剂气提足够关闭松动环氢气也不会影响正常下料。

③ 定期进行检查，落实问题整改。包括定期管线外部应力检查、涡流测厚扫查、LDAR 监测、闭灯检查，检查结果作为预防性维护的参考依据。

④ 完善现场监控手段。D105 锥底部位增加摄像头、可燃气/氢气报警仪等监控报警设施。

⑤ 改善周边设备的安全运行环境。如 D105 周边增加挡板，周边电缆槽增设钢板防护，并对钢板涂上防火涂层进行保护，或者通过改造将仪表电缆改到再生框架，避免电缆烧毁。

⑥ 编制专项应急预案，并做好培训演练。

案例六 S Zorb 装置循环氢压缩机异常现象分析

引言：随着我国油品进入快速转型升级的轨道，以及炼油装置结构特点为重油催化裂化占比较大，导致在我国车用汽油组分中，催化裂化汽油占比高达 74%。因此，S Zorb 汽油吸附脱硫技术成为汽油质量升级的一个重要手段，在中国石化系统内广泛应用，并形成了渣油加氢、催化裂化、S Zorb 催化汽油吸附脱硫的生产结构链条，为生产清洁油品贡献力量。在 S Zorb 技术不断进步变化过程中，装置的长周期运行尤为重要，而作为装置核心设备的压缩机组，保持良好的运行状态便是长周期运行的保障之一。

摘要：S Zorb 循环氢压缩机属往复式压缩机是装置的核心机组，若发生一次事故停机可能导致巨大的经济损失。本文针对 S Zorb 装置循环氢压缩机出现异常问题展开研究，分别从外界因素、机械问题、氢气带液三个方向进行分析，并提出相应改进措施，从而提高了循环氢压缩机的运行可靠性，进而保证装置的长周期平稳运行。

关键词：往复式压缩机　液击　设备损坏

1. 背景概况

某 S Zorb 装置发生晃电，装置循环氢压缩机晃停，DCS 循环氢流量报警，循环氢流量显示为 0，装置循环氢流量低低联锁，联锁停原料泵 P101，停加热炉，停联合氢压缩机 K102+K103，现场回流泵 P201、产品泵 P203、取热水泵 P105 晃电跳停，装置整体停车。

某装置循环氢压缩机 K101B 润滑油压力低报警(300kPa)，内操发现后向设备技术员、值班人员汇报并通知外操去现场检查。值班人员到现场后发现润滑油过滤器差压高，压缩机轴瓦温度有上涨趋势，立即切换至 K101A 机运行，K101B 机待修。切换完成后，K101A 机出现了同样的情况，至 21：00 被迫停机，装置紧急停工，K101A、B 大修，拆检发现 K-101A/B大头瓦均存在巴氏合金脱落及严重磨损现象。

某 S Zorb 装置在运行第一周期期间，循环氢压缩机机体发生异响并伴有震动，现场立即进行切换备机处理，备机启动后也发生类似情况，经现场检查发现循环氢压缩机 K-101A/B和反吹氢压缩机 K-102A/B 机体出入口管线及入口缓冲罐出入口管线均有不同程度带液现象，出口带液现象较为严重。由于运行期间正值初冬季节，环境温度较低以及压缩机入口分液罐缺少破沫网等，现场带液现象更加严重。

2. 原因分析

2.1 受外界因素影响

生产运行装置受外界因素影响，如晃电、循环水停供、蒸汽停供等公用工程故障对装置的损害极大，如果处理不当极易发生次生事故。单独就往复式循环氢压缩机受外部影响因素情况，可根据联锁条件来分析。

联锁条件主要为电机停供电紧急停车、润滑油压力低低联锁、循环水压力低低联锁、入口分液罐液位高高联锁。而在这些条件中晃电则是不可抗拒因素。压缩机联锁逻辑图如图 1-1-24 所示。

2.2 机械问题因素影响

往复式压缩机结构如图 1-1-25 所示。往复式压缩机发生故障的部位基本由三部分组成：一是传递动力部分，曲轴、连杆、十字头、活塞销、活塞等零部件；二是气体的进出机器密封部分，气缸、进气和排气阀门、弹簧、阀片、活塞环、填料函及排气量调节装置等部分；三是辅助部分，包括水、气、油三路的各种冷却器、缓冲器、分离器、油泵、安全阀及各种管路系统。

机组内部构件大多为金属材质，并且制作精度较高，一旦出现杂质或组件间隙过小便会发生碰磨造成机械损害。

3. 氢气带液因素影响

3.1 带液原因

根据带液情况结合实际流程变化，分析可能带液原因如下：

① 冷产物气液分离罐液位高、满，大量液体进入。

② 冷热产物气液分离罐温度过高，重组分油气随氢气进入氢气管线及压缩机内，冷凝后形成液体并积存。

③ 循环氢压缩机入口分液罐液位高、满，造成液体进入管线和压缩机。

④ 循环氢压缩机入口分液罐破沫网缺失或失效，导致气液分离异常。

⑤ 压缩机出入口管线布置缺陷，由于压缩机管线位于装置低点部位，易发生积液现象。

⑥ 操作人员切液不及时，导致液体带入压缩机内。

3.2 带液主要危害

3.2.1 吸气阀片断裂

压缩机是压缩气体的机器，阀板上的吸排气孔径的大小以及吸排气阀片的弹性均是按照气体流动而设计。从阀片受力角度讲，气体流动时产生的冲击力是比较均匀的，液体的密度是气体的数十倍甚至数百倍，因而液体流动时的动量比气体大，产生的冲击力也随之增大。吸气中夹杂较多液滴进入气缸时的流动属于气液两相流动，气液两相流动在气阀片上产生的冲击不仅强度大而且频率高，因此极易对阀片造成损坏。吸气阀片断裂是液击的典型特征之一。

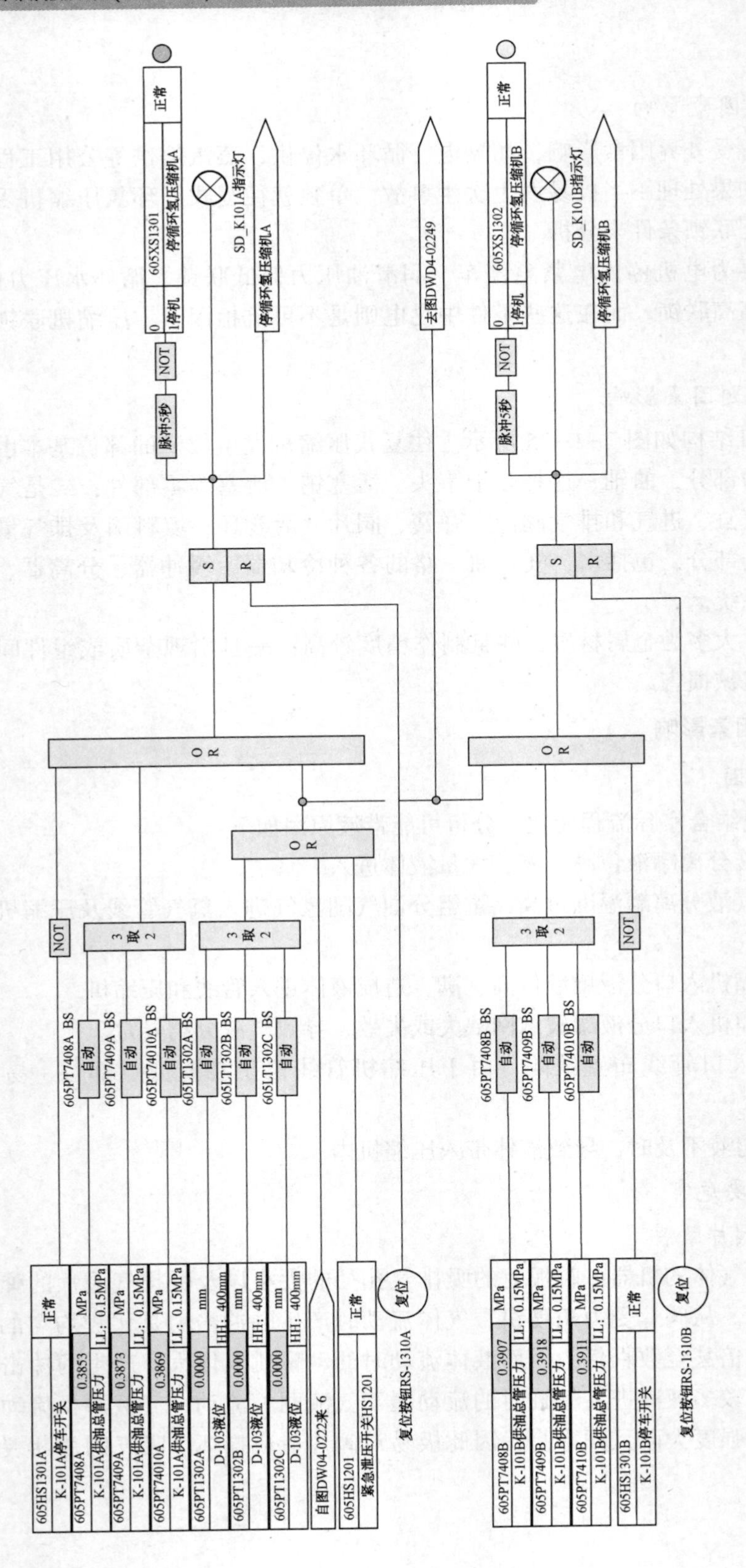

图1-1-24 压缩机联锁逻辑图

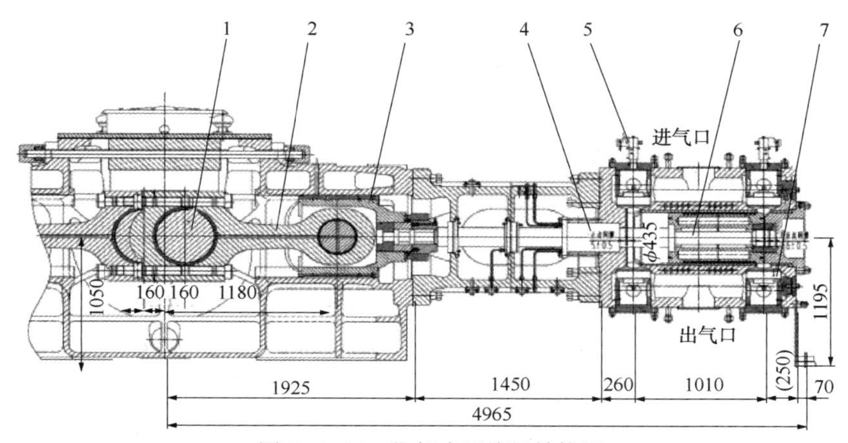

图 1-1-25 往复式压缩机结构图

1—曲轴；2—连杆；3—十字头；4—填料函；5—卸荷器；6—活塞；7—气阀

3.2.2 连动机构以及电机损坏

如果液体没有及时蒸发或排出气缸，活塞接近上止点时会压缩液体，产生液击，液击瞬间产生的高压具有很大的破坏性，极易造成连杆弯曲甚至断裂，压缩受力件也会发生变形或损坏。同时，电机因做功加大负荷运转，电机过载发热导致热保护器动作。

3.2.3 恶性损害导致撞缸泄漏

液击可能导致活塞杆尾部止推盘处发生断裂，活塞杆与十字头脱离，十字头体上的调节螺母撞击活塞杆尾端断面，推动活塞撞击缸盖，缸盖螺栓发生塑性变形直至断裂，缸盖及活塞飞出，造成大量氢气泄漏，引发火灾。

3.3 建议改进措施

3.3.1 晃电影响

可从全厂全流程部分考虑设计，强化自供电系统，提升系统电网可靠性，降低外供电不稳定风险。如多套装置同时出现晃电，装置紧急停工，可以先按照紧急停工的方式进行处理，不必急于恢复进料，待开工条件和上游装置稳定后再有序组织开工。

3.3.2 机械问题影响

首先要确保备品备件充足，便于问题设备及时更换；其次零部件生产厂家应资质健全，并在行业内业绩良好，采购过程避免低价中标，保证产品质量；最后提高检修队伍管理水平，严格把控验收质量，确保设备检维修质量，做到应修必修，修必修好。

3.3.3 氢气带液影响

由于压缩机管线位于装置低点部位，在此易造成液体积存，故此按照工艺管线布置情况，在管线增设集液包，并定期切液检查。往复式压缩机出入口缓冲罐加设排液流程，定期排液检查确保压缩机平稳运行。压缩机入口分液罐增加破沫网，控制氢气带油进入压缩机组。

根据临界气速计算公式 $U_c=0.048k\sqrt{\frac{dl-dv}{dv}}$ 有破沫网时 k 取 1.7，无破沫网 k 取 0.8，经计算 U_c(有破沫网)＝0.753，U_c(无破沫网)＝0.355。

$U_{实}<U_c$ 能保证有效气液分离。

如图1-1-26所示，随温度和液位升高气速逐渐升高，并在90%液位时没有破沫网设置已不能满足有效的气液分离，故此选择增加破沫网为最安全设置，同时压力的升高，气速下降，也能保证有效的气液分离效果。

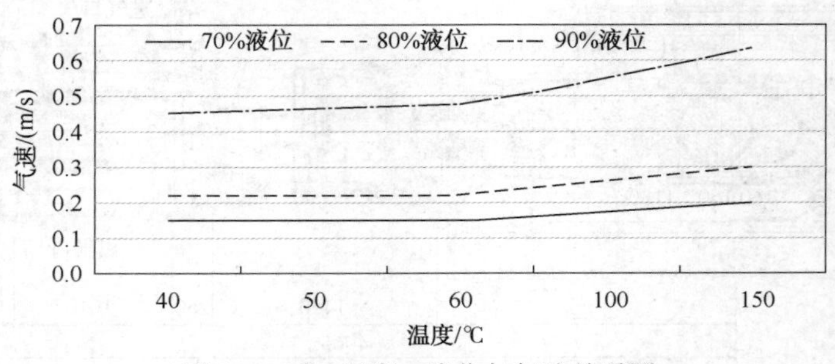

图1-1-26 温度、液位与气速关系图

4. 共识

① 定期组织压缩机停机演练，提升人员应急反应能力。

② 强化润滑油系统检查，以及日常检维修质量。

③ 关键设备备品备件要充足，能够满足压缩机应急处置需要。

④ 管线增加集液包可能会增加泄漏点和腐蚀点。

⑤ D103压缩机入口分液罐需设置破沫网。

⑥ 定期检查管理带液情况，防止发生液击现象。

⑦ 根据《炼化装置大型机组报警联锁设置指导意见》，在机身上增加振动检测及联锁。

案例七 S Zorb装置反应过滤器ME101差压升高的原因分析

引言：反应器R101是S Zorb装置的核心设备，反应器内为气固两相、流化床操作，顶部设置精密自动反吹过滤器ME101将吸附剂滤除，用于实现反应产物与吸附剂颗粒的分离，要求过滤精度为1.3μm，过滤效率为99.97%。其过滤元件采用金属烧结粉末滤芯，这种过滤介质的渗透性能好、耐高温、抗热震，金属微孔孔径、空隙度、渗透性能可通过反吹、高温热处理等手段再生，具有良好的机械加工性能，但是制造成本高，投运和维护难度大，其运行效果直接关系到S Zorb装置能否平稳、高负荷、长周期运行。

摘要：重点从影响ME101运行的主要因素进行分析，如装置负荷、反应器藏量、反应器线速及原料油性质等，提供ME101长周期运行对策和操作指导。

关键词：ME101 差压 操作指导

1. 运行情况介绍

反应器过滤器是汽油吸附脱硫装置的核心设备之一，其运行效果直接关系到装置能否平稳、高负荷、长周期运行。反应器过滤器过滤元件采用金属粉末烧结滤芯，滤芯焊接在过滤器管板上，管板夹持在过滤器法兰及反应器法兰之间，滤芯则插入反应器内部。携带吸附剂的油气经过滤器净化后进入下游设备，被拦截在滤芯外表面的粉尘回落至反应器循环利用。

反应器过滤器 ME101 为全自动的在线吹扫过滤器，通过内装的高精度滤芯组将油气中的吸附剂粉尘与反应后的油气彻底分离，是 S Zorb 装置的核心设备之一。ME101 设计温度为 470℃，采用的过滤材料为金属粉末烧结滤芯，具有过滤精度高、耐磨损的特点。ME101 成套设备主要由壳体、滤芯组件、内部反吹组件、外部反吹管线及相关的仪表阀门组成。

某企业 S Zorb 装置 ME101 自 2013 年 10 月开工至 2015 年 5 月停工，仅运行 18 个月，因为差压高导致装置被迫停工抢修，更换 ME101，过滤器差压运行上涨情况统计如图 1-1-27所示。

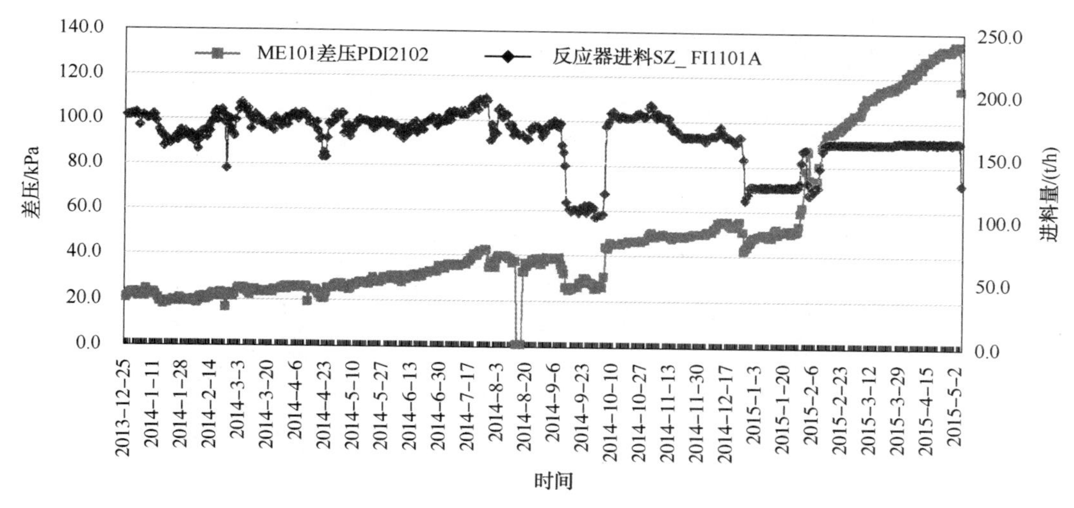

图 1-1-27 2013 年 12 月至 2015 年 5 月 ME101 差压涨幅

2013 年 10 月 21 日开工喷油成功，12 月 14 日提量到 180t/h，装置开始稳定运行。

2014 年 1—6 月底，ME101 差压上升缓慢，从 21.5kPa 上升到 32.5kPa，6 个月涨幅 11kPa，每月平均涨幅 2kPa。

2014 年 7—12 月，ME101 差压上升速度增加，从 32.5kPa 上升到 54.5kPa，6 个月涨幅 22kPa，每月平均涨幅 4.4kPa。

2015 年 1—2 月 ME101 差压异常快速上升，从 55kPa 上升到 90kPa，半个月涨幅 35kPa，每月平均涨幅 70kPa。

2015 年 2 月 13 日—5 月 2 日，ME101 差压上升速度较快，从 92kPa 上升到 133kPa，80 天涨幅 41kPa，每月平均涨幅 15kPa。

截至 2015 年 5 月 4 日，ME101 差压最高上升至 135kPa，开始停工更换新滤芯，共计运行 18 个月零 15 天。

2015 年 5 月装置停工检修，更换 ME101，拆除旧过滤器发现过滤器存在吸附剂结块堵塞现象，和新过滤器对比颜色较深，滤棒上未见明显吸附剂结垢情况，如图 1-1-28、图 1-1-29所示。

图 1-1-28　ME101 过滤器旧、新滤芯外观对比

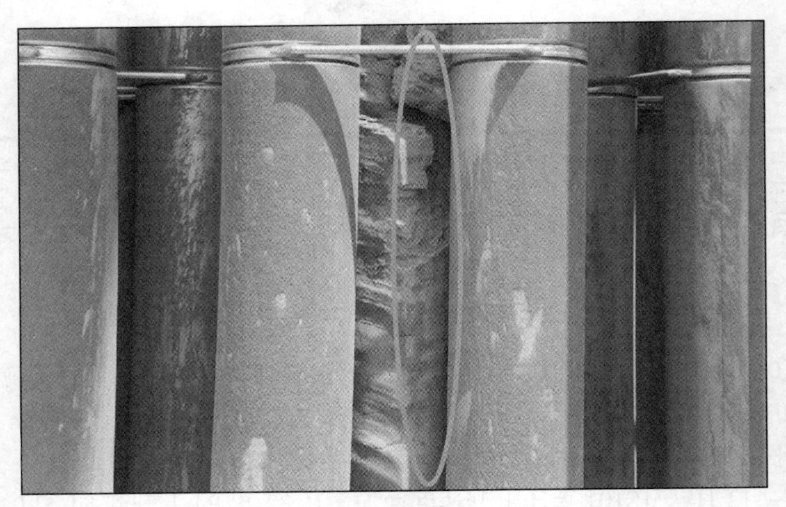

图 1-1-29　ME101 旧滤芯吸附剂结块图

2. 原因分析

2.1　反应器内线速控制过大

在流化床反应器内，气体通过流化床时，气泡在床层表面破裂时会将一些固体颗粒抛入稀相区。这些颗粒中大部分颗粒的沉降速度大于气流速度，因此，它们到达一定高度后

又会落回到床层。这样就使得离床面距离越远的区域，固体颗粒的浓度越小，离开床层表面一定距离后，固体颗粒的浓度基本不再变化。密相床层以上气相中夹带的固体颗粒浓度开始保持不变的最小距离称为输送分离高度(TDH)。床层界面之上必须有一定的分离区，以使沉降速度大于气流速度的颗粒能够重新沉降到浓相区而不被气流带走。在正常操作过程中，要严格控制反应器内吸附剂床层顶部到反应器顶部过滤器 ME101 的高度大于 TDH 值，否则就会造成大量吸附剂颗粒因为没有自由沉降而集聚到 ME101 周围，造成差压升高。

2.2 系统吸附剂细粉含量高

S Zorb 装置用吸附剂为中国石化催化剂有限公司南京分公司生产，新鲜吸附剂粒径在 70~80μm，0~20μm<2%，20~40μm<20%。由于吸附剂在过滤器上的累积致使反应器过滤器差压上涨，如何减少吸附剂的累积，其中重要的一项就是要控制吸附剂粒径。根据吸附剂自由沉降公式，以反应器线速 0.35m/s、吸附剂粒径 20μm 计算，吸附剂最高能吹到不大于 6m，而反应器横管与防尘罩距离大于该高度，所以理论上 20~40μm 吸附剂对过滤器威胁不是特别大。对过滤器形成威胁的吸附剂粒径主要分布在 20μm 以下，即控制 20μm 以下的细粉在反应系统的存在。而再生器内旋风分离器分离能力为 20μm，所以要将细粉在再生器排出。

减少细粉在系统内的产生，首先，加注新剂时要注意控制加剂速度和一次加剂量，可采取少量多次的方式。其次，严格控制再生器温度过高造成吸附剂爆破，以及控制再生器内氧含量，严防过度再生。最后，在吸附剂循环过程中保证正常脱硫率的前提下采取小循环量，吸附剂输送气体量、压力严格控制，线速不能大于 0.5m/s，一旦大于该值将加剧吸附剂的碰撞从而产生过多细粉。

2.3 操作波动过大

装置操作波动，造成超温、超压、细粉含量异常、反应器线速过大(大于 0.37m/s)，反应器藏量波动，反应器内流化床状态发生异常改变，反应器稀相密度增加，使过滤器负荷大幅度增加。

来料性质变化，尤其是罐区汽油回炼，会造成滤芯上出现二烯烃结焦情况，堵塞滤芯孔道，造成不可逆的差压升高。

2.4 反吹系统反吹参数设置不合理及反吹氢带液

反吹参数设置不合理会影响单次反吹效果，严格执行反吹温度在 245~260℃。反吹氢气带液会造成液相和吸附剂细粉在滤芯内部结垢，难以被反吹吹掉，造成差压永久升高。

3. ME101 长周期运行措施

3.1 初期滤饼的建立

在初期滤饼建立时，在工艺上一定要保证稳定的进料量、反应压力及线速，保证反吹气体温度和一定的反吹比。严格执行建立周期，当反吹后压差在一个稳定值时，可以确定滤饼建立完成，滤饼的建立质量很大程度上影响着过滤器未来的运行周期。

在汽油进料时，过滤器压差会持续增长，当过滤器压差达到 8kPa(且处于非提量状态)

时手动启动第一次反吹，当本轮反吹结束后，记录过滤器的恢复后压差。在前一次反吹恢复后压差的基础上加 2~3kPa，作为下次启动手动反吹的压差值，压差值的确定还受反应进料、吸附剂藏量、吸附剂细粉含量、操作参数以及过滤器结构及质量等因素影响，上述相关参数是在普遍情况下的参考值，在实际操作时可能会根据运行参数作细微调整，以使滤饼达到更好的过滤效果。

3.2　反应器吸附剂床层高度控制

反应器操作必须以平稳为原则，特别是装置提降负荷过程中的平稳操作。装置提降负荷，必须以反应器线速基本不变为原则，做到提量前先提压，分次缓慢进行，确保反应器线速平稳。

ME101 差压的上升速率，受到反应器吸附剂床层高度的影响，若床层高度过高，ME101 滤芯处吸附剂细粉浓度高，ME101 差压上升速率快、装置运行周期短；若床层高度过低，反应器内吸附剂料位低于转剂横管，造成反应器接收器 D105 收剂困难，影响装置的正常运行。反应器内吸附剂床层高度控制的原则是在保证反应器接收器 D105 正常收料的前提下尽量减小该值。具体做法为：控制 D105 底部与反应器稀相压差 PDI2302，当压差大于 40kPa，横管即产生淹流作用；当压差大于 60kPa，床层高度过高，造成过滤器入口吸附剂浓度过大，不能满足 ME101 长周期运行要求。

3.3　过滤器反吹管理

通过实际运行情况分析，过滤器差压快速上升，是由于滤芯滤饼过厚，油气在滤饼上结焦，减少滤芯流通面积，因此强化反吹管理特别重要。

反吹系统设置参数有反吹时间、各反吹阀反吹间隔时间、反吹压力、反吹周期、反吹温度等。

① 反吹时间设定为 1~1.5s，因为其工作原理为脉冲式反吹，需要一定的差压，设定时间过长，差压不能满足要求，非但没有取得效果，反而因反吹时间长，反吹气温度低带来负面影响。

② 各反吹阀反吹间隔时间应满足各反吹阀动作时，反吹压力达到要求值的下限。

③ 反吹压力一般不作调整，装置反吹压力按操作压力的 1.8~2.2 倍设置。

④ 反吹阀及时维护，若出现反吹曲线不均匀应及时检查反吹阀门的运行情况，对开启或关闭不及时的阀门进行风压调节或更换以确保该区域的反吹效果。若个别阀门密封有泄漏情况出现，应对每个阀门密封进行紧固排查。为了保证反吹系统正常运行，建议备用 2 台反吹阀以便故障时及时更换。

3.4　吸附剂性质控制

减少细粉在系统内的产生，首先，加注新剂时要注意控制加剂速度和一次加剂量，可采取少量多次。其次，严格控制再生器温度过高造成吸附剂破碎，以及控制再生器内氧含量，防止过度再生。最后，吸附剂循环过程中在保证正常脱硫率的前提下，吸附剂输送气体量、压力要严格控制，线速度不能大于 3m/s，一旦大于该值将加剧吸附剂的碰撞从而产生过多细粉。

当发现系统内小于 20μm 的吸附剂增多时(要求不大于 10%),要及时调整再生系统的操作,如适当降低再生器压力或者加大流化气体量,根据吸附剂载流量选择提高风量或氮气量,以提高再生器内线速在 0. 29m/s 以上,监控好吸附剂粉尘罐 D109 的料位上涨情况,将细粉从再生系统中排出。

4. 共识

① 规范操作,严禁超温、超压等异常操作工况的发生,造成过滤器设备损坏。

② 根据过滤器运行情况和反应器操作负荷,设置适宜的反应器线速、吸附剂藏量、反应压力等操作参数。反应器内线速控制过大,造成反应器膨胀段稀相浓度过大,也会导致差压上涨过快,此时应调节反应压力或处理量以降低反应线速≤0. 37m/s。

③ 系统吸附剂粒径过小、细粉含量高时会增加过滤器负荷,导致过滤器差压上涨,建议吸附剂平均粒径控制在 60~80μm。

④ 建议压差高高联锁值设置到 150kPa。

⑤ 保持反应器负荷稳定,避免发生短时间负荷变化过大和长期超负荷运行;保持催化直供热进料,避免加工处理过量的非催化直供汽油,如罐区油等。

⑥ 保持反吹系统运行正常,设置适宜的反吹压力,及时发现并处理反吹阀故障,保持反吹阀性能良好。

⑦ ME101 使用末期差压上涨属于正常,需根据差压适当降低处理量,降低线速运行。

案例八 S Zorb 装置加热炉 F101 炉管破裂案例分析

引言:根据中国石油化工股份有限公司炼油事业部下发的股份工单炼安〔2022〕468 号《关于进一步加强加氢装置反应进料加热炉运行管理的通知》,S Zorb 装置加热炉同处高温临氢环境,为避免炉管结焦损坏事件再次发生,确保加热炉高效、可靠、安全运行,针对目前加热炉运行情况进行分析,并提出整改防范措施。

摘要:本文以 S Zorb 装置加热炉结焦破裂为实例,介绍了炉管基本情况、问题分析及应对措施。通过对炉管结焦破裂原因包括原料汽油性质、炉管控制指标、日常运行管理等进行分析,提出了做好加热炉运行监控管理,严格工艺纪律管理,严格炉管管壁温度控制指标管理,抓好加热炉检修管理,加强原料汽油性质监控,提高应急处置水平等措施,为提升 S Zorb 装置加热炉管理水平提供了思路,确保加热炉高效、可靠、安全运行。

关键词:S Zorb 加热炉 结焦 汽油

1. 加热炉结构及运行情况

以 1. 5Mt/a 的 S Zorb 装置为例，加热炉设计负荷为 10. 2MW，加热介质为汽油+氢混合原料。原料汽油和氢气在换热器 E101 管程前混合，再经过原料汽油与反应产物换热器 E101 换热后，进入加热炉 F101 炉管在炉膛中加热后，进入反应器 R101 底部进行脱硫反应。混氢原料在进 F101 前分两路再分四路进入 F101(炉管温度指示分别为 TI6011A/B/C/D)，从四路炉管出来后再汇总成两路，最后合成一路进入反应器 R101，加热炉设计如图 1-1-30所示。

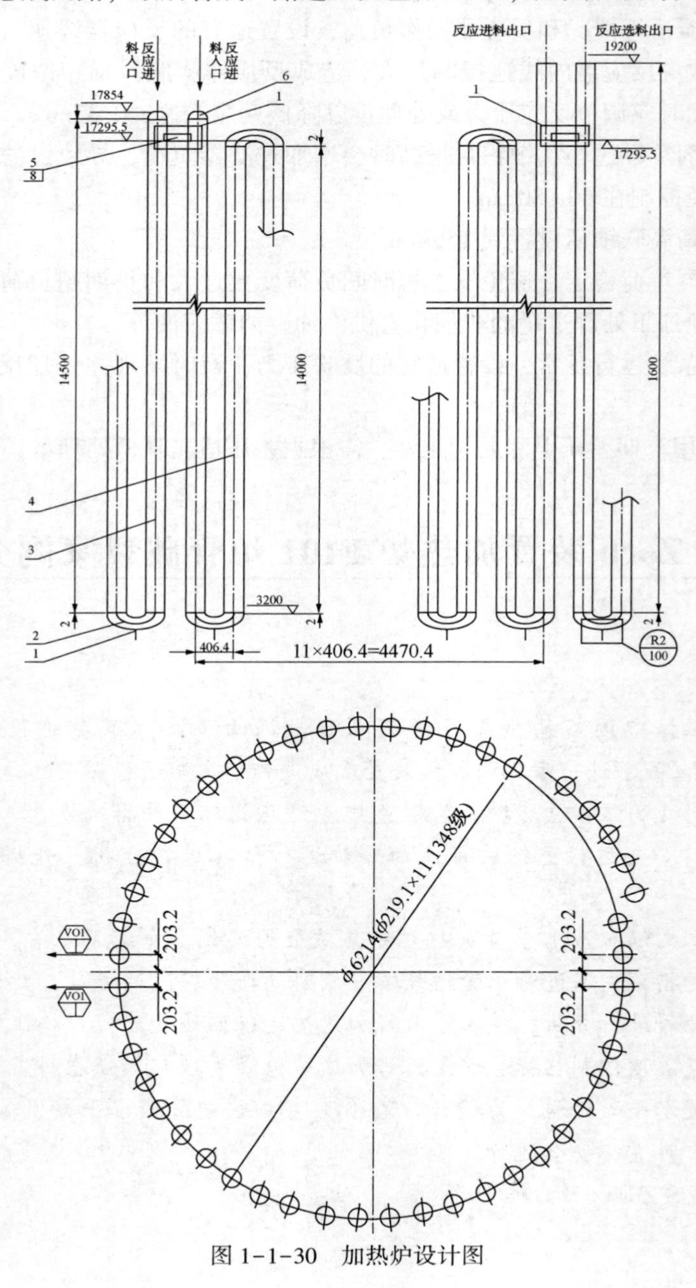

图 1-1-30　加热炉设计图

加热炉管内介质为高温氢气和油气，加热炉工况一般为炉管出口温度在420℃左右，压力为3MPa左右，表1-1-12为某装置泄漏前加热炉炉管温度情况。

表1-1-12 主要操作参数

℃

项目	日期						
	2020.06	2020.09	2020.12	2021.01	2021.05	2021.06	2021.07
炉管出口C组	420	423	422	422	423	423	380
炉管出口A组	420	423	422	423	423	422	386
炉管出口B组	421	419	419	420	419	418	388
炉管出口D组	424	419	418	418	419	418	381
辐射室出口A组	646	650	644	641	615	615	545
辐射室出口B组	632	640	634	633	613	613	551

2. 故障情况

S Zorb装置在运行过程中，加热炉的故障主要为炉管结焦导致泄漏。

某装置加热炉F101炉膛异常，检查发现辐射室第三组出口炉管的前一根炉管距炉底高度约4m高处有蓝色小火苗，事后进入加热炉进行联合检查，加热炉炉墙、炉管吊挂等附件无问题，燃烧器整体情况较好，炉管外表存在氧化脱皮现象，第三组出口前的第一根炉管直管段母材迎火面出现泄漏裂纹，呈现高温蠕变导致开裂现象，如图1-1-31所示。发生炉管泄漏后，将泄漏炉管切割后发现急弯头平口部位内壁结焦，厚度约10mm，结焦层致密坚硬均匀，如图1-1-32所示。

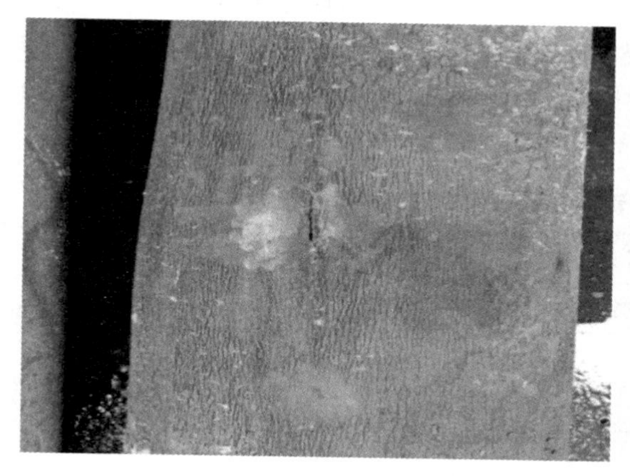

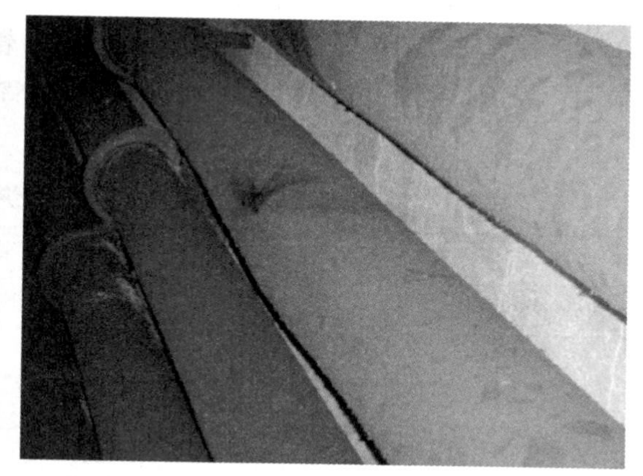

图1-1-31 炉管损坏情况

3. 原因分析

加热炉炉管内部结焦造成炉管表面局部温度过高，产生蠕变最终导致炉管破裂。在日常生产过程中，炉管结焦会导致传热效率下降，为保证炉管内介质温度控制平稳，加热炉负荷提高，导致炉膛温度上升，炉管表面温度升高，从而加剧炉管结焦。造成炉管结焦泄漏原因可以从以下几个方面进行分析。

图 1-1-32　炉管结焦情况

3.1　原料性质的影响

S Zorb 进料采用汽油全馏分进料，对原料中的硫和烯烃含量没有限制，原料中烯烃含量范围在 8%~43%。对原料中的杂质有一定的限制，硅、氯、氟、钠均不能高于 1mg/L，氮不高于 75mg/L，胶质<3mg/100mL，但是原料二烯烃含量高，会促进生焦。为了分析原料性质的影响，对结焦炉管垢样进行了分析，结果见表 1-1-13，垢样分析灰分含量较低约 10%，硫元素含量为 2%左右，主要为碳氢易燃物质，由此可见：加热炉炉管大面积均匀结焦主要原因可能是汽油中烯烃尤其是二烯烃含量高，原料汽油机械杂质是造成炉管结焦的原因之一。

表 1-1-13　炉管结焦物分析

泄漏炉管直管段							
灰分/%(质)	金属含量分析/%(质)						
9.626	23(总量)						
	Al_2O_3	SiO_2	SO_3	As_2O_3	ZnO	NiO	Fe_2O_3
	2.525	1.696	23.178	5.359	8.730	3.134	53.174
泄漏炉管弯管段(不均匀样)							
灰分/%(质)	金属含量分析/%(质)						
33.232	17.9(总量)						
	Al_2O_3	SiO_2	SO_3	As_2O_3	ZnO	NiO	Fe_2O_3
	2.661	3.790	21.941	7.349	4.438	1.787	55.186

3.2　加热炉控制指标设置不严谨，风险意识不强

由于进料换热器换热效率下降，加热炉入口进料温度偏低，为确保反应器进料温度，采取提高加热炉热负荷的方式，但仅对加热炉辐射室顶部温度设置了工艺指标≤800℃，未对炉管表面温度设置控制指标，炉管表面温度长期偏高未及时处置。同时加热炉入口温度低会导致原料汽油汽化不完全，容易结焦。

3.2.1　原料汽油汽化温度的计算

以某装置(1.5Mt/a)标定期间汽油的性质组成、加热炉正常工况条件下的入口压力、入口温度、出口压力和出口温度为依据，借助 Aspen 计算汽油原料汽化起始温度、汽化不同比例时的温度及全部汽化时的温度，计算情况见表 1-1-14。由表中数据可以看出，正常情况下汽油在加热炉中能完全汽化，起始汽化温度为 246℃，完全汽化温度为 280℃。

表 1-1-14　加热炉中汽油汽化温度

原料汽油性质		加热炉操作工况	
饱和蒸气压/kPa	58.2	入口温度/℃	370
HK/℃	36.6	入口压力/MPa	2.8
10%/℃	52.3	出口温度/℃	420
50%/℃	90.4	出口压力/MPa	2.75
90%/℃	175.1	模拟汽化温度/℃	
KK/℃	201.1	泡点温度	246
RON	92.4	10%汽化	249
密度/(kg/m^3)	737.9	50%汽化	262
		100%汽化	280

3.2.2　混入重组分在加热炉条件汽化率的计算

如果进料中混入重组分，会影响汽化效果，从而导致结焦加速，以某装置 LCO 的性质为计算数据，分别用 Aspen 模拟了混入不同比例柴油时，在加热炉正常工况下的汽化率情况，如图 1-1-33 所示。当混入柴油超过 10%时就会出现汽化不完全的情况，存在结焦风险。

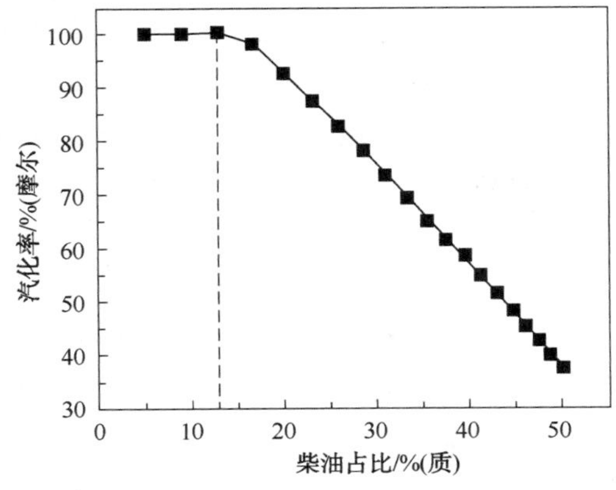

图 1-1-33　混入不同比例柴油加热炉中汽化率的情况

4. 应对措施

① 加强原料汽油监控，包括增加分析频次监控汽油性质，控制原料指标，如硅、氯、氟、钠均不能高于 1mg/L，氮不高于 75mg/L，胶质<3mg/100mL。一般正常进料汽油在加热炉的汽化温度不低于 280℃，当汽油性质发生较大改变时，需要及时计算汽化温度，确保原料能全部汽化，禁止不合格油品进入装置。

② 原料汽油中混入柴油会对产品性质造成影响，当柴油量大于10%时，汽化率快速下降，结焦明显；当柴油量小于10%时，在加热炉中仍可完全汽化，不存在增加加热炉结焦的风险。虽柴油混入对产品性质影响大，但并不是导致加热炉结焦的主要原因之一。

③ 做好加热炉运行监控管理。岗位巡检加强对加热炉管壁外观、火焰等检查，定期使用红外热成像等技术检测炉管壁温和炉内温度场分布；可适当增加加热炉水平和垂直方向管壁热电偶设置数量，以便准确分析炉内实际温度场，精确指导加热炉操作调整。增设加热炉炉膛高温摄像仪，实时监控火嘴燃烧情况。

④ 抓好加热炉检修管理。根据设备完整性管理体系静设备预防性策略文件要求，做好炉管检验、检测工作，检测发现问题时应扩大抽检比例；严格审核炉管机械清焦方案，做好清焦作业过程管控和质量验收，确保清焦效果；做好加热炉炉管寿命管理，提前做好更新计划。

案例九 S Zorb 装置加热炉瓦斯隐患整改

引言：随着国家安全生产监督管理越来越严格，炼油厂对于安全的要求也越来越高，管式加热炉在瓦斯系统的安全设计逐步完善，同时老旧装置的瓦斯系统安全措施整改也陆续开展。根据中国石化炼油事业部2018年10月16日下发股份工单炼技〔2018〕606号文《关于开展炼油主要装置安全合规性排查问题整改通知》以及2019年2月12日下发《炼油装置管式加热炉联锁保护系统设置指导意见》(修订版)要求，对S Zorb装置包括加热炉瓦斯系统等开展排查，提出整改措施，保证了S Zorb装置加热炉瓦斯系统本质安全运行。

摘要：本文分析了某石化公司S Zorb装置加热炉长明灯压力低联锁切断进料案例，介绍了S Zorb装置加热炉流程、近年来加热炉瓦斯系统隐患排查情况及整改措施；同时对案例产生原因进行详细分析，得出瓦斯带液、仪表失灵导致了长明灯压力低联锁，同时由于联锁逻辑存在问题，装置发生非计划停工。针对以上问题，提出解决措施，修改长明灯联锁逻辑，只有当长明灯压力与瓦斯分液罐压力“二取二”低联锁时，才会切断进料；长明灯进装置管线也需要增加分液罐，减少瓦斯带液。该案例为提升S Zorb装置加热炉瓦斯系统运行水平提供了思路，保证了加热炉系统的安全、平稳运行。

关键词：加热炉　长明灯　联锁　分液罐

1. 装置简介

某石化公司S Zorb装置采用中国石化的专利技术工艺包，建设规模为加工量1.5Mt/a，年开工 8400h。装置主要由进料与脱硫反应、吸附剂循环再生、产品稳定和公用工程四个部分组成。S Zorb 装置以Ⅰ催化装置、Ⅱ催化装置生产的催化汽油为原料，生产满足国Ⅴ标准的清洁汽油。

2. 加热炉流程

本装置加热炉采用对流-辐射型立式圆筒炉炉型，正常热负荷为 7.796MW（1.5Mt 装置）。操作介质为汽油+氢气，分四路进料，由对流室入炉，经过辐射盘管加热后去反应器。对流室上部盘管用于加热循环氢，为一路进料。全炉炉管材质为 ASTM A335 P9，对流室除三排遮蔽管为光管外，其余均采用翅片管。燃烧器为 8 台低 NO_x 气体燃烧器。

烟气余热回收系统采用双向翅片铸铁式空气预热器回收烟气余热、预热燃烧空气，并设有变频式送风机和引风机。来自反应进料加热炉对流室的热烟气经热烟道进入空气预热器与空气换热后由烟气引风机排入冷烟道，最后由 60m 独立烟囱排入大气，烟气排放温度约为 130°C。冷空气由送风机送入空气预热器与烟气换热后经热风道供炉底燃烧器燃烧使用。

3. 加热炉瓦斯隐患整改内容

S Zorb 装置加热炉联锁原始设计包括加热炉停炉按钮 HS1601、主火嘴压力低低联锁以及余热回收系统相关联锁。

根据炼油装置管式加热炉联锁保护系统设置指导意见、炼油主要装置安全合规性排查要求，制定了 S Zorb 装置加热炉瓦斯改造内容，并在大检修进行实施整改，具体内容见表 1-1-15。

表 1-1-15 加热炉瓦斯隐患整改内容

序号	改造内容
1	在燃料气分液罐（D-203）的入口管道上新增 1 台压控调节阀，与原有远传压力表 PT-9001 组成压力控制回路
2	将长明灯管线的引出点，由从主燃料气管线上引出改为从燃料气分液罐前的压控阀上游管道的高点单独引出，并设保温、伴热。管线材质升级为不锈钢，管线增加过滤器
3	新增长明灯压力取压点两个，与原测压点组成"三取二"联锁，当压力低于 0.03MPa 时，停主火嘴及长明灯
4	利用现有远传温度计，新增一个炉出口温度测温点，组成"四取三"联锁，当进料加热炉 F-101 炉出口温度大于 435℃时联锁切断主燃料气上切断阀
5	利用现有远传温度计，新增一个炉膛温度测温点，组成"三取二"联锁，当进料加热炉 F-101 辐射室出口温度大于 880℃时，延迟 5min，联锁切断主燃料气上切断阀
6	加热炉主火嘴、长明灯切断阀增设现场关阀操作柱

改造之后瓦斯流程如图 1-1-34 所示。

3.1 案例问题与分析

某石化公司 S Zorb 装置大检修新增了长明灯压力低低联锁，为全厂加热炉瓦斯隐患整改项目内容，当长明灯压力低时，关闭主火嘴及长明灯切断阀、停反应进料泵。

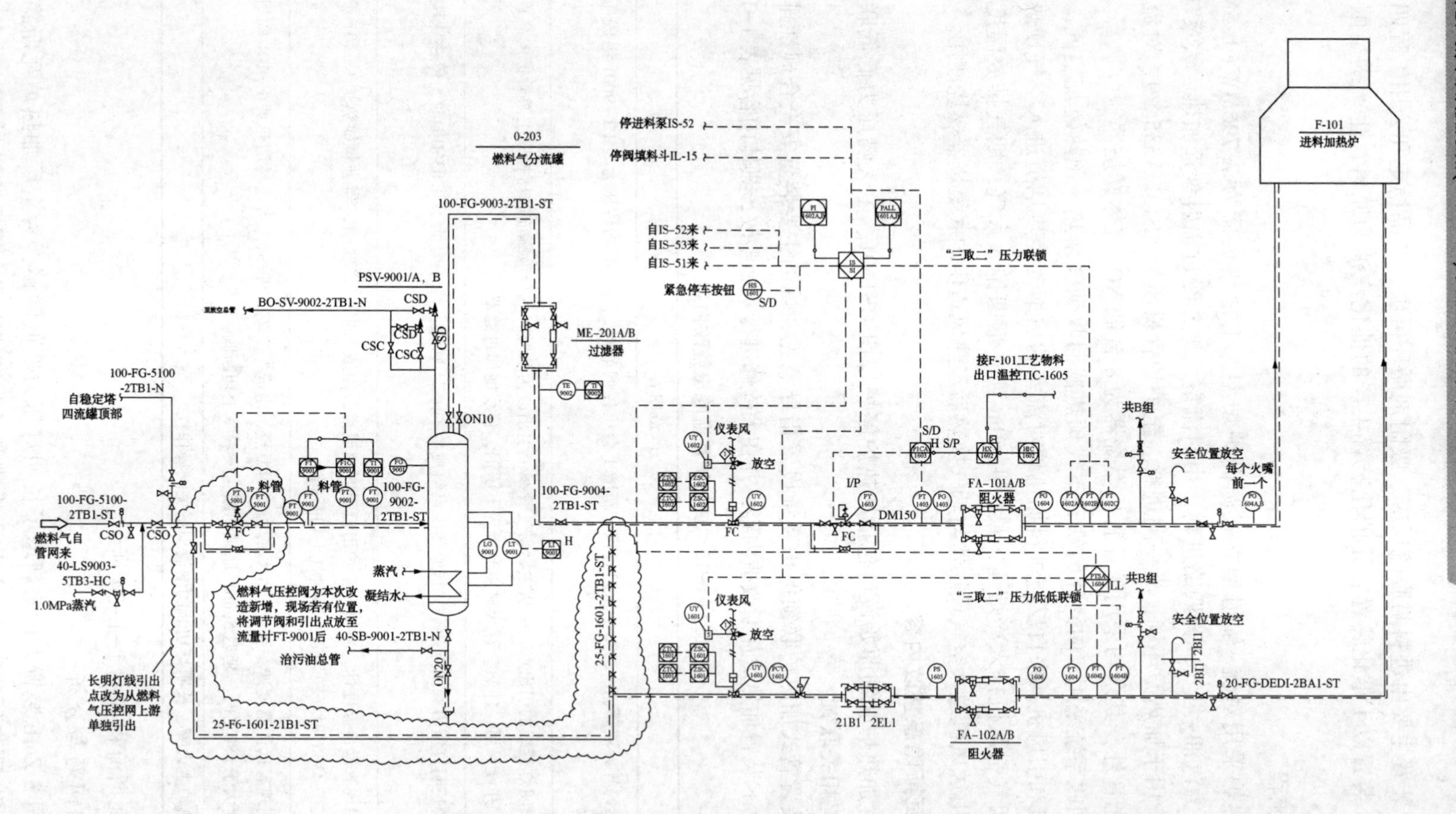

图1-1-34 大检修改造后长明灯流程示意图

装置开工正常后，投用该新增联锁。投用一段时间后，由于长明灯压力降低，导致联锁动作。经过现场检查确认后，点加热炉、开反应进料泵，反应器恢复进料，生产恢复正常。图 1-1-35 为加热炉长明灯压力趋势。

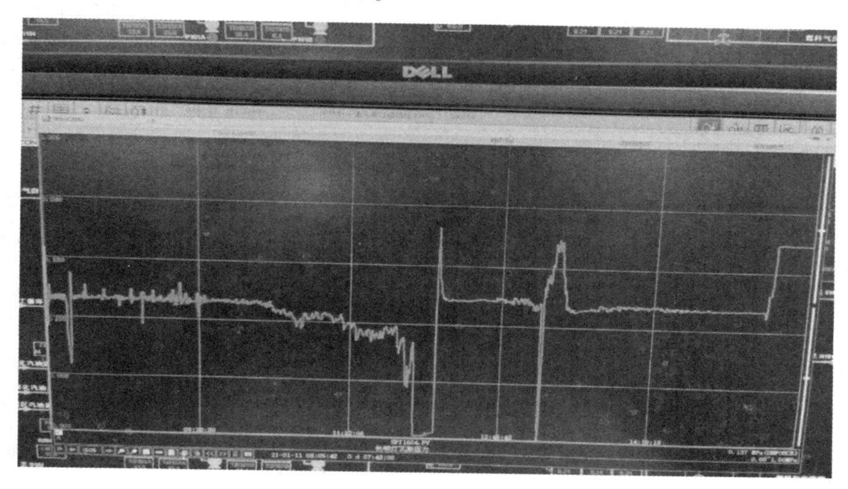

图 1-1-35　长明灯压力趋势

3.2　原因分析

通过图 1-1-35 可以看出，当联锁投用时，压力较为稳定，从压力开始快速下降至联锁触发约为 2min。在长明灯管线未作任何处置情况下，5min 后压力恢复正常。

长明灯压力低联锁为“三取二”联锁，三块仪表分别从三个引压管引出。本次大检修根据设计内容重新改造长明灯管线，从进装置瓦斯压控阀前引出，经过过滤器、切断阀、自立式调节阀、阻火器后直接进入加热炉燃烧。

长明灯压力低可能的原因包括以下 4 点：

① 过滤器、阻火器堵塞。

需要现场检查过滤器、阻火器前后差压，必要时进行切换至备用组，同时拆除原运行过滤器、阻火器进行清理，判断是否出现堵塞情况。

② 自立式调节阀故障。

通过检查自立式调节阀前后压力，判断长明灯压力低是否由于自立式调节阀故障关闭导致，联系仪表专业，配合调整、维修自立式调节阀。

③ 全厂燃料气中断。

现场及 DCS 检查瓦斯分液罐压力 PI9001 是否正常，确认全厂燃料气管网是否正常。

④ 压力仪表失灵。

联系仪表专业现场排查长明灯压力仪表，确认仪表自身是否存在故障，排查是否存在瓦斯带液导致仪表测量失灵情况。

S Zorb 装置加热炉瓦斯可由系统管网瓦斯或稳定塔顶气，炼油厂典型燃料气及 S Zorb 装置稳定塔顶气组成(平均值)见表 1-1-16。

运用 Aspen 软件模拟物流不同压力、温度下气相分数，得出结果见表 1-1-17。

表 1-1-16　燃料气及稳定塔顶气组成　%(体)

组分	燃料气	稳定塔顶气	组分	燃料气	稳定塔顶气
H_2	35	45	C_4	14	30
N_2	15	15	C_5及以上	1.5	2.0
C_1、C_2	30	7.0	其他	3.5	0.5
C_3	1.0	0.5			

表 1-1-17　燃料气及稳定塔顶气气相分数　%(体)

物流	0.3MPa/40℃	0.3MPa/20℃	0.3MPa/10℃
燃料气	100	100	100
稳定塔顶气	100	100	97.0

该案例中联锁发生时间为 1 月 11 日，加热炉采用稳定塔顶气作为燃料，查得当日气温为 -2~7℃，检查管线现场保温、伴热情况，改造长明灯管线从引出至切断阀前保温、伴热暂未施工，长明灯管线内瓦斯组分在该气温下，部分气体液化，造成瓦斯带液。经过现场确认，管线伴热、保温未施工导致长明灯瓦斯带液、造成压力仪表失灵是导致联锁动作非计划停工的原因。

3.3　整改措施

新增长明灯管线施工伴热、保温，对现场防冻防凝工作加强检查。此波动发生后，对加热炉瓦斯隐患整改内容进行重新评估，避免长明灯压力仪表失灵导致装置切断进料。

对涉及长明灯燃料气压力低低联锁切断主燃料气切断阀的，均统一修改联锁逻辑如下：

① 当长明灯燃料气压力“三取二”低低[LL=0.03MPa(表)]联锁，仅切断长明灯燃料气线上的紧急切断阀，主燃料气保持。

② 当长明灯燃料气压力“三取二”低低[LL=0.03MPa(表)]且燃料气分液罐上压力“一取一”低低[LL=0.1MPa(表)]时，联锁切断长明灯燃料气线上紧急切断阀，同时联锁切断主燃料气线上紧急切断阀。

同时，由于长明灯直接从系统引至炉前，当瓦斯系统波动带液时影响长明灯正常燃烧，在长明灯进装置管线上新增分液罐。对加热炉系统单点联锁排查后，鼓风机出口压力新增两个取压点，“三取二”后触发联锁动作。

通过以上案例，为保证加热炉瓦斯系统平稳运行需要做到以下 4 点：

① 定期检查、切换、清理瓦斯管线过滤器、阻火器。

② 长明灯管线改造从管网直接引出后，需要增加分液罐，管线保温伴热完好。

③ 长明灯压力低联锁动作设置合理，避免过度保护，造成装置生产波动。

④ 定期检查自立式调节阀，确认阀门调压性能良好，出现故障及时切出检修。

经过不断整改、优化之后，S Zorb 装置加热炉瓦斯流程如图 1-1-36 所示。

3.4　效果评价

S Zorb 装置加热炉瓦斯系统根据总部相关排查文件要求，经过一系列技术改造之后，装置整体运行平稳，加热炉瓦斯系统联锁设置进一步完善，相关联锁设置内容见表 1-1-18。

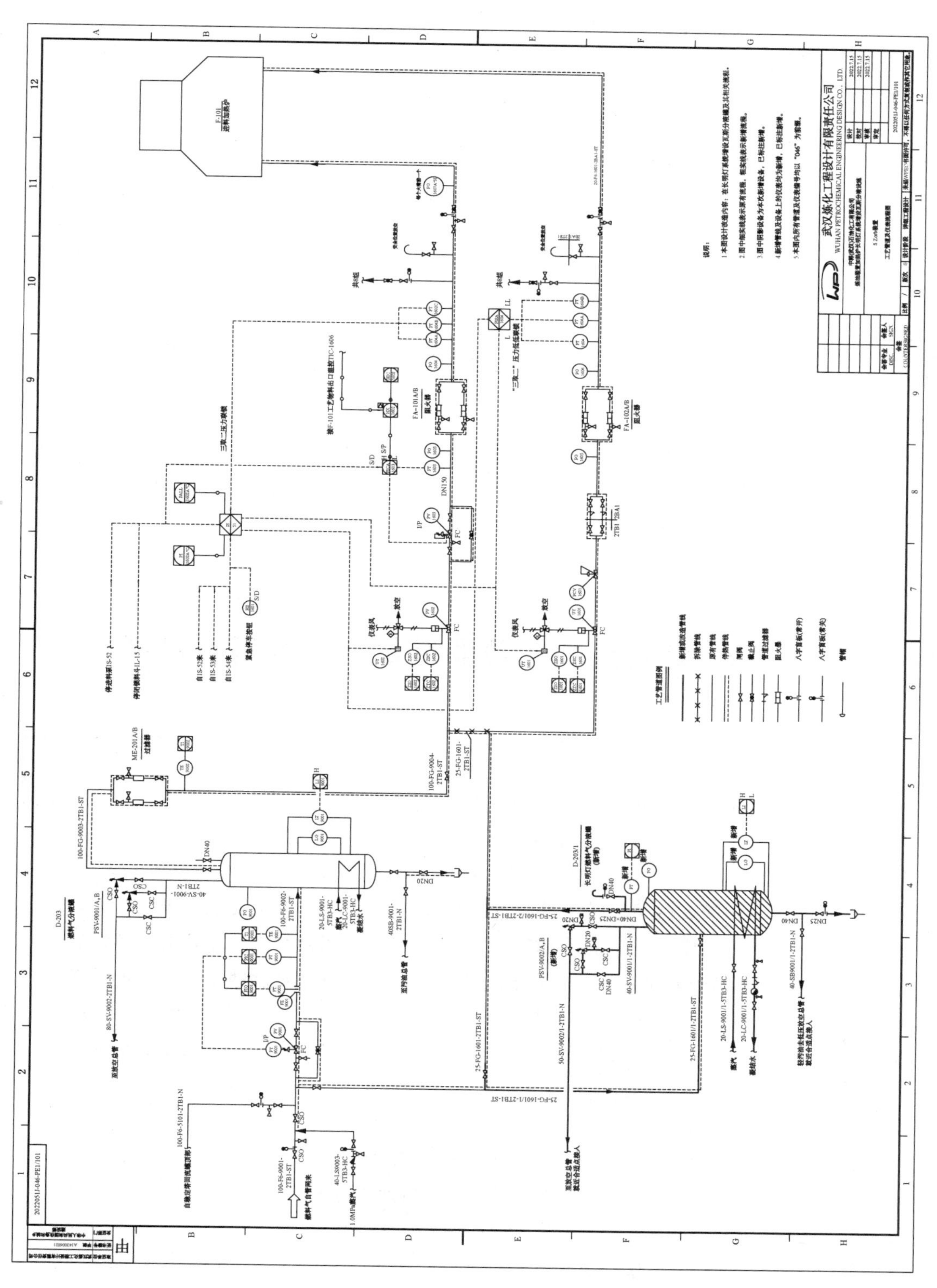

图1-1-36 整改后长明灯流程示意图

表 1-1-18 S Zorb 装置加热炉瓦斯系统联锁清单(不含余热回收系统相关联锁)

序号	联锁名称	联锁值	联锁动作	备注
1	主燃料气压力低联锁	10kPa	停反应进料泵、停主火嘴	“三取二”
2	加热炉紧急停炉按钮 HS-1601	—	停反应进料泵、停主火嘴及长明灯	旋钮
3	长明灯压力低联锁	30kPa	停长明灯	“三取二”
4	长明灯压力低与瓦斯分液罐压力低	长明灯压力(≤0.03MPa)且燃料气分液罐上压力[≤0.1MPa(表)]	停反应进料泵、停主火嘴及长明灯	“二取二”
5	加热炉辐射室出口温度高	880℃	停反应进料泵、停主火嘴	“三取二”
6	F-101 出口支管介质温度高	435℃	停反应进料泵、停主火嘴	“四取三”

4. 共识

长明灯联锁逻辑，只有当长明灯压力与瓦斯分液罐压力“二取二”低联锁时，才会切断进料；长明灯进装置管线也需要增加分液罐，减少瓦斯带液。加热炉瓦斯系统经过多次排查，每次仍然有值得思考、改进的位置，现阶段经过多次排查、改造之后，联锁设置逐步完善，但是否存在缺陷，需要进一步结合日常工作进行思考。

案例十 S Zorb 装置进料换热器结焦原因分析及对策

引言： S Zorb 装置原料换热器作为原料汽油与反应产物进行热量交换回收热能的重要设备，以三台串联一组(1.8Mt/a 装置是 4 台、2.4Mt/a 装置是 5 台)、两组并联的方式换热。生产中原料换热器存在结焦结垢的现象，管束结焦导致换热器换热效果下降、管程偏流、管束震动、能耗上升，严重影响装置长周期运行。

摘要： 本文通过对 S Zorb 装置在运行中出现原料换热器结焦、换热效果下降的运行参数进行归纳总结和实验分析，认为造成 S Zorb 装置原料换热器结垢的主要原因有以下两方面：一方面为上游催化汽油进行碱洗、原料汽油中二烯烃含量大于 0.5%、胶质含量大于 3mg/mL、携带杂质、含氧化合物大于 10mg/kg；另一方面为装置长期低负荷运行换热器偏流导致线速过低(小于 1m/s)、在线清洗不干净、回炼罐区汽油等。这些是原料换热器结焦堵塞的主要原因。并针对性采取了措施，通过加强原料和换热器日常管理、上游催化装置加强沟通、改进换热器清洗方式、加注合适的阻垢剂等方法，有效降低 E101 结焦速率，提高原料换热器的运行周期，为 S Zorb 装置 E101 长周期运行提供了思路，确保 E101 高效、可靠、安全运行。

关键词： 原料性质　原料换热器　结焦

1. 基本情况

1.1 换热器结焦现象

某 S Zorb 装置在处理高含硫(>800mg/kg)的催化汽油和回炼罐区油的情况下，4 个月的时间原料换热器压差从开工初期 66kPa 上涨至 399kPa，月均上涨 83kPa；换热器管程出口温度出现大幅度下降，管程出口温度从开工初期 372℃降至 330℃(图 1-1-37)，导致装置加热炉燃料气用量大幅增加、能耗快速上升。装置被迫降量切出一组换热器进行清洗作业。

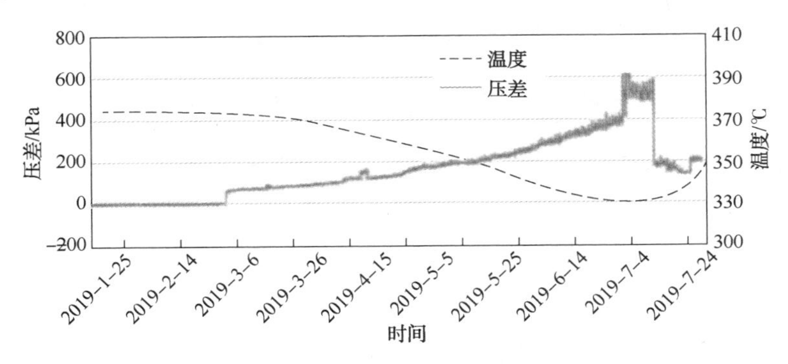

图 1-1-37 2019 年 3—7 月换热器管程压差上涨趋势图

1.2 换热器垢样组成分析

结焦位置主要在换热器 E101C/F 管程，是换热器温度最高部位。垢样灼烧残留化验分析结果见表 1-1-19。

表 1-1-19 XRF(X 射线光谱)半定量分析结果 %(质)

类型	BHE101C-1	类型	BHE101C-1
Na_2O 含量	6.77	Cr_2O_3 含量	0.26
MgO 含量	0.06	MnO 含量	0.25
Al_2O_3 含量	1.28	Fe_2O_3 含量	64.20
SiO_2 含量	1.77	NiO 含量	0.29
P_2O_5 含量	0.06	CuO 含量	0.15
SO_3 含量	23.70	ZnO 含量	0.22
CaO 含量	0.14	MoO_3 含量	0.84

E101C/F 管板口垢样的主要成分为有机物，其次为铁的氧化物、硫化亚铁及少量的硫代硫酸盐、酸不溶物和钠盐等物质。

由分析结果可知，换热器 E101C/F 清焦过程中清理出来的垢样主要成分是碳、铁和硫的化合物，其中所含主要物相为铁的硫化矿物 Fe_7S_8。

2. 原因分析

2.1 S Zorb 装置直接回炼罐区汽油

S Zorb 装置进料主要是上游催化直供汽油。偶尔会配合生产需要进行罐区汽油的掺炼，如图 1-1-38 所示，通过对装置原料汽油的分析，原料汽油中未洗胶质在回炼罐区油时都大于 3mg/100mL；罐区储罐虽然有氮封，但是仍然不能完全隔绝氧气与汽油接触，导致部分汽油被氧化，生成胶质。

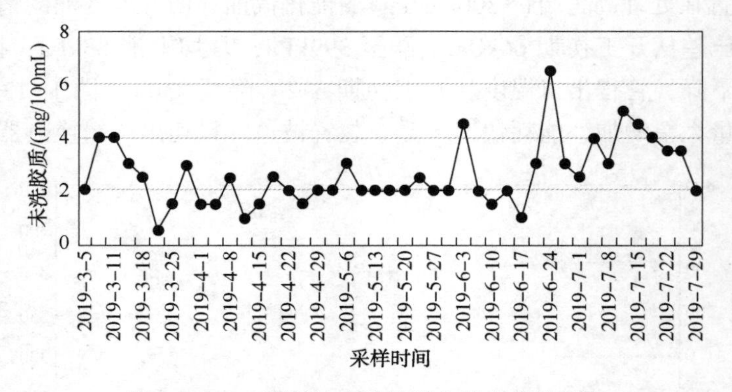

图 1-1-38　原料油未洗胶质含量变化趋势图

2.2　换热器检修难度大，清洗方法不正确

换热器在检修过程中管箱部分螺栓预紧力大，高温状态下螺纹咬合变形，换热器拆除过程中螺栓断裂，只能对难以拆除的螺栓全部割除处理，造成施工难度增大。由于施工时间短，对换热器管束不抽出采用 40MPa 高压水枪清洗，如图 1-1-39 所示，该换热器为 U 形管换热器，长达 7.5m，部分完全堵塞的管束在管道弯头处难以疏通。由于换热器管束不抽出，U 形管换热器部分垢物难以清洗干净，垢物累积使得换热器投用初始压降逐渐升高，大大缩短了换热器的运行周期。

换热器管箱螺栓断裂

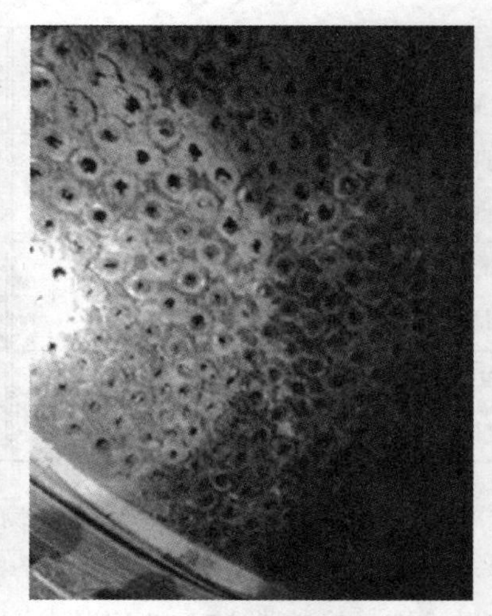

换热器E101C管束堵塞局部图

图 1-1-39　换热器管箱和管束入口图

2.3　原料携带杂质

上游催化装置生产波动或者突然临停，处理不当会导致大量杂质被携带去 S Zorb 装置，2019 年 5 月上游催化突然临时停工 5d，当催化开起来后原料过滤器出现严重堵塞、切换频

繁，从过滤器底部采样，样品分层含有絮状物质，携带较多黑色杂质，杂质化验分析灰分含量高达60%以上，不溶于酸和碱，如图1-1-40所示。主要是由于装置原料含硫非常高（大于800mg/kg），留存在管线里面的存油和管线发生了硫腐蚀。

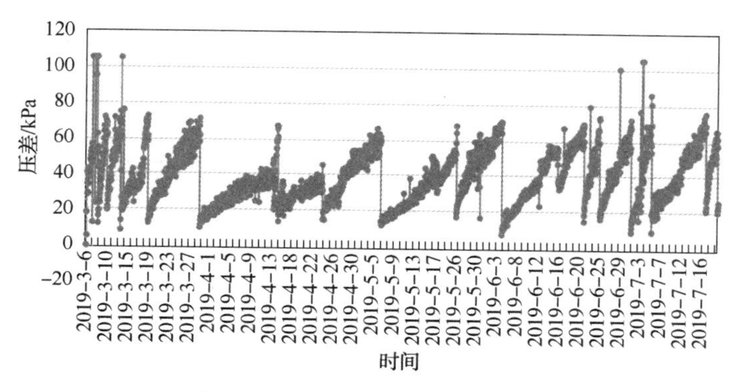

图1-1-40 原料过滤器压差变化趋势及其底部采样图

2.4 苯抽提抽余油等原料的引入导致结焦速度加快

2019年6月22日至7月1日装置引入5t/h的苯抽提抽余油，发现引入后换热器压差上涨明显加快，如图1-1-37所示。苯抽提抽余油中含有微量的环丁砜，在温度达到220℃以上时，易受热分解产生SO_2和不饱和有机酸，不饱和有机酸极易聚合生成大分子聚合物。换热器E101C/F温度超过300℃，为环丁砜的分解提供了条件。环丁砜分解生成大分子聚合物提供生焦载体，导致结焦速度加快。

2.5 催化汽油硫含量高

在生产过程中E101管程压差上涨速度和原料含硫量呈比例，2019年1月上游催化汽油含硫量均值为1000mg/kg，E101管程压差1月1日是150kPa，运行到1月底时涨到244kPa，上涨94kPa；2月催化汽油含硫量下降到500mg/kg左右，运行至2月底E101压差只上涨到266kPa，上涨22kPa；3月上游催化汽油含硫量降低至1000mg/kg左右，运行至3月底E101压差上涨到344kPa，上涨78kPa。

2.6 催化汽油含氧化合物高

在生产过程中E101管程压差上涨速度和原料含氧化合物含量呈正比，2022年7月1—31日上游催化汽油含氧化合物含量均值为15mg/kg，E101管程压差由100kPa上涨到160kPa，一个月上涨60kPa；2022年8—12月上游催化汽油含氧化合物含量均值为6.5mg/kg，E101管程压差稳定在200kPa；进入2023年1月后上游催化汽油含氧化合物含量突然大涨至20mg/kg以上，而且一直保持在高位，E101管程压差由200kPa上涨到360kPa，月均上涨40kPa。催化汽油含氧化合物含量高，说明原料中的硫醇、硫醚等含硫化合物含量高；研究表明硫醇、硫醚等硫化物在热作用下形成·SH自由基，可以在金属表面催化腐蚀金属。

2.7 上游催化汽油二烯烃含硫量高

由于全厂只有一套渣油加氢装置，当渣油加氢装置停工换剂时，上游催化装置的原料由原来的加氢重油改为减压渣油，上游催化没掺炼渣油时S Zorb装置E101管程压差一直稳定在 100kPa，掺炼渣油后，E101 压差在一个月内就由 100kPa 上涨到 150kPa，装置马上询问上游催化装置是否做了大幅调整，上游装置表示只是掺炼了减压渣油；对上游催化汽油进行分析，发现上游催化汽油二烯烃含量和以往数据存在比较大的差异，见表 1-1-20。

表 1-1-20　掺炼渣油前后二烯烃变化　%(质)

二烯烃统计	没掺炼减压渣油	掺炼减压渣油
合计	0.219	0.543
碳五二烯	0.034	0.104
1,3-戊二烯	0.045	0.105
1,3-环戊二烯	0.046	0.106
2-甲基-1,3-戊二烯	0.012	0.062
2-甲基-1,3-环戊二烯	0.012	0.032
1,3-环己二烯	0.026	0.046
2,3-二甲基-1,4-戊二烯(1)	0.022	0.042
2,3-二甲基-1,4-戊二烯(2)	0.01	0.01

上游催化装置掺炼减压渣油时，二烯烃含量增加，研究表明各种不饱和烃容易发生氧化和叠合反应，从而生成胶质，其产生胶质的倾向依下列次序递增：二烯烃>环烯烃>链烯烃。

3. 防止结焦的措施和建议

3.1　加强原料管理

降低原料汽油中的胶质和含氧化合物含量。对上游直供催化汽油做好胶质和含氧化合物的跟踪分析，当分析发现原料汽油的胶质、含氧化合物含量升高时，要及时分析原因，做好应对措施；焦化汽油、裂解汽油二烯烃含量高、苯抽提抽余油含有微量环丁砜，建议不进 S Zorb 装置回炼改去催化提升管回炼。

从催化装置直供原料，防止汽油在罐区接触氧气；罐区原料汽油保证氮封效果，对罐区汽油尽快安排回炼，减少在罐区的停留时间；加强对罐区原料胶质、微量元素(氯氧重金属离子等)、水含量等项目的分析，胶质、微量元素、水含量高的罐区汽油，进催化装置回炼之后再进 S Zorb 装置，使胶质在催化装置予以分离，避免带往 S Zorb 装置。

上游催化装置停工超过 2 天的，从新开起来后引入上游催化汽油要先对管线里面的存油置换，置换到新鲜原料才引入装置。

3.2　改进换热器管束清洗方式

备用两台 S Zorb 原料换热器管束，E101B/C 各备用一台。换热器管束清洗改为抽芯清洗，清洗水压由原来的 40MPa 提高到 100MPa，同时明确清洗合格标准，组织各专业人员联合验收，保证清洗效果。从图 1-1-41 中看出，随着清洗效果好转，原料换热器投用初始压力明显降低(在相同处理量的情况下由大于 210kPa 降低到 150kPa)，换热器运行周期延长。

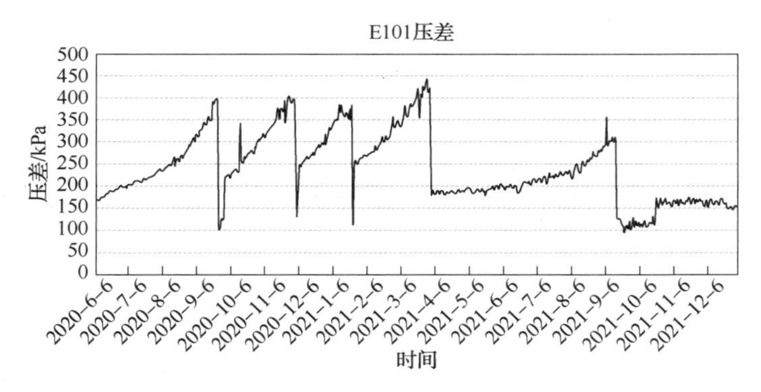

图 1-1-41 2020 年 6 月—2021 年 12 月原料换热器压差变化趋势图

3.3 加强原料杂质管理

针对原料携带杂质、ME104 堵塞严重的情况，采取以下措施：一是新装置开工、装置大修或者临时检修之后开工，将管线吹扫冲洗置换干净，并将开工初期的汽油引入罐区，避免原料汽油携带杂质进入装置；二是间断性使用的管线，先用物料将管线内杂质和铁锈冲洗干净之后再投用；三是装置进料避免大幅度调整，避免将管线内沉积的杂质带入装置；四是在 ME104 底部定期排部分污油，将过滤器拦截下来的杂质排至地下污油罐。

3.4 加注原料阻垢剂

针对 E101 结焦速度快的问题，选用符合要求的合格防焦阻垢剂，以减缓 E101 压差上涨。换热器检修清洗后，加注阻垢剂分三个阶段进行。第一阶段为预膜阶段，按进料量的 120mg/kg 加注，加注期 10 天，使换热器管束内壁表面快速形成一层保护膜，防止结焦物质在管束内表面附着，从而防止管束压差快速上涨。第二阶段为平衡加注阶段，按进料量的 90mg/kg 加注，加注期 20 天。第三阶段为正常加注阶段，按进料量的 70mg/kg 连续加注，以减少阻垢剂耗量。当掺炼罐区汽油时，阻垢剂加注量按进料量的 80mg/kg 加注，减缓 E101 压差上涨。阻垢剂加注量见表 1-1-21。

表 1-1-21 不同阶段阻垢剂加注量

序号	项目	加注时间	加注量(对进料流量)/(mg/kg)
1	预膜阶段	10d	120
2	平衡加注阶段	20d	90
3	正常加注阶段	持续	70

4. 攻关效果

4.1 S Zorb 原料胶质含量变化

2022 年 7—10 月原料油平均未洗胶质含量相比 2019 年 3—7 月低 0.94mg/100mL，说明在采取降低催化汽油中的胶质含量、防止汽油与氧气接触、不掺炼重整 C_{7+}、重汽油、裂解汽油、焦化汽油和苯抽提抽余油等措施后，S Zorb 原料油中未洗胶质含量得到大幅度降低。

4.2　换热器抽出清洗投用初始压差变化

2020 年 6 月至 2021 年 12 月原料换热器检修清洗过 5 次，每次检修清洗后换热器的初始压差和压差上涨到 400kPa 的运行时间见表 1-1-22。

表 1-1-22　E101 清洗投用初始压差及运行时间表

序号	切换日期	初始压降/kPa	运行时间/d
1	2020 年 9 月 23 日	215	65
2	2020 年 11 月 27 日	248	56
3	2021 年 1 月 21 日	255	71
4	2021 年 3 月 31 日	180	166
5	2021 年 9 月 14 日	155	410(截至 2022 年 10 月 30 日)

在改变换热器清洗方式和提高清洗验收标准后，换热器清洗投用后初始压差由之前的 215kPa 降低至 155kPa，初始压差降低有助于延长换热器运行时间。

4.3　换热器压差变化

2021 年 9 月 15 日切换投用 E101D-F 后，初始压差为 155kPa，在采取上述各项改进措施和持续加注阻垢剂之后，截至 2022 年 10 月 30 日，持续运行 410 天，管程压差平稳在 235kPa，实现长周期安全稳定运行。换热器压差变化如图 1-1-42 所示。

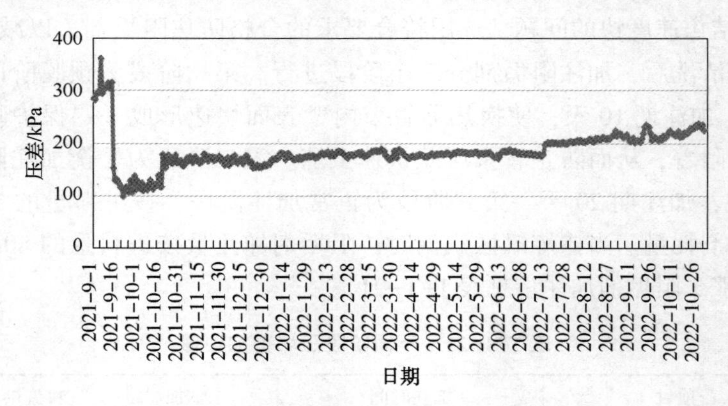

图 1-1-42　E101 管程压差变化趋势图

5. 共识

S Zorb 装置采取催化汽油直供，罐区汽油进催化回炼后，以直供料的方式进入 S Zorb 装置。上游催化装置回炼罐区油品前必须对罐区油品进行化验分析，油品胶质含量<3mg/100mL，可以进入分馏塔回炼；油品胶质含量≥3mg/100mL 时，应进入催化提升管回炼；回炼油品的颜色较深(棕色)时，必须进入催化提升管回炼。

原料汽油二烯烃含量>0.2%时，对 E101 结焦的影响逐步加重，超过 0.5%后结焦速度加倍上升。上游有裂解装置的，裂解汽油中二烯烃含量一般大于 0.5%，因此不建议进入 S Zorb 装置，否则对 E101 长周期运行不利。加强对原料二烯烃的跟踪分析，特别是在上游催化装置大量掺炼减压渣油时，通过对原料二烯烃的分析找出上游掺炼减压渣油和二烯烃的关系点，从而降低催化装置掺炼减压渣油对装置的影响，实现全厂经济效益最大化。

E101 切出射流清焦，一是要防止射流时间不足，清焦不干净；二是要防止射流后的射流水与焦状混合物残留在管束内(尤其是弯头处)，投用后产生焦聚现象，加速结焦。因此，在射流结束后的设备验收时，使用 N_2 或风，对 E101 管束的每一根管子进行吹扫检查，排尽射流水与焦状混合物。

案例十一 S Zorb 装置燃料气中断

引言： S Zorb 装置催化汽油吸附加氢脱硫装置，生产硫含量低于 10mg/kg 的低硫清洁汽油产品。S Zorb 反应进料加热炉是装置的关键设备。加热炉熄炉除引起装置非计划停工外，还可能引发介质泄漏、着火，甚至加热炉闪爆等恶性事件。燃料气的稳定供给是保障加热炉平稳安全运行的前提条件。

摘要： 本文通过收集汇总 S Zorb 装置燃料气中断事件，介绍了燃料气中断对装置造成的影响，分析了不同燃料气中断原因引发的不同现象，针对不同原因制定防范措施。

关键词： S Zorb　加热炉　燃料气中断　原因　防范措施

1. 基本情况

正常生产时，S Zorb 装置燃料气(0.40~0.55MPa)自全厂燃料气管网来，引入装置内燃料气脱液罐 D203，燃料气脱液后依次经过滤器、紧急切断阀、燃料气压控阀、阻火器进入燃烧器。S Zorb 装置边界内设有稳定塔顶气进燃料气流程(如图 1-1-43 所示)，一般情况下，该流程关闭，稳定塔顶气送往催化装置回收液化气组分。燃料气主火嘴阻火器后设置有燃料气压力低低联锁，联锁触发关闭加热炉主火嘴切断阀 UV1602，停反应进料泵 P101。装置联锁退守到反应器切断汽油进料、循环氢压缩机正常运行，反应床层保持流化待料状态。

2. 问题介绍

S Zorb 装置因燃料气中断引发装置联锁切断反应进料，造成装置短时间非计划停工，给装置正常生产带来一定程度影响。

分析多起事件，发现燃料气中断的原因主要有以下三种情况：

① 全厂燃料气管网压力大幅降低，影响装置加热炉正常运行。

② 冬季生产时，燃料气进装置孔板流量计结冰冻堵。

③ 燃料气快速切断阀 UV1602 意外关闭。

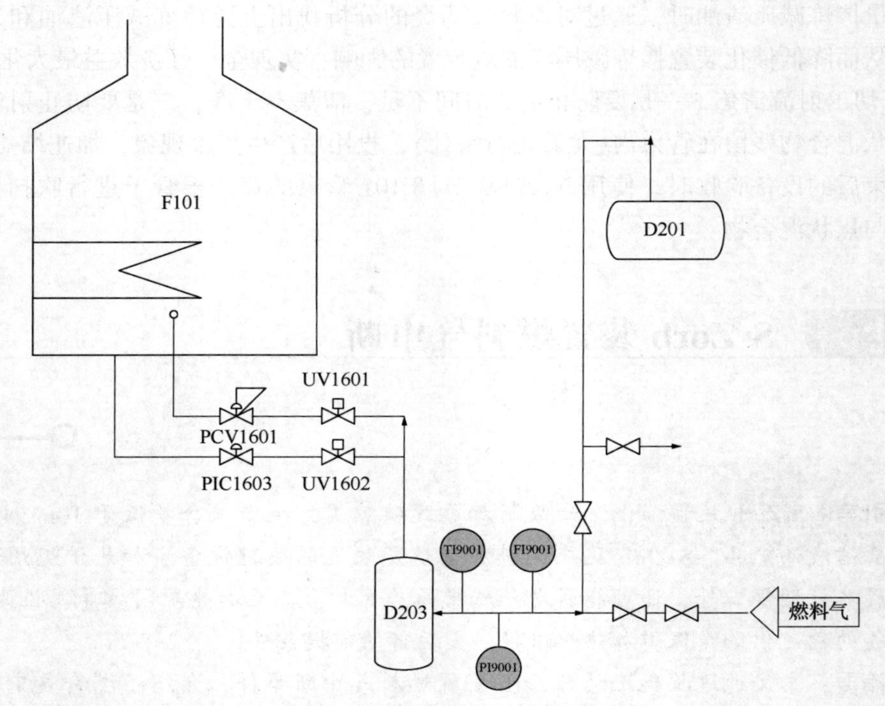

图 1-1-43 燃料气流程简图

以上三种原因引发的现象不同。下面分别进行分析说明。

2.1 全厂燃料气管网压力大幅降低，影响装置加热炉正常运行

全厂燃料气管网压力降低(通过生产调度了解)；燃料气进装置流量、压力同步降低；加热炉火嘴燃气压控阀 PV1603 阀位逐渐开大；最终造成加热炉炉膛、炉管及加热炉出口温度降低。

2.2 冬季生产时，燃料气进装置孔板流量计结冰冻堵

全厂燃料气管网压力正常(通过生产调度了解)；进装置流量显示值逐渐增大，最终到满量程、燃料气进装置压力同步降低；加热炉火嘴燃气压控阀 PV1603 阀位逐渐开大；最终造成加热炉炉膛、炉管及加热炉出口温度降低。

2.3 燃料气快速切断阀 UV1602 意外关闭

全厂燃料气管网压力正常(通过生产调度了解)；燃料气进装置流量快速降低；燃料气进装置压力正常；加热炉火嘴燃气压控阀 PV1603 阀位逐渐开大；几乎同步造成加热炉炉膛、炉管及加热炉出口温度降低。

3. 原因分析

全厂燃料气管网压力大幅降低，影响装置加热炉正常运行。供气装置生产波动，造成燃料气供给不足或中断；燃料气管网发生泄漏。

冬季生产时，燃料气进装置孔板流量计结冰冻堵。燃料气带水；装置外燃料气管线伴热及保温效果差；装置处于燃料气管网末端，易形成水的集聚；气温大幅降低，同时燃料气流经流量计限流孔板产生节流膨胀降温。

4. 解决措施

4.1 全厂燃料气管网压力大幅降低，影响装置加热炉正常运行

立即将稳定塔顶气改至燃料气管网，根据实际情况调整燃料气进装置边界阀，保证燃料气脱液罐压力在0.40~0.55MPa。

稳定塔顶气流量为600~1500Nm^3/h，塔顶气温度为35℃左右，稳定塔压力为0.60MPa，燃料气脱液罐压力按0.50MPa计算，稳定塔顶气至燃料气脱液罐间管线距离为35m。计算出稳定塔顶气改至燃料气管线线速为0.06~0.15m/s，塔顶气到达燃料气脱液罐时间为3.9~9.7min。人员到现场需要2min。通过演练培训，6~12min可以将塔顶气改至燃料气脱液罐。

4.2 冬季生产时，燃料气进装置孔板流量计结冰冻堵

当燃料气进装置孔板流量计结冰冻堵后，燃料气脱液罐维持加热炉火嘴燃烧时长计算：

燃料气脱液罐容积为2.66m^3，脱液罐至燃料气压控阀间过滤器和管线容积约0.2m^3，压力为0.5MPa，温度为20℃，加热炉正常燃烧燃料气消耗为320Nm^3/h。计算出可用燃料气体积为15.99Nm^3，计算出可维持燃烧3min。

查看燃料气进装置孔板流量计结冰冻堵时DCS趋势图，可以看出燃料气压力(图1-1-44中虚线)在3min内，从0.36MPa降至0.00MPa，与计算结果3min相当。所以在燃料气进装置孔板流量计结冰冻堵后，通过将稳定塔顶气改至燃料气管网进行应急措施无效。

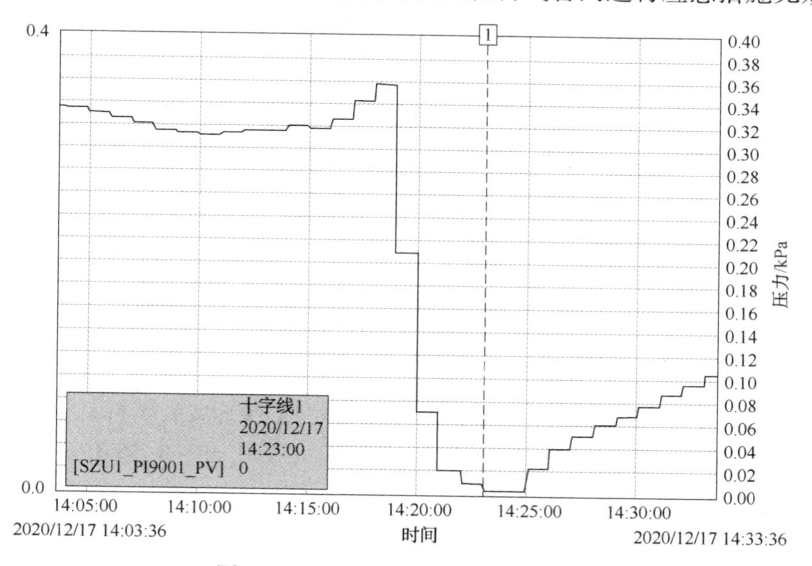

图1-1-44 燃料气进装置压力趋势

防范措施：装置界区至燃料气脱液罐间燃料气管线增加伴热保温；装置外燃料气管线伴热保证正常投用；燃料气进装置温度TI-9001设置低限报警为10℃，当发生低温报警时及时现场排查处理。

4.3 燃料气快速切断阀UV1602意外关闭

原设计燃料气快速切断阀UV1602为单电磁阀如图1-1-45所示，当电磁阀发生故障时切断阀将自动关闭，造成加热炉主火嘴燃料气压力低低联锁停炉。

图 1-1-45　燃料气快速切断阀 UV1602 单电磁阀设计

改造快速切断阀 UV1602 为双电磁阀(“二取二”模式如图 1-1-46 所示)。正常情况下,两台电磁阀同时带电,仪表风通畅,阀门“气开”;一台电磁阀正常、另一台电磁阀故障时,执行机构仍有仪表风供给,阀门“气开”;当两台电磁阀同时发生故障时,执行机构失去动力,阀门“故障”关闭。

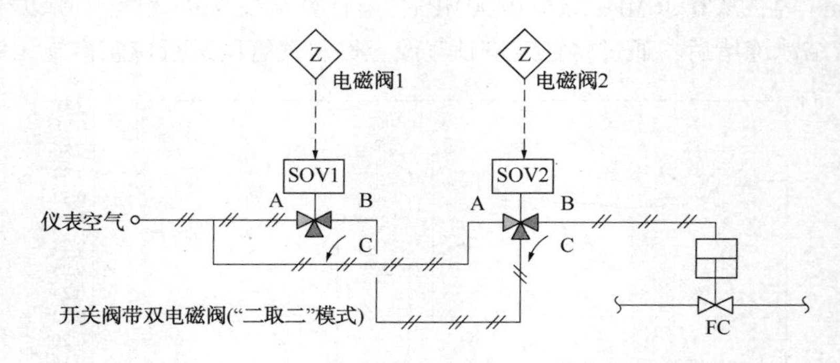

图 1-1-46　快速切断阀双电磁阀(“二取二”)设计

5. 共识

① 全厂燃料气管网压力大幅降低时,立即将稳定塔顶气改至燃料气管网,根据实际情况调整燃料气进装置边界阀,保证燃料气脱液罐压力在 0.40~0.55MPa。通过演练培训,6~12min 可以将塔顶气改至燃料气脱液罐。

② 冬季生产时,如发生燃料气进装置孔板流量计结冰冻堵,燃料气脱液罐及管线内残存燃料气可继续维持燃烧 1.9min,因延续燃烧时间过短,无法通过将稳定塔顶气改至燃料气管网进行应急。

③ 避免燃料气进装置孔板流量计结冰冻堵,装置界区至燃料气脱液罐间燃料气管线需增加伴热保温;装置外燃料气管线伴热保证正常投用;燃料气进装置温度 TI-9001 设置低限报警值为 10℃,发生报警及时现场排查处理。

④ 通过改造快速切断阀 UV1602 为双电磁阀(“二取二”模式),规避单个电磁阀发生故障时,快速切断阀“故障”关闭情况发生。

第二章 ▶ 再生部分

案例一 D107 至 R102 压力平衡线磨损穿孔泄漏

引言：随着油品质量的不断升级，对车用汽油硫含量的要求越来越高，S Zorb 装置便成为目前炼油厂主要的汽油脱硫装置。该技术具有脱硫率高、辛烷值损失小、氢耗低、能耗低、液收高等特点，不仅能够满足越来越苛刻的汽油脱硫要求，而且符合当前“双碳”背景下的节能降碳要求。S Zorb 装置的平稳运行关乎炼油厂汽油产品的平稳出厂，在炼油厂中发挥的作用越发重要。

摘要：S Zorb 装置通过闭锁料斗及配套的转剂线完成吸附剂的循环，在运行过程中由于吸附剂冲刷使吸附剂管线磨损泄漏，不仅影响装置长周期平稳运行，而且吸附剂粉尘泄漏扩散会造成环境污染问题。通过原因分析，D107 至 R102 压力平衡线磨损泄漏是因为调节阀 PDV2502B 内气速过快及气流方向发生改变，氮气携带粉尘不断磨损和冲刷阀体及阀后管壁，最终导致阀体及阀后管线减薄泄漏。为减少 D107 至 R102 压力平衡线磨损，应在生产过程中达成以下共识：降低闭锁料斗向 D107 卸料压差和流化氮气；减少 D107 收料料位；控制吸附剂粉尘含量；使用滑阀 HV2533 控制转剂速率；提高闭锁料斗 3.0 不吹烃时间，确保吹烃合格；针对压力平衡线、调节阀 PDV2502B 及滑阀 HV2533 材质升级，提高耐磨强度。

关键词：粉尘　泄漏　磨损

1. 事件现象

S Zorb 装置再生部分通过 D107 顶部补压控制阀 PDV2502A 和泄压控制阀 PDV2502B 组成分程控制，控制 D107 顶部与 R102 底部的压差，以确保待生剂能够从 D107 底部送到输送线并被平稳输送至 R102 进行再生。装置在运行过程中发现，D107 顶部泄压阀 PDV2502B 阀体及阀后短节多次发生磨损泄漏现象，轻则调节阀内漏，D107 顶部至 R102 底部压差建立不起来导致吸附剂输送中断，影响吸附剂循环，重则高温吸附剂外漏发生烫伤或环境污染事件。减薄穿孔如图 1-2-1 和图 1-2-2 所示。

分析压力平衡线泄漏情况，泄漏点主要有以下特点：

① 泄漏点或减薄点发生在压力平衡阀阀板、阀体底部或后法兰。

② 压力平衡阀后短节上侧管壁容易发生减薄泄漏。

③ 压控阀前法兰和前短节没有发现减薄和泄漏。

图 1-2-1　PDV2502B 后短节穿孔

图 1-2-2　穿孔位置内部冲刷情况

2. 原因分析

2.1　管内气体流速分析

以某公司 1.5Mt/a S Zorb 装置为例，原料平均硫含量 700mg/kg，正常运行时吸附剂循环量为 3.6t/h，控制 D107 顶部与 R102 底部压差 60kPa 以确保吸附剂能够平稳输送至 R102 进行再生。D107 压力平衡线及泄压阀 PDV2502B 规格见表 1-2-1。

表 1-2-1　D107 压力平衡线及泄压阀规格信息

位置	D107 至 R102 压力平衡线	PDV2502B
管线规格	ϕ88.9×7.62	ϕ60.3×5.54
材质	P11	
温度	装料前 260℃，装料后 320℃	
压力	装料前 0.17MPa，装料后 0.23MPa	
介质	氮气、吸附剂粉尘	

为防止 D107 床层架桥造成下料不畅，D107 床层线速按照≥0.003m/s 控制，D107 内径为 1800mm，计算得底部松动氮气量≥21.8Nm^3/h。实际生产运行过程中 D107 底部松动氮气流量为 22Nm^3/h，压力为 0.17MPa，温度为 260℃。泄压阀 PDV2502B 平均开度为 10%。闭锁料斗步序第 4.2 步(闭锁料斗向 D107 卸料)时，闭锁料斗流化氮气量为 70Nm^3/h，闭锁

料斗与 D107 压力平衡时，闭锁料斗压控阀 PIC2401A 全关，D107 压力为 0.23MPa，温度为 320℃，泄压阀 PDV2502B 开度最大为 65%。管线内流速见表 1-2-2。

由表 1-2-2 数据可知，实际运行时泄压阀 PDV2502B 开度小，腔体气速高，携带吸附剂粉尘的流化气对阀板、阀体磨损是泄压阀 PDV2502B 磨损泄漏的原因之一；闭锁料斗周期性在 4.2 步向 D107 卸料时，流化氮气流量大，增加泄压阀 PDV2502B 腔体内和阀后短节气速，加速了阀体和管线的减薄泄漏。

表 1-2-2　PDV2502B 腔体及阀后短节线速

项目	流化氮气/（Nm^3/h）	PDV2502B 腔体线速/（m/s）			阀后短节线速/（m/s）
		10%开度	65%开度	100%开度	
平稳运行	22	39.8	—	4.0	1.6
平稳运行（反算）	42.5	76.8	—	7.7	3
4.2 步下料	70	—	25.6	16.6	6.5
4.2 步下料（反算）	40	—	15.8	10.2	4.0

按照阀后短节气速≤4m/s 和≤6m/s 分别反算 D107 平稳运行和闭锁料斗 4.2 步向 D107 卸料时流化氮气总量，可得出 D107 锥体松动氮气量应控制≤42.5Nm^3/h，闭锁料斗 4.2 步卸料时流化氮气应控制≤40Nm^3/h。

2.2　管内气流方向分析

对发生泄漏的阀后短节检查发现，穿孔泄漏部位为管线上侧，对穿孔位置附近进行测厚检查，管线减薄严重，管壁仅有 2~3mm，同时内壁有明显的沟壑。泄压阀 PDV2502B 现场安装情况如图 1-2-3 所示，控制阀下部与管线下部重合，在控制阀位置形成下部平整、上部凹陷的缩径。根据减薄位置管内壁沟壑分析，由于阀位开度小，气流通过控制阀后在扩径位置有斜向上的气流，携带粉尘的气流长时间冲刷上侧管壁，最终导致管壁减薄泄漏。

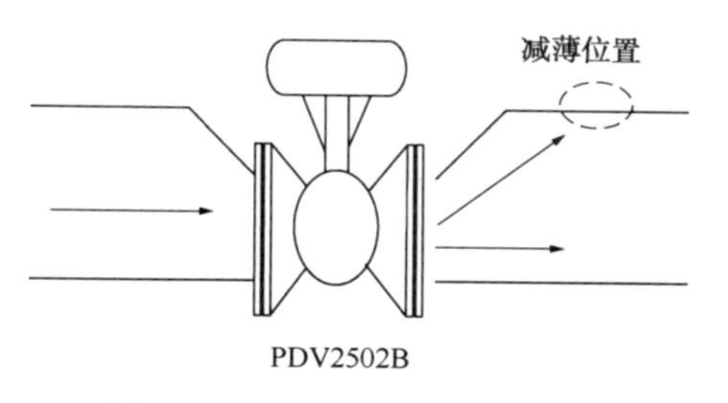

图 1-2-3　泄压阀 PDV2502B

3. 共识

易造成 D107 压力平衡线及泄压阀 PDV2502B 磨损的原因包括以下几点：

① D107 锥体流化氮气量过大，导致压力平衡线中介质流动速度过快，加剧了管线磨损。

② 闭锁料斗程序运行至 4.2 步时，由于闭锁料斗流化氮气流量过大，或者闭锁料斗与 D107 设定压差过大，导致闭锁料斗至 D107 卸料速度过快，大量气相携带吸附剂冲刷气相线。

③ 采用调整 PDIC2502 的方式控制 D107 至 R102 的转剂速率，造成 PDV2502B 开度过小，气速过高加剧了磨损程度。

针对以上原因采取的处置措施如下：

① 在满足 D107 流化状态的情况下，尽量降低 D107 锥体流化氮气量，降低气相返回线线速，控制管线内线速不大于 3m/s。

② 在保证闭锁料斗程序在 4.2 步时，闭锁料斗至 D107 卸料正常的前提下，尽量降低流化氮气流量和闭锁料斗与 D107 设定压差，减弱压力平衡线线速突增造成管线磨损。流化氮气流量尽量低于 $40Nm^3/h$。

③ 建议采用滑阀 HV2533 控制转剂速率，提高 PDV2502B 开度，降低气速，减少磨损。

案例二 S Zorb 装置再生烟气过滤器 ME103 压差高

摘要：某石化企业 900kt/a 催化汽油脱硫装置运行过程中再生烟气过滤器 ME103 压差持续升高，通过排查压差表、过滤器反吹系统和旋风分离器故障，以及吸附剂带烃等因素，最终确定为再生取热 1# 盘管泄漏。再生盘管泄漏导致再生水分压和湿度增大，加速硅酸锌的生成，细分量加大，最终造成再生过滤器滤芯表面堵塞，压差增大。通过切出泄漏取热盘管，更换 ME103 滤芯，调整配风系数等措施，ME103 压差维持在正常范围内，保证了装置的平稳运行。

关键词：S Zorb　再生烟气过滤器　再生取热管　水分压　吸附剂

1. 引言

某石化企业 900kt/a 催化汽油脱硫装置，自 2018 年 5 月停工检修后再生烟气过滤器(ME103) 压差异常升高如图 1-2-4 所示。2018 年 6 月至 12 月，ME103 压差从 15kPa 上升到 50kPa。根据压差逐步提高反吹频率(反吹时间从 60min 缩短到 20min)，但压差仍持续上升。多次手动反吹，降低压差。工艺上通过维持再生线速、调整再生温度和再生配风系数、减少待生吸附剂带烃等措施，减缓压差上升，但 2019 年 1 月至 5 月 ME103 压差仍上升至 43kPa。由于过滤器压差持续升高，并伴有再生下料不畅现象，操作条件严峻，影响装置正常生产，于 2019 年 5 月底进行停工抢修。

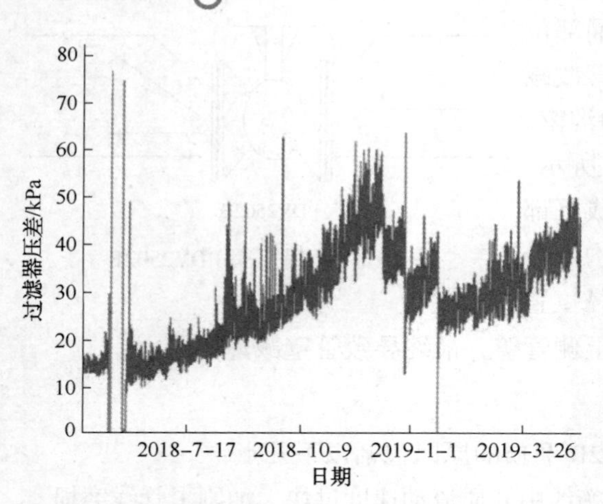

图 1-2-4　再生烟气过滤器 ME103 压差变化趋势

2. 原因分析

2.1　压差表异常

通过再生器压力控制阀的阀位开度验证 ME103 压差是否偏高。检修前，再生器压力控制阀阀位维持 30%左右；2018 年 7 月至 2019 年 1 月，再生器压力控制阀阀位从 30%逐步开大到40%；2019年1月经在线反吹后再生器控制阀阀位降到32%；2019年1月至5月，阀位开度逐步增大到40%，排除压差表指示故障。

2.2 ME103反吹系统故障

在日常反吹和手动反吹过程中，废剂罐料位和压力控制阀位会随反吹过程而变化，ME103压差也会随着反吹周期性下降，确定ME103反吹系统正常。

2.3 吸附剂跑损

从图1-2-5可看出，检修前2018年4月25日—5月2日，料位从28%到32%，上升4%；检修后2018年8月8—13日，料位从27%到54%，上升27%。检修后D109料位上升趋势明显增加，说明吸附剂细粉增加。D109细粉增加的主要原因有旋风分离器故障、再生器内生成大量硅酸锌、频繁补入新鲜吸附剂和日常吸附剂的磨损等。

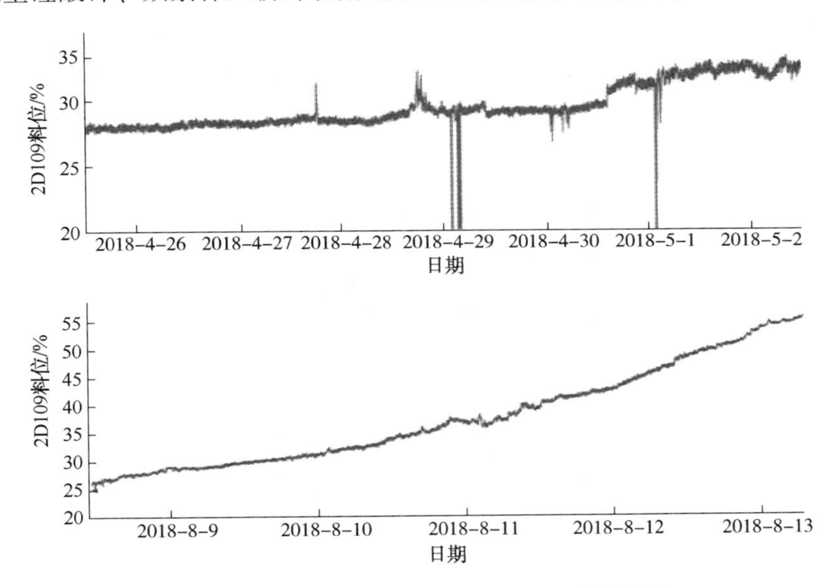

图1-2-5 2018年5月检修前后D109料位情况

2.4 旋风分离器

对比表1-2-3和表1-2-4，D109内粒径20μm以下(80%)的细小颗粒的来源主要是过滤器ME103反吹，基本判断旋风分离器工作正常。

表1-2-3 废吸附剂化验分析数据

粒度分布	2018-08-23	2018-09-19	2018-10-31
0~20μm	81.15	69.76	83.15
21~40μm	6.43	8.74	5.29
41~140μm	11.95	21.28	9.43
141~240μm	0.48	0.22	2.18
241μm以上	0	0	0.35

表 1-2-4 待生吸附剂和再生吸附剂的化验分析数据

粒度分布	2018-08-20		2018-09-17		2018-10-29	
	待生吸附剂	再生吸附剂	待生吸附剂	再生吸附剂	待生吸附剂	再生吸附剂
0~20μm	4.47	3.98	3.44	3.71	5.88	2.48
21~40μm	23.48	22.42	22.95	23.19	17.07	10.98
41~140μm	70.11	70.26	72.46	71.36	76.37	73.66
141~240μm	1.94	2.34	1.16	1.74	0.67	12.87
241μm 以上	0	0	0	0	0	0

2.5 再生吸附剂硅酸锌

从表 1-2-5 可以看出，2018 年 6 月硅酸锌的含量极低，只有 0.4%，2018 年 7—9 月硅酸锌含量上升明显，最高达到 16.5%。频繁补入新剂后硅酸锌含量降低至 3.7%，判断 D109 细粉增加的根本原因是再生器内硅酸锌含量增加，进而推断再生器内硅酸锌的生成是水蒸气分压升高导致。

表 1-2-5 再生吸附剂硅酸锌含量

日期	再生吸附剂硅酸锌含量/%	日期	再生吸附剂硅酸锌含量/%
2018-06-02	0.4	2018-10-01	15.5
2018-07-01	6.2	2018-11-14	8
2018-07-02	11	2018-12-05	5.1
2018-08-02	16.5	2019-04-02	2.6
2018-09-07	16.5	2019-05-09	3.7

3. 再生器内水分压分析

3.1 吸附剂带烃

焦中氢含量表征吸附剂上带烃量，以焦中氢含量 4.5%为基准，吸附剂碳差取 1%，吸附剂循环量为 1.5t/h，再生反应压力为 110kPa。以 900kt/a 装置为例，再生风量为 200Nm³/h，氮气为 250Nm³/h，烟风比为 1.05，则再生烟气量为 460Nm³/h，烟气摩尔流量为 20.54mol/h，计算得到烟气平均分子质量为 29.05kg/mol。

再生水分压计算公式如下：

$$P_{水}=\frac{n_1}{n_1+n_2}\times P$$

式中 $P_{水}$——再生水分压，kPa；

n_1——水的摩尔流量，mol/h；

n_2——烟气摩尔流量，mol/h；

P——再生器反应压力，kPa。

烧炭生成水量 n_1 计算：

$$n_1=\frac{CWQ}{18\times1000}$$

式中 C——碳差，%；

W——焦中氢，%；

Q——吸附剂循环量，t/h。

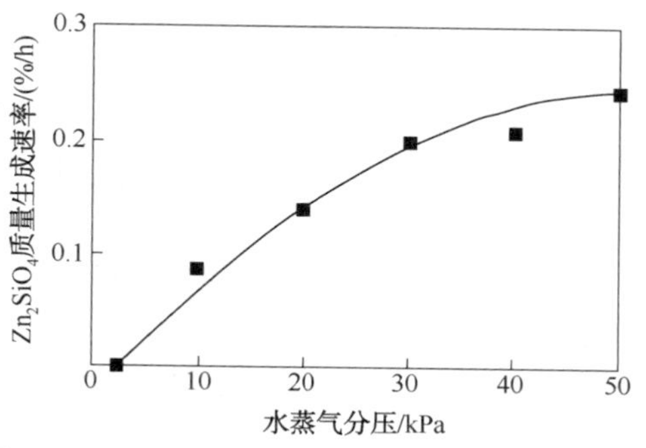

图 1-2-6 硅酸锌生成速率与水蒸气分压的关系

根据图 1-2-6 硅酸锌生成速率与水蒸气分压的关系，当水分压大于 2kPa 时开始生成硅酸锌。不同焦中氢含量吸附剂产生水分压见表 1-2-6。随着焦中氢含量增加，烧炭生成的水在再生器中水分压呈线性增加，焦中氢含量为 7%时，再生水分压为 1.39kPa。可见烧炭生成的水不足以促使硅酸锌的生成。吸附剂带烃不是 ME103 压差高的主要原因。

表 1-2-6 焦中氢含量对水分压的影响

焦中氢含量/%(质)	4.5	5.0	5.5	6.0	6.5	7.0
再生水分压/kPa	0.90	1.00	1.09	1.19	1.29	1.39

3.2 再生取热盘管

对取热盘管打压试漏，最终检查出再生器取热 1#盘管泄漏，用盲板隔离 1#取热盘管。拆开再生器发现内部和锥部结块情况严重，如图 1-2-7 所示。再生过滤器 ME103 抽出后，发现滤芯被大量黄色物质覆盖，且滤芯间出现架桥并有黄色结块物，如图 1-2-8 所示。判断由于装置进料硫含量波动频繁，尤其原料硫含量很低，总循环水量太小，容易导致个别盘管干烧或运行状态不稳定，从而产生应力腐蚀破坏或是应力疲劳破坏，导致再生取热盘管泄漏。取热盘管泄漏使大量水进入再生器，再生水分压升高加速硅酸锌生成，导致吸附剂结构破坏细粉量增加，ME103 运行负荷增大。吸附剂细粉在水热环境中“黏结”，附着在烟气过滤器滤芯上，最终导致 ME103 压差升高。

图 1-2-7 再生器锥部结块情况

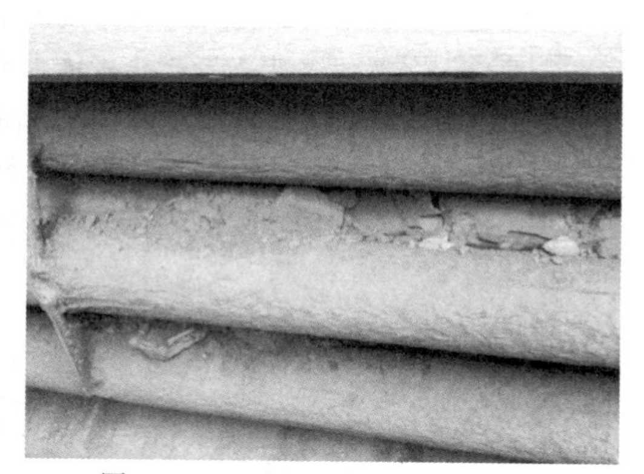

图 1-2-8 再生过滤器 ME103 滤芯

4. 处理措施及效果

(1) 处理措施

① 提高再生料位，保持取热水在稳定范围内，泄漏取热盘管通氮气保护，盲板隔离，保证在用每一路取热盘管不干烧。

② 再生配风系数由 20 调整至 11~13 之间，避免吸附剂过烧生成硫酸锌。

(2) 效果

再生烟气过滤器 ME103 更换滤芯后，通过以上措施调整，ME103 压差维持在 13kPa 左右。

5. 共识

① ME103 压差高时需要首先排查反吹系统和旋风分离器是否存在故障，ME103 至 D109 管线架桥是否堵塞。

② 通过计算不同焦中氢含量和吸附剂烧炭生成水量对再生水分压的影响，得知吸附剂带烃对 ME103 压差影响不大。

③ ME103 压差高主要原因是再生取热盘管泄漏，造成再生水分压增加，加速硅酸锌的生成，细粉量增大，ME103 运行负荷增加。其次，盘管泄漏使再生器湿度增大，细粉带水附着在滤芯上，最终造成 ME103 压差增大。

案例三 吸附剂硅酸锌含量上升原因分析

引言： 目前我国成品汽油中催化裂化汽油占比达到了 60%，其硫含量占汽油池总硫含量的 90%以上。S Zorb 作为主要的催化汽油吸附脱硫装置，承担着洁净、减排、降污的重任。而吸附剂中硅酸锌的生成是导致 S Zorb 装置脱硫活性下降的重要原因之一，因此硅酸锌含量的上升，严重影响精制汽油的出厂质量。

摘要： 本文结合国内大部分 S Zorb 装置实际生产运行情况，结合理论研究数据，发现水含量的上升是导致硅酸锌生成的主要因素，通过计算分析水含量升高的原因，提出针对性的解决办法及预防措施。

关键词： 硅酸锌　水蒸气分压　原料带水

1. 背景介绍

1.1　反应机理

(1) 反应器内主要发生的反应

硫的吸附反应：

$$R-S+Ni+H_2 \longrightarrow R-2H+NiS$$

$$NiS+ZnO+H_2 \longrightarrow Ni+ZnS+H_2O$$

烯烃加氢反应：

$$C—C—C—C=C+H_2 \longrightarrow C—C—C—C—C$$

烯烃加氢异构化反应：

$$C=C—C—C—C—C+H_2 \longrightarrow C—C=C—C—C—C+H_2$$

$$C=C—C—C—C—C+H_2 \longrightarrow C—C—C=C—C—C+H_2$$

（2）再生器内主要发生的反应

$$ZnS+1.5O_2 \longrightarrow ZnO+SO_2$$

$$3ZnS+5.5O_2 \longrightarrow Zn_3O(SO_4)_2+SO_2$$

$$2H_2+0.5O_2 \longrightarrow H_2O$$

$$Ni+0.5O_2 \longrightarrow NiO$$

$$ZnO+SO_2+0.5O_2 \longrightarrow ZnSO_4$$

（3）还原器内主要发生的反应

$$NiO+H_2 \longrightarrow Ni+H_2O$$

$$Zn_3O(SO_4)_2+8H_2 \longrightarrow 2ZnS+ZnO+8H_2O$$

1.2 硅酸锌生成的主要原因

研究表明，干燥环境下吸附剂连续焙烧到800℃，硅酸锌不易生成，如图1-2-9所示。

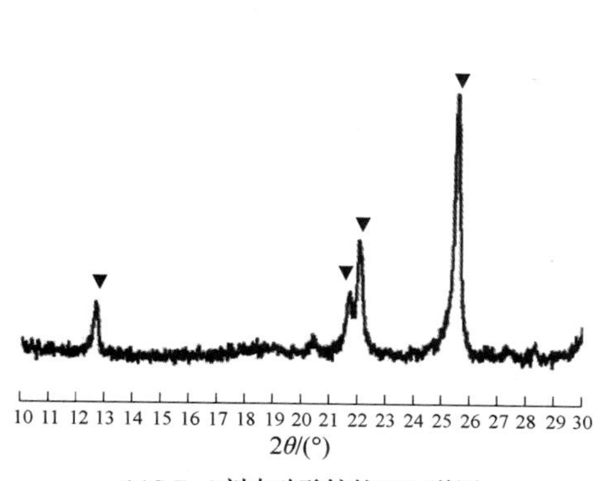

(a)S Zorb剂中硅酸锌的XRD谱图
(2θ=12.6°，22.0°，25.5°)

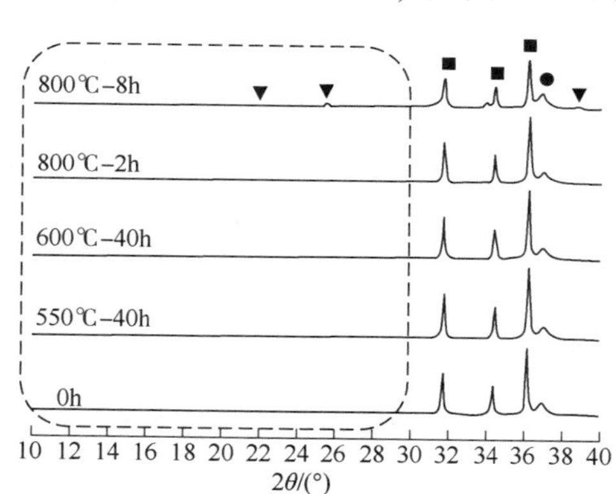

(b)S Zorb新剂在干燥(空气)条件下连续焙烧处理XRD谱图

图1-2-9 S Zorb吸附剂800℃连续焙烧处理XRD谱图

如图1-2-10所示，在酸性气体和550℃水热环境协同作用下，即可生成吸附剂硅酸锌。

系统中水的存在能够促进硅酸锌的生成。如图1-2-11所示，实验条件为0.1MPa压力下，在水蒸气分压为2kPa时，吸附剂中无明显硅酸锌生成，随着水分压的增加，硅酸锌的生成速率逐渐增加。水分压为10kPa时，硅酸锌的生成速率为0.09%/h，与无水情况下900℃时硅酸锌生成速率接近。随着水分压的进一步提高，硅酸锌生成速率逐步升高，当水分压达到50kPa时，硅酸锌的生成速率为0.24%/h。

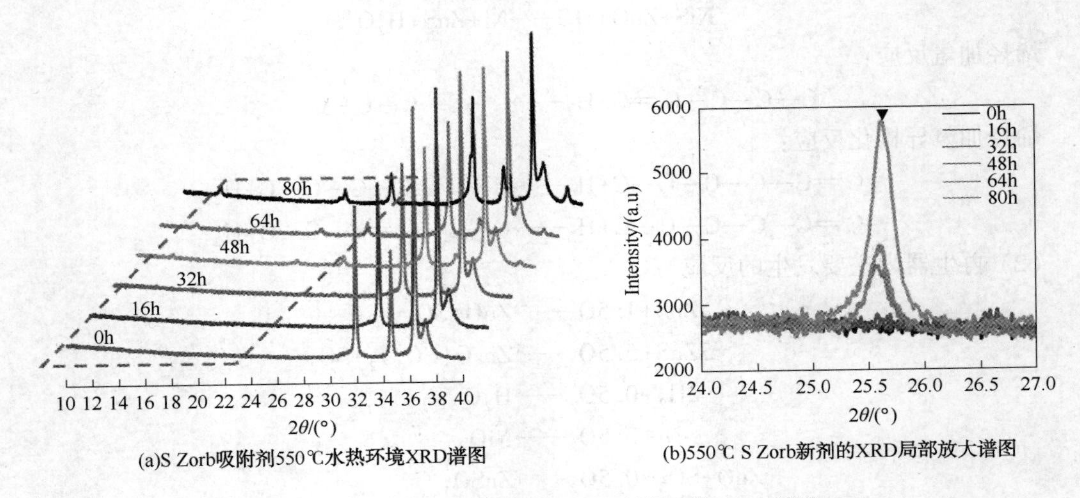

图 1-2-10　S Zorb 吸附剂 550℃水热环境 XRD 谱图

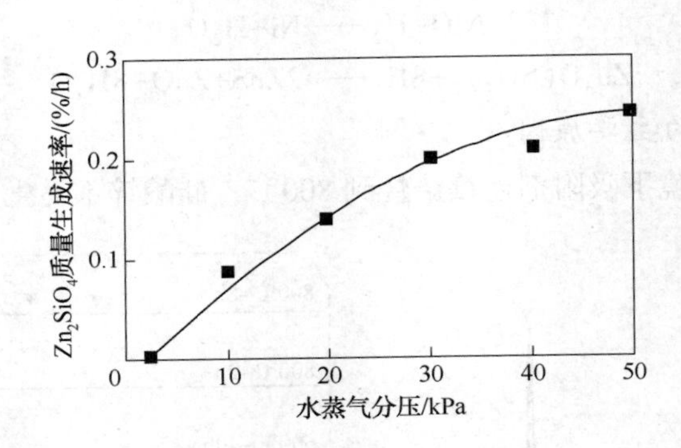

图 1-2-11　不同水分压下硅酸锌生成速率

2. 正常生产中水含量分析

为方便计算，装置数据统一按 1.5Mt/a、满负荷进料量 178t/h。

2.1　反应系统生成水

(1) 原料带水

原料中水含量平均为 200mg/kg，则原料带入的水含量为 35.6kg/h。

(2) 氢气带水

新氢气中水含量平均为 2000mg/kg，新氢进装置量 3000m^3/h，则新氢带入的水含量为 (3000/22.4)×2×2000/1000000 = 0.54kg/h。

循环氢中水含量平均为 3000mg/kg，循环氢量 10000m^3/h，则循环氢中带入的水含量为 2.68kg/h。

(3) 脱硫反应生成水

原料硫含量 275mg/kg，产品硫含量 5mg/kg，根据反应公式，每脱除 1mol 硫，生成 1mol 水，反应生成的水含量为 27kg/h。

(4) 还原反应生成水

再生吸附剂中 NiO 含量约为 19%，根据还原公式，每还原 1mol NiO，生成 1mol 水，按照吸附剂循环量 1200kg/h，在不考虑 $Zn_3O(SO_4)_2$的情况下，还原生成水 55kg/h。

由于再生系统为贫氧再生，假设正常生产时再生器中无 $Zn_3O(SO_4)_2$生成，否则根据还原公式，还原 1mol $Zn_3O(SO_4)_2$将生成 8mol 水。若 $Zn_3O(SO_4)_2$含量为 1%，还原生成水 4.29kg/h；若 $Zn_3O(SO_4)_2$含量为 5%，还原生成水 21.44kg/h。

(5) 水分压计算

不考虑过氧硫酸锌生成，反应系统中水含量为 35.6+0.54+2.68+27+70=121.31kg/h。按照循环氢流量 10000m^3/h，进料汽油分子量 100，反应压力 2.6MPa，则反应系统中水分压为：

$$(121.31/18)/[(178000/100)+(10000/22.4)]\times 2600=7.87\text{kPa}$$

2.2 再生系统生成水

(1) 再生风带水

按照再生风量为 500m^3/h，再生风露点为-60℃(水含量 10.68mg/kg)计算，再生风带入的水含量为 0.007kg/h。

(2) 焦中氢再生水

按照吸附剂循环量 1200kg/h，吸附剂再生前后碳差取 1%，焦中氢含量约为 5%，焦中氢生成水为 1200×1%×5%/2×18=5.4kg/h。

(3) 水分压计算

按照再生系统风量为 500m^3/h，氮气量为 210m^3/h，再生压力为 0.15MPa，则再生系统中水分压为[(5.4+0.007)/18]/(710/22.4)×150=1.42kPa

3. 水含量超标原因分析

3.1 原料带水

原料中带水时，将导致进入反应系统中水含量增加。

3.2 新氢及循环氢中水含量增加

① 上游装置脱水效果不好时，新氢中水含量上升，导致进入反应系统的水含量增加。

② D121 入口温度过高、循环氢量过大时，冷凝效果变差，进入反应系统的水含量增加。

3.3 还原反应生成水量增加

① 操作调整需提高脱硫负荷时，大幅度提高吸附剂循环量，将导致还原反应增加，反应系统水含量增加。

② 再生风量过大，过氧再生时，将产生过氧硫酸锌，而每还原 1mol 过氧硫酸锌将生成 8mol 水，大大增加反应系统水含量。

③ 短时间大量添加新鲜吸附剂时，新剂中的 NiO 含量约为 24%，平衡剂中 NiO 含量约为 19%，还原后增加反应系统水含量。

3.4 再生风水含量增加

再生风干燥器故障时，再生风露点将上升，增加再生系统水含量。

3.5　再生取热盘管泄漏

取热盘管泄漏，大量明水带入再生器，水分压将大大增加。

3.6　再生系统带烃

吸附剂在反应器接收器中停留时间不足、反应器接收器气提氢气量不足、闭锁料斗 3.0 步吹烃时间不足，均会导致部分烃类物质进入再生系统，经再生生成水。

若带烃量为1%，则生成水[1200×1%/(16/100)]/2×18=17.28kg/h。

3.7　水分压上涨计算

分别按反应系统和再生系统，取上述异常工况下变量为例，分别计算水分压上涨情况见表1-2-7及表1-2-8。

前文实验条件0.1MPa压力下，水蒸气分压2kPa时开始生成硅酸锌，代入到反应、再生系统压力条件下，可得出反应、再生系统的硅酸锌起始生成对应的水分压分别为52kPa、3kPa。

表1-2-7　反应系统不同工况水分压上涨情况

异常情况变量	正常生产	异常工况	水分压/kPa 7.87(基准值)
原料带水/(mg/kg)	200	2000	28.66
		4021	52
新氢带水/(mg/kg)	2000	10000	8.01
循环氢带水/(mg/kg)	3000	10000	8.28
吸附剂循环量/(kg/h)	1200	2000	10.27
添加新鲜剂	NiO 含量 19%	NiO 含量 24%	8.82
过氧硫酸锌	无	1%/5%	8.15/9.26

表1-2-8　再生系统不同工况水分压上涨情况

异常情况变量	正常生产	异常工况	水分压/kPa 1.42(基准值)
再生风带水/(mg/kg)	10.68(露点-60℃)	375(露点-30℃)	1.48
		6032(露点0℃)	2.44
再生系统带烃	无	1%	5.96
		0.35%	3

结合表1-2-7及表1-2-8可知：

① 对反应系统水分压影响最大的因素是原料带水，在其他操作条件不变的情况下，当原料水含量由200mg/kg上升至2000mg/kg时，对应反应系统水分压上升至28.66kPa，若原料水含量上升至4021mg/kg，反应水分压达到52kPa，即可生成硅酸锌。

② 新氢和循环氢带水对水分压影响相对较小，两者上升至10000mg/kg时，水分压仅上涨至8.01和8.28kPa。

③ 将吸附剂循环量单纯从1200kg/h提高至2000kg/h时，反应系统水分压将上升至10.27kPa。

④ 在吸附剂循环量不变，仅添加新鲜吸附剂时，反应系统水分压增加0.95kPa。

⑤ 再生系统过烧生成过氧硫酸锌后，若生成1%和5%的过氧硫酸锌，反应系统水分压将分别上升至8.15和9.26kPa。

⑥ 异常工况下，多种因素往往共同作用，如再生过氧燃烧后形成过氧硫酸锌，导致脱硫率下降又进一步影响吸附剂循环速率以及循环氢流量，同时向系统中大剂量补充新鲜吸附剂确保产品合格，假设此时系统中过氧硫酸锌含量为5%，循环氢流量上升至12000m^3/h，循环氢含水量上升至10000mg/kg，新氢进装置量上升至4000m^3/h，吸附剂循环量上升至4000kg/h，且补充新鲜吸附剂，此时原料含水量只需2500mg/kg，反应水分压即可达到50kPa，导致硅酸锌生成。

⑦ 对再生系统而言，再生风露点为0℃时，对应再生系统水分压为2.44kPa，表明如果仅有再生风带水这一影响因素，对吸附剂硅酸锌生成作用不大。

⑧ 若再生系统带烃按照1%计算，水分压5.96kPa，即可生成硅酸锌，若需抑制硅酸锌的生成，带烃量必须控制在0.35%以下。

⑨ 若再生取热盘管泄漏，将导致大量明水进入再生器，生成硅酸锌的概率大大增加。

4. 共识

1）控制反应带水量≤715kg/h，再生带水量≤11.4kg/h。

① 全面检查反应与再生系统蒸汽与水线的盲板管理。

② 定期监测新氢、循环氢、再生风水含量。

③ 原料缓冲罐加强排水，防止水进入系统。若原料带水严重，切断原料进装置，稳定产品打循环来维持生产。

2）规范操作，防止循环氢水含量升高。一是严格控制冷产物气液分离罐入口温度，控制TI1203≤40℃，同时注意冷产物气液分离罐切液；二是循环压缩机入口分液罐加强切液，严格控制循环压缩机入口分液罐液位低于20%。

3）严格控制还原器温度≤280℃。

4）防止待生吸附剂带烃。反应器接收器气提氢气流量按150~375m^3/h控制；闭锁料斗3.0步序吹扫时间≥350s；控制好EH103出口温度，热氮气温度≥200℃。

5）控制吸附剂的循环量在设计1.3倍以内，尽量减少吸附剂中氧化镍的还原量，减少系统内水的生成。

6）加强再生系统取热盘管监控，发现泄漏及时切出。

7）严格按照再生配风公式调整再生风量，再生器线速控制在0.2~0.3m/s，再生烟气氧含量控制在0.2%~1%之间，防止吸附剂过烧。

8）考虑到吸附剂使用寿命，建议保证定期的新鲜吸附剂补入量。

案例四　S Zorb 再生器取热盘管内漏分析

引言：汽油吸附脱硫装置具有脱硫率高，辛烷值损失小，操作费用低等优点。在清洁汽油生产要求日益严格的今天，S Zorb 装置已成为炼油厂处理高硫汽油的关键装置。S Zorb 再生器采用内取热盘管进行取热，取热盘管的内漏会导致吸附剂活性降低，脱硫效果下降，严重影响装置的平稳运行。

摘要：本文列举了部分 S Zorb 装置再生器内取热盘管发生泄漏的案例，分析认为取热水汽化量过大导致水击是导致盘管破裂的主要原因。以某厂 1.2Mt/a S Zorb 装置为例计算再生器热平衡，通过汽化率 10%得出取热盘管的最小进水量，并比较了调节取热水流量和再生器料位对取热效果的影响，提出针对再生器取热盘管的优化操作建议。

关键词：S Zorb　取热盘管　汽化率　优化操作

1. 基本情况

1.1　装置简介

S Zorb 装置基于吸附作用原理对汽油进行脱硫，通过吸附剂选择性地吸附含硫化合物中的硫原子而达到脱硫目的，与加氢脱硫技术相比，该技术具有脱硫率高(可将硫脱至10mg/kg 之下)、辛烷值损失小、操作费用低的优点。2007 年中国石化整体收购了 S Zorb 技术，目前，S Zorb 技术已经发展成为综合性能最优秀的汽油脱硫技术，已建成 1.2Mt/a、1.5Mt/a，1.8Mt/a 等各种规模的工业装置。

1.2　设备介绍

为了维持吸附剂的活性，使装置能够连续操作，装置设有吸附剂连续再生系统。吸附了硫和碳的吸附剂通过闭锁料斗转移到再生器进行再生。再生过程是以空气作为氧化剂的氧化反应，再生器内设有 6 组取热盘管，正常生产时用除氧水或自产凝结水进行取热，自发低压蒸汽送至蒸汽管网或高空排放。

2. 问题与分析

2.1　故障现象

S Zorb 再生器取热盘管发生内漏时，难以第一时间发现，而是在后续的运行中通过种种表象进行推测证实。再生器取热盘管内漏如图 1-2-12 所示。结合各厂实例分析，取热盘管内漏通常存在以下几个特征：

① 取热盘管内漏，导致水汽进入再生器中，再生器内硅酸锌的生成量增加，导致吸附

剂的活性下降，细粉量增多等。

② 再生烟气中水分压增加，并在 ME103 滤芯表面、下部筒体等低温部位液化，与吸附剂粉尘和泥，造成 ME103 压差升高，ME103 至 D109 下料不畅等，严重时导致再生烟气无法排除，再生器压力超高。

③ 随着再生器压力上升，再生器压力控制阀 PV2601 开度不断增大，且再生压力随着取热水量的波动而波动，如图 1-2-13 所示。

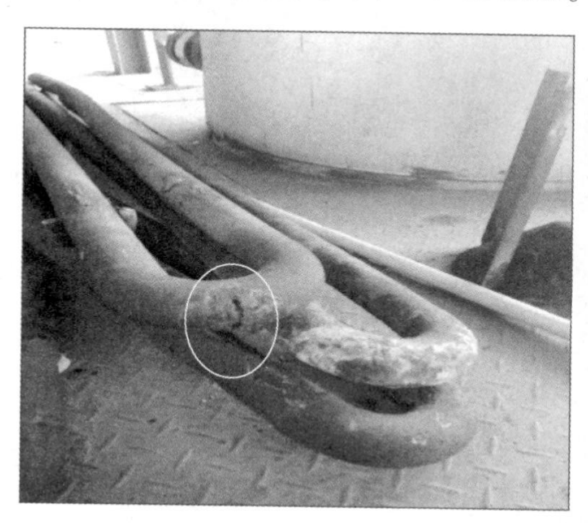

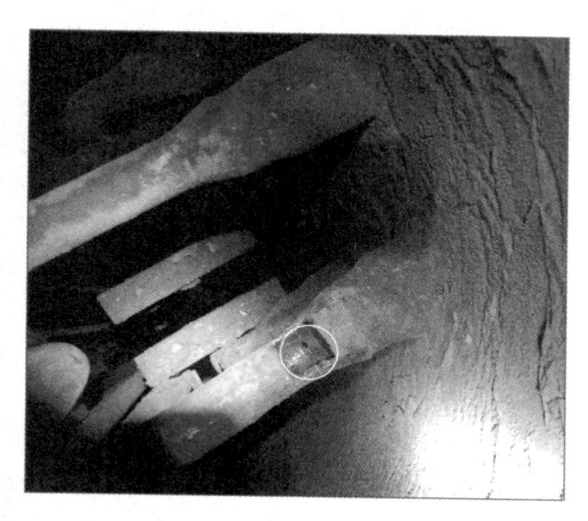

图 1-2-12　再生器取热盘管内漏

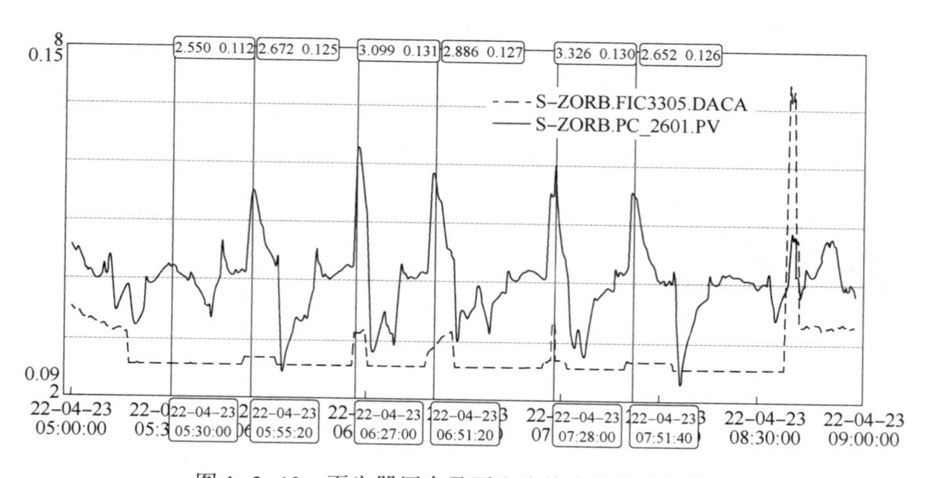

图 1-2-13　再生器压力及再生取热水量波动趋势图

④ 吸附剂粉末在取热管外壁结块，脱落后经过两层格栅掉落到再生锥部，造成再生下料线堵塞不畅，如图 1-2-14 所示。

⑤ 随着泄漏量的增加，在再生器内部一级旋风分离器料腿处的流动死区，SO_2 在高温下继续氧化成 SO_3，吸附剂本身含有 ZnO，在水热条件下生成浅黄色固体 $ZnSO_4$，$ZnSO_4$ 在高温烧结下形成固体硬块（如图 1-2-15 所示），堵塞旋风分离器料腿，造成吸附剂跑损，D-109 料位异常。反应过程如下：

$$S+O_2 \longrightarrow SO_2$$

$$2SO_2+O_2 \longrightarrow 2SO_3$$

$$SO_3+ZnO \longrightarrow ZnSO_4$$

图 1-2-14　再生器底部分布器堵塞

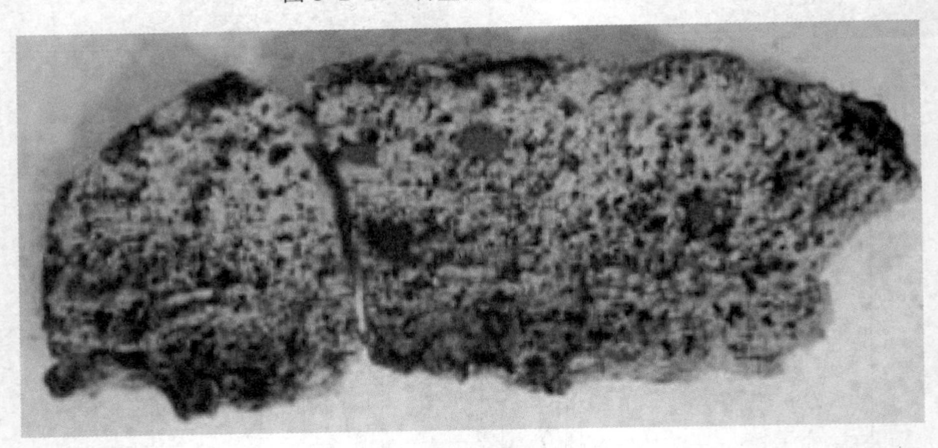

图 1-2-15　旋风一级料腿结块

一旦怀疑取热盘管泄漏后，逐一切出 6 组取热盘管，打开 D123 器壁前排凝阀，观察放出的介质。正常应排出纯净的蒸汽，若有吸附剂排出或有烟气异味则说明此盘管泄漏。

2.2　原因分析

(1)“水锤效应”的影响

日常操作中往往会通过调整取热盘管内的取热水量来控制再生温度的稳定，当取热水量不足时，大量的取热水会发生汽化，体积迅速膨胀，导致管内取热水流速迅速增加，在取热盘管的弯管部位造成巨大的冲击。由水锤产生的瞬时压强可达管道中正常工作压强的几十倍甚至数百倍。这种大幅度压强波动，可导致取热盘管系统产生沿再生器筒体径向强烈振动，对取热盘管系统有很大的破坏作用如图 1-2-16 所示。

图 1-2-16 再生器取热盘管堵塞

（2）料腿撞击

旋风分离器料腿撞击内取热管，导致固定内取热管的连接槽钢和 J 型螺栓变形或松脱而失去固定效果，内取热管振幅扩大，反复受力，最终在内取热管应力集中部位率先开裂泄漏。旋风分离器料腿撞击内取热管可能有两个原因：①旋风分离器的料腿虽然由 4 根拉筋管相连固定为一体，但两级料腿整体自由摆动空间较大。两级料腿分别穿过 4 个角落的内取热管与再生器内壁间狭小的空间。另外，一二级料腿合金钢管规格分别为 168mm×11mm 和 114mm×8.5mm，自两级料腿底部滑动拉筋板至一级旋分器进料口上方固定吊板之间跨度达 11.6m，两级料腿在此区间作为一个整体再无固定。在下料外力干扰过程中，料腿中段包括穿过取热管部分产生了一定挠度，再次增大了料腿位移范围。②旋风分离器二级料腿上有 3 根松动氮气管，为了防止吸附剂在料腿内部架桥需要通入一定量的氮气进行松动，但若氮气量给得过大，会对料腿中的“旋风风眼”造成冲击，导致旋风分离效果变差，严重时导致料腿振动，如图 1-2-17 所示。

（3）焊接部位应力开裂

焊接必然会产生残余应力，在金属熔融冷却、组织发生物理变化过程中，焊接接头开裂敏感性要远大于母材，如果热处理不好，应力难以消除，加之水击的影响，易在焊接处产生应力开裂。

（4）焊缝腐蚀开裂

分析再生器内部环境，有含硫吸附剂的存在，因此最有可能与硫腐蚀和磨蚀有关。虽然吸附剂有一定硬度，线速高会产生磨蚀，而再生吸附剂平均线速为 0.2m/s，不足以造成取热盘管磨蚀。再生吸附剂含硫量在 11%左右，经过 500℃高温燃烧，硫氧化成三氧化硫，在水热条件下生成硫酸，因此硫腐蚀与取热盘管焊缝泄漏有关。

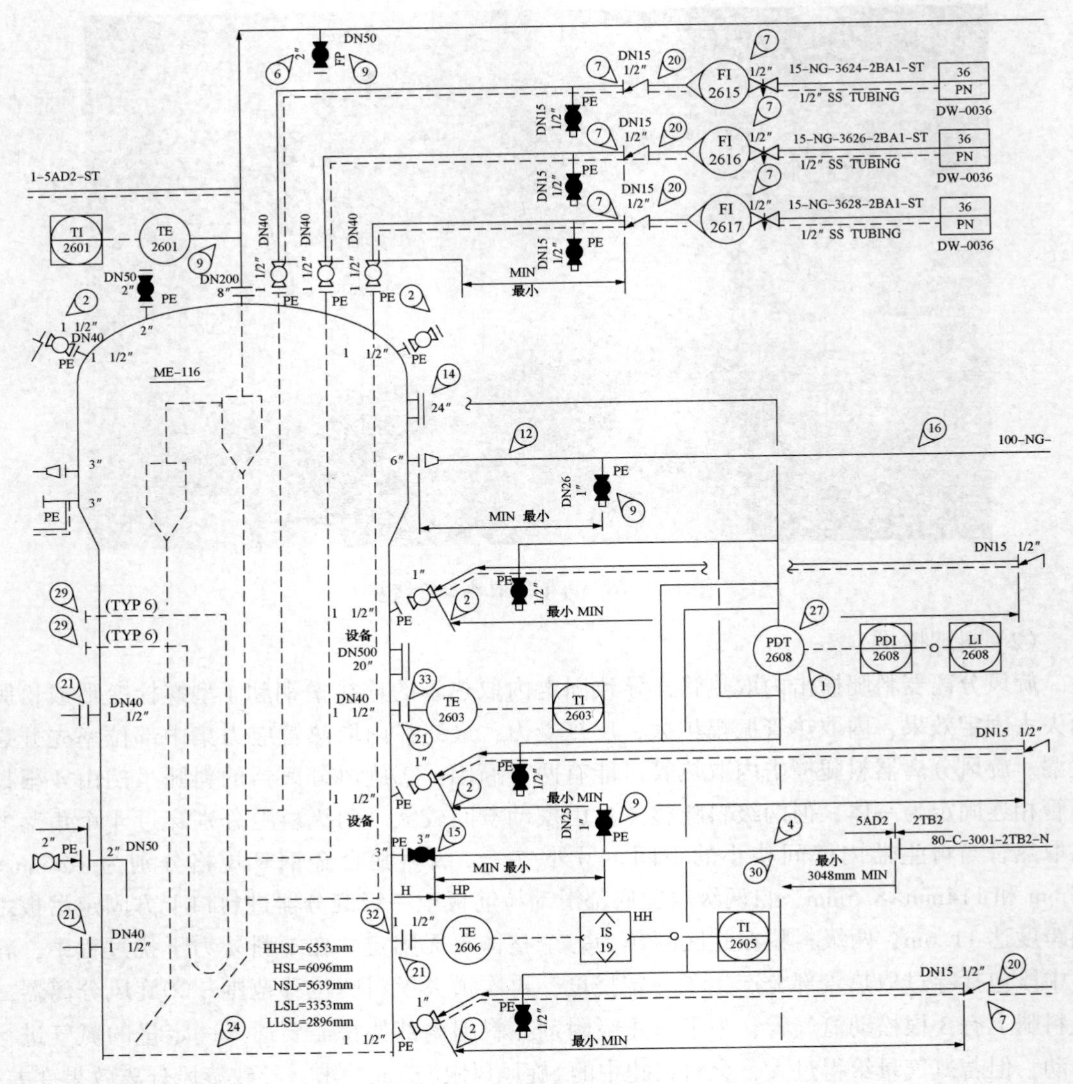

图 1-2-17　旋风料腿松动氮气

注：料腿参数为 1.5Mt/a S Zorb 装置，其他规模装置参数或有不同。

（5）热疲劳开裂

另一种导致取热盘管弯头开裂的机制是热疲劳开裂，疲劳载荷来源于管内干湿交替状态产生的温差应力，使取热管内产生干湿交替状态的工况可能有以下几种情况：一是给水量不足，产生偏流，使个别取热管缺水；二是当通过调整各组盘管热水流量对再生器温度进行调整时，可能导致管内缺水；三是当通过停用部分取热盘管对再生器温度进行调整时，可能会由于阀门内漏导致管内处于干湿交替状态；四是当催化剂料位波动较大时，给热量的大幅波动，也会导致管内处于干湿交替状态。

3. 解决措施

3.1 热量平衡计算

从原因分析来看，造成取热盘管内漏的主要原因是取热管内水量不够，造成管内发生水击或导致偏流，结合其他原因导致取热管焊缝部位发生泄漏。这里以某 1.2Mt/a S Zorb 装置为例，装置基本运行参数见表 1-2-9，计算再生盘管的最低取热水量。

表 1-2-9 再生系统不同工况水分压上涨情况

参数	单位	数据	参数	单位	数据
原料硫含量	mg/kg	200	产品硫含量	mg/kg	0
进料量	t/h	110	吸附剂循环速率	kg/h	1000
待生剂载硫量	%(质)	10	再生剂载硫量	%(质)	7.80
再生风量	Nm^3/h	220	再生氮气量	Nm^3/h	180
吸附剂载镍	%(质)	20	待生剂载碳量	%(质)	6
再生剂载碳量	%(质)	4.2	再生器温度	℃	510
再生器压力	kPa	150	再生器料位	%	50

① 再生器内发生的主要再生反应为：

$$Ni+\frac{1}{2}O_2 = NiO \qquad \Delta H=-244.3kJ/mol$$

$$ZnS+\frac{3}{2}O_2 = ZnO+SO_2 \qquad \Delta H=-439.5kJ/mol$$

$$C+O_2 = CO_2 \qquad \Delta H=-393.5kJ/mol$$

$$2H+\frac{1}{2}O_2 = H_2O \qquad \Delta H=-244.8kJ/mol$$

烟气中的二氧化硫的流量为：$F_1=(10\%-7.8\%)\times\frac{1000}{32}=0.6875kmol/h=15.4Nm^3/h$

二氧化碳的流量为：$F_2=(6\%-4.2\%)\times\frac{1000}{12}=1.5kmol/h=33.6Nm^3/h$

焦中氢量按 5% 计算，再生烟气中水蒸气流量为：$F_3=(6\%-4.2\%)\times5\%\times\frac{1000}{2}=0.45kmol/h=10.08Nm^3/h$

以氮气为基准计算再生烟气流量，进入再生器内的氮气包括：再生空气中的氮气(氮气 79%，氧气 21%)再生配风氮气量 $180Nm^3/h$(同松动氮气视为纯氮)，D107 输送氮至 R102 流量 $25Nm^3/h$，D107 气相平衡线至 R102 按 100%氮气计算，流量取设计值 $1Nm^3/h$，D110 气相平衡线至 R102 按 100%氮气计算，流量取设计值 $5.6Nm^3/h$。R102 共 13 根松动氮气(含旋风料腿)总计 $20Nm^3/h$。D107 出料待生剂夹带氮气量和 R102 出料夹带氮气量互相平衡，忽略不计。则进入再生器的总氮气流量为：

$$F_4=220\times79\%+180+25+1+5.6+20=405.4\text{Nm}^3/\text{h}$$

则总烟气流量为：

$$F_{总}=F_1+F_2+F_3+F_4\text{Nm}^3/\text{h}464.48\text{Nm}^3/\text{h}$$

$$Q_{镍}=1000\times20\%\div58.69\times244.3=832.51\text{MJ/h}$$

$$Q_{ZnS}=0.6875\times439.5=302.09\text{MJ/h}$$

$$Q_C=1.5\times393.5=-590.25\text{MJ/h}$$

$$Q_H=0.45\times244.8=100.16\text{MJ/h}$$

则总反应放热量$Q_{反}=Q_{镍}+Q_{ZnS}+Q_C+Q_H=1835.01\text{MJ/h}$

② 将再生空气从 EH102 提高到再生器床层温度所需要的热量 Q_2，采用公式$C_{pC}=A+B(T_1+T_2)+C(T_1^2+T_1\times T_2+T_2^2)$

各类气体的平均比热容见表 1-2-10。

表 1-2-10　各类气体平均比热容

项目	N_2	O_2	H_2O	CO	CO_2	SO_2
A	0.966	0.8	1.66	0.95	0.603	0.4391
B	1.039×10^{-4}	2.070×10^{-4}	3.070×10^{-4}	1.35×10^{-4}	4.830×10^{-4}	3.594×10^{-4}
C	-3.440×10^{-9}	-4.380×10^{-8}	3.560×10^{-8}	-1.33×10^{-8}	-1.080×10^{-7}	-1.042×10^{-7}

再生空气温度取 370℃，D116 出口温度取 170℃。

再生空气：$T_1=370+273=643\text{K}$，$T_2=510+273=783\text{K}$

氮气比热容：$C_{pN_2}=1.109\text{kJ/(kg}\cdot\text{K)}$

氧气比热容：$C_{pO_2}=1.028\text{kJ/(kg}\cdot\text{K)}$

再生空气比热容：$C_{pA}=\dfrac{0.21\times220}{400}\times1.109+\left(1-\dfrac{0.21\times220}{400}\right)\times1.028=1.100\text{kJ/(kg}\cdot\text{K)}$

输送氮和松动氮比热容：$C_{pB}=1.089\text{kJ/(kg}\cdot\text{K)}$

再生空气质量流量$M_1=1.29\times220+\dfrac{180}{22.4}\times14=396.3\text{kg/h}$

松动氮和 D107 输送氮质量流量$M_2=\dfrac{25+20}{22.4}\times28=56.25\text{kg/h}$

则再生空气升温热$Q_2=99.08\text{MJ/h}$

③ 加热待生催化剂所需的热量 Q_3

待生剂进料温度 $T_1=360℃$，$Q_3=1.3\times(1000\times20\%+0.6875\times97+1.8\%\times1000+1.8\%\times1000\times5\%)\times(510-360)=55.69\text{MJ/h}$

④ 待生剂脱附所需要的热量 Q_4

根据《催化裂化工艺计算与技术分析》，脱附热取 2.1~2.5MJ/kg 计算，这里取 2.1，则待生剂中需要脱附的硫、碳、氢的总质量 M 为：M(S+C+H)= $0.6875\times32+1.5\times12+1.5\times12\times5\%=40.9\text{kg/h}$

$Q_4=2.1\times40.9=85.89\text{MJ/h}$

⑤ 再生烟气带走的热量 Q_5

再生烟气离开再生器的温度取 TI2601：280℃，按照烟气各组分计算烟气平均比热容C_{pC} = 1.11kJ/(kg·K)

则Q_5 = 1.11×698.7×(510−280) = 104264.52kJ/h = 178.4MJ/h

⑥ 散失到周围环境的散热损失 Q_6

按照《催化裂化工艺计算与技术分析》P192 计算散热损失$Q_6 = KA_2(T'-293)\times10^{-6}$ = 4.5×47.36×(400−293)×10^{-6}

0.0228MW = 82.09MJ/h

⑦ 再生剂从 R102 离开带走的热量 Q_7

根据设计文件再生剂离开 R102 的温度为 400℃，则Q_7 = 1.3×1000×(510−400) = 143000kJ/h = 143MJ/h

⑧ 取热盘管取热量 Q_8

$$Q_8 = Q_{反} - Q_2 - Q_3 - Q_4 - Q_5 - Q_6 - Q_7$$

$$1835.01-99.08-55.69-85.89-178.4-82.09-143=1190.82\text{MJ/h}$$

3.2 根据取热水出入口温差变化计算取热值

已知取热水出入口参数见表 1-2-11。

表 1-2-11 取热水相关参数

入口			出口		
温度	℃	140	温度	℃	155
压力	MPa	0.76	压力(表压)	MPa	0.45
流量	t/h	8	流量	t/h	8
155℃焓变	kJ/kg	2098.15	155℃热容	kJ/(kg·K)	4.22118272
汽化率	%(质)	0	汽化率	%(质)	5

计算取热水的取热量

$$Q_{取} = 4.22\times8\times(1-5\%)\times(155-140)+2098.15\times8\times5\%$$
$$=1320.47\text{MJ/h}$$

取热盘管散热损失取热量的 5%，为 66.02MJ/h

$$Q_8' = 1320.47+66.02 = 1386.50\text{MJ/h}$$

两种方法计算的取热值偏差为：(1386.50−1190.82)/1190.82 = 16.43%<20%，因此可以认为计算是准确的。

若以汽化率 10%为界限，同样的工况下，最低进水量为 4.95t/h。每根最小取热盘管的进水量即为 0.83t/h。

4. 对比调整取热水量和调整料位对取热量的影响

4.1 取热水量不变，调整料位

若此时再生器料位达到取热盘管的 50%，查得密相床的传热系数为 $K_{密} = 8\times10^5$kJ/(m^2·h)，

$K_{稀}=7\times10^3 kJ/(m^2 \cdot h)$，分别计算当再生料位为 0%和 100%取热管高度时的取热负荷，见表 1-2-12。

表 1-2-12　不同工况取热量计算

料位	再生器密相传热系数 $K_{密}$	100	再生器稀相传热系数 $K_{稀}$	1
50%	密相取热量	1374.47MJ/h	总取热量	1386.4986MJ/h
	稀相取热量	12.02MJ/h		
100%	密相取热量	2748.94MJ/h	总取热量	2748.94MJ/h
	稀相取热量	0		
0%	密相取热量	0	总取热量	24.05MJ/h
	稀相取热量	24.05MJ/h		

当料位 100%时，取热负荷最大，此时所需的最小取热水量为 10.30t/h，平均每根取热管的水量为 1.72t/h，因此，该流量应能适应所有的工况而不导致管内发生水击。

设料位为 n，则调整料位的取热量模型为：

$$Q=K\cdot S\cdot \Delta T\cdot(1-n)+100K\cdot S\cdot \Delta T\cdot n=7(1+113.3n)S\Delta T$$

4.2　料位不变，调整取热水量

取热水极限汽化率为 10%，设取热水量为 m，则

$$Q=0.9m\cdot C_p\cdot \Delta T+0.1m\cdot \Delta H$$

$$0.9m\times4.22\times\Delta T+0.1m\times2098.15=(3.798\Delta T+209.815)m$$

比较两个模型，料位 n 的取值范围为 0%~100%，其余为定值，则通过调整料位取热负荷的变化量为 1~114 倍；而取热水进出口的最小温差为 0，通过调整取热水量的取热负荷至少为 209.82 倍，因此，调整料位比调整取热水量更平稳。

5. 共识

① 保证每根取热盘管的取热水量不低于 1.72t/h，总水量不低于 10.3t/h。当取热水流量过低时，个别或全部取热管汽化率超过 10%，剧烈的两相流动产生的水击易破坏管道。

② 保证取热负荷的平稳，通过调整再生器料位来控制再生器温度而不是调整取热水量来控制。频繁地调整取热水量易导致管内处于干湿交替状态，该状态易导致氧化析氢反应发生，导致裂纹疲劳扩展。

③ 设置辅助蒸汽线，在开停工过程中再生管内通入蒸汽进行过渡，对于取热负荷小的装置也可以在停用的取热管内通入蒸汽防止干烧。开工时投用取热水过程中，若管内外温差超过 200℃，内外壁温差产生的表面热应力易超过钢材极限，促使表层产生龟裂纹。停工冷却时在盘管结构上作用的拉应力，使正处于扩展阶段的裂纹具备了瞬间断裂的条件。无蒸汽线的装置使用取热盘管小跨线进行过渡也是一种手段。

④ 取热盘管修复过程中，焊前高温烘烤至 300℃左右，使用镍基焊条趁热焊接，焊接后需经过自然冷却后再进水试压，避免焊接部位高温遇冷急速收缩开裂。

⑤ 新盘管更换施工时仅对 J 型螺栓和螺母进行紧固，不进行点焊，留有膨胀余量，使盘管始终处于一个简支梁的状态。或者更改盘管的固定方式，将固定盘管的 J 型螺栓改为 U 型螺栓并在六组盘管的出口段各增加一个支撑。

案例五 再生器下剂不畅

引言： S Zorb 为了维持吸附剂的活性，使装置能够连续操作，装置设有吸附剂连续再生系统，再生器（R102）内完成再生的吸附剂通过滑阀和氮气提升到再生器接收器（D110）。再生器下剂速度也是吸附剂循环中重要的一个环节，维持再生器下剂顺畅显得尤为重要。

摘要： 再生器在 S Zorb 装置中是吸附剂再生的关键步骤，再生器在运行过程中发生块状物堵塞管道及阀门会导致下剂不畅或者完全堵塞。特别是各种原因造成再生器吸附剂循环中断恢复后及装置开工初期，易出现再生器下剂不畅。D110 不能高报导致闭锁料斗 6.1 步时间等待，长时间不下剂影响吸附剂脱硫率，从而导致产品质量不合格。

关键词： S Zorb　再生器　滑阀　结块

1. 现象

再生器床层压差 PDI2604 持续上涨，料位显示上涨，再生器床层温度降低（再生取热量增多）。

再生滑阀压差 PDI2606 较正常运行时降低，PDI2606 值越大说明通过再生滑阀的吸附剂越多，值越小说明通过滑阀的吸附剂越少。

D110/R102 平衡线压差控制阀 PDIC2702 开度持续降低。

D110 压差 PDI2703/PDI2704 上涨较慢，彻底不下剂后压差不上涨。

D110 料位 LSH2702 未达到高报，闭锁料斗 6.1 步等待时间较长。

2. 下剂不畅原因分析

1）再生器内的二氧化硫和水在氧气过剩的情况下与再生后的氧化锌反应生成硫酸锌而结成块状物。生成的结块堆积在再生器锥体及格栅周围，小的结块随着吸附剂的流动堵塞在过滤器、滑阀入口处，如图 1-2-18 及图 1-2-19 所示。

再生器内水的来源有再生空气携带的水及吸附剂再生过程中烧焦生成的水。

再生生成水：$RH+O_2 \longrightarrow H_2O+CO_2$

硫酸锌生成：$2ZnO+2SO_2+O_2+2nH_2O = 2ZnSO_4 \cdot nH_2O$

图 1-2-18　锥体结块

图 1-2-19　滑阀上部结块

2）再生器底部吸附剂密度高，吸附剂流化性能变差。当再生器线速过低或再生器内吸附剂料位高时会使得再生器下部吸附剂密度增加。再生空气量过大，吸附剂下料量不足。

3）当再生线速过高(>0.4m/s)时，再生器内小于 40μm 吸附剂细粉跑损量增多，导致吸附剂细粉含量低吸附剂流化性能差，也是再生器下料不畅的原因。

4）开工初期装置出现异常后闭锁料斗运行停止，再生器温度降低后气体的黏度降低，下料管内吸附剂脱气量大也会造成再生器下料不畅。

3. 处置措施

1）检修时彻底清理再生器筒体内壁及下部格栅残存吸附剂结块。

2）再生器内吸附剂生成结块需要低温、有水存在以及氧气过剩。建议从以下几个方面控制：

① D105 在运行过程中应保持满罐操作，吸附剂在罐内有足够的停留时间，控制气提热氢的流量在 750Nm^3/h、温度高于 400℃，降低吸附剂上携带的烃类。

② 闭锁料斗 3.0 步吹烃合格，控制热氮气量在 150Nm^3/h，控制再生系统热氮气温度≥200℃。

③ 控制再生空气露点≤-70℃。定期在非净化风罐底部脱水，提高再生空气干燥器反吹再生频次，减少再生空气带水至再生器；条件允许时将非净化风改为净化风。

④ 提高再生器锥体松动氮气流量，保证再生器锥体部位吸附剂混合均匀，避免锥体处出现局部低温加快硫酸锌生成结块。

3）过滤器及滑阀堵塞吸附剂块状物清理，关闭再生器滑阀下游手阀，借输送氮气向再生器底部锥体进行反吹。

一般不能经常反吹，主要原因如下：

反吹过程中反应器内线速较高，吸附剂在高速度下对设备的磨损更严重，也容易造成吸附剂破碎，反吹过程中再生器底部管线内线速会更高。

气固颗粒对管线冲刷腐蚀的主要因素有流速、磨粒本身、冲刷角等。气固相的冲刷腐蚀与磨粒的动能有直接关系，其磨损量与磨粒的速度之间存在以下公式：$E=K\times v^n$（式中，E 为磨损率，mg/g；K 为常数；v 为磨粒的冲蚀速度，m/s；n 为速度指数，一般取值 2～3，磨损率与磨粒的硬度指数呈线性关系）。

4）控制再生吸附剂载硫量为 9%，吸附剂循环中断后反应器内吸附剂能坚持脱硫 4h 以上。

5）当再生器彻底不下料后，可以短时间内向 D110 内补入适量新剂。目的是达到 D110 高报后，闭锁料斗继续运行将新剂转移到反应器内，增加吸附剂载硫量维持脱硫率。

6）由于再生滑阀通径尺寸小，且在滑阀前未设补气设施，易造成吸附剂下料不畅。滑阀增设大跨线流程（如图 1-2-20 所示），从锥体上部直接跨至滑阀后面并增加松动点。在主线不下剂时改至此流程，为处理赢得时间，同时保障反应器平稳运行。

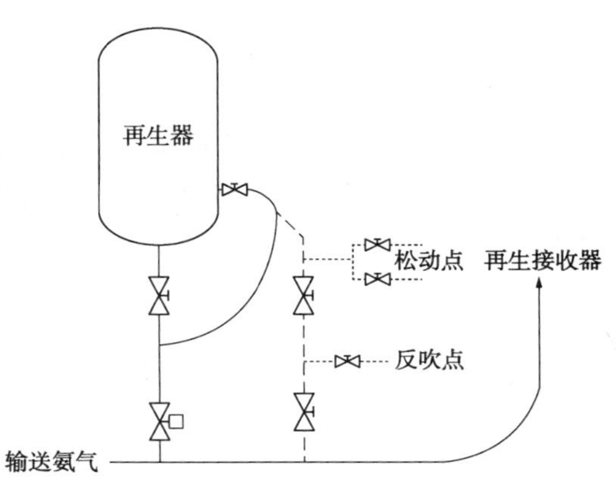

图 1-2-20　再生底部流程

4. 相关计算

以 1.8Mt/a S Zorb 装置为例，装置 80%负荷为 180t/h，原料硫含量 85mg/kg，产品硫含量 2mg/kg，反应器内吸附剂藏量为 32t，吸附剂循环量为 1000kg/h（D110 压差 PDI2703/PDI2704 每小时上涨 27kPa），32min 闭锁料斗转一轮。

再生系统操作：再生风量为 200Nm³/h、冷氮气 200Nm³/h、压力 PIC2601 0.12MPa、床层压差为 40.2kPa、再生温度为 510℃、滑阀差压 PDI2607 为 20kPa、再生器滑阀底部压力 PI2607 为 167kPa、D110/R102 平衡线压差 PDIC2702 控制在 15kPa。

再生剂载硫量为 10.45%，待生剂载硫量为 12.46%，硅酸锌含量为 0.4%。

（1）计算吸附剂硫差

装置脱硫负荷：180×1000×83/1000000＝14.9kg/h

每小时吸附载硫量增加：14.9/32/1000×100%＝0.05%

实际硫差：（12.46−10.45）＝2.01%

平衡硫差：14.9/1000＝1.49%

待生吸附剂载硫余量：16.5−12.46−0.295×0.4＝3.9%

以上计算为吸附剂循环中断后，处理下剂不畅时间提供依据。

（2）反吹过程中线速

正常运行时反应器内线速：

实际气体流量（200+200）/273×（273+510）/（1+0.12×10+40.2/200）＝477.8m³/h

线速 746/3600/0.3848＝0.34m/s

反吹时提升冷氮气流量满量程为 225Nm³/h。

反吹时反应器内线速：

反吹时实际气体流量（200+200+225）/273×（273+530）/（1+0.12×10+40.2/200）= $746m^3/h$

再生器内反吹时线速 746/3600/0.3848=0.54m/s

反吹时再生器内线速大于操作最高值 0.4m/s。

5. 共识

尽可能减少再生器中“水”的带入，保证空气干燥器运行正常、避免吸附剂带烃、检查取热盘管运行情况，低硫时可改用氮气取热。当出现再生器下料不畅时，反吹应控制线速；同时再生器下料进行流程改造，能够及时恢复吸附剂正常循环。

案例六　S Zorb 装置待生、再生吸附剂转剂线泄漏分析

引言：近几年转剂线磨损泄漏情况时有发生，再生系统管线冲蚀磨损表现为频率高、危害轻的特点，但泄漏会造成吸附剂循环系统停运，整个工艺流程被迫打断，装置内环境被吸附剂污染，其次管线消缺及装置调整时间内，再生器可能出现熄火、产品硫含量出现不合格情况，给全厂效益带来损害。其中再生转剂线因其高度落差大、输送距离长和再生转剂不畅需要反吹等特点，尤其容易出现磨损泄漏。

摘要：再生转剂线的泄漏原因为吸附剂在管线内高速运动，颗粒直接与管线碰撞或颗粒与颗粒之间碰撞，然后再与管线内壁碰撞导致管线不断处于磨损状态当中。当装置脱硫负荷改变时，对吸附剂循环速率进行调整时，相应地要对噎塞速度、输送氮气流量进行计算，找出吸附剂输送的推动力边界，确保转剂正常的条件下降低管线内线速，最大限度减少磨损导致的安全风险及泄漏事故。

关键词：再生转剂线　磨损泄漏　安全运行

1. 背景介绍

待生转剂线为再生进料罐 D107 至再生器 R102 吸附剂输送管线（如图 1-2-21 所示）；再生转剂线为再生器 R102 至再生接收器 D110 吸附剂输送管线（如图 1-2-22 所示）。

待生转剂线易泄漏点集中在斜三通与 2#小接管之间水平段上表面、3#~4#弯头间斜管上表面、4#弯头外侧内壁；再生转剂线三个易磨损点，分别为混合水平段上表面，弯头 2 外壁内壁，3#~4#弯头间斜管上表面，管线各磨损点情况如图 1-2-23~图 1-2-25 所示。

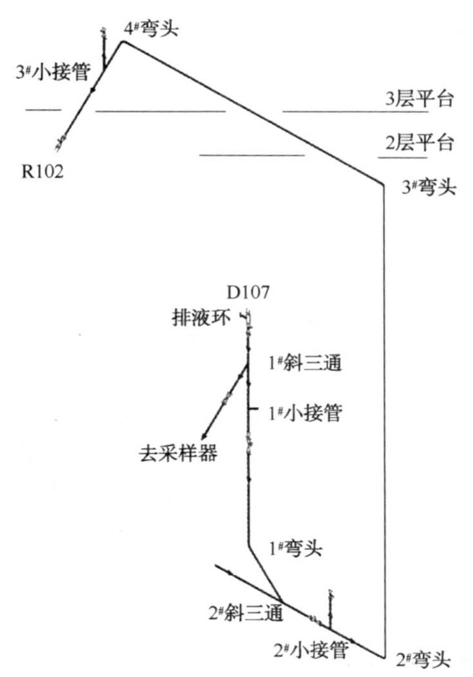

图 1-2-21　待生转剂线

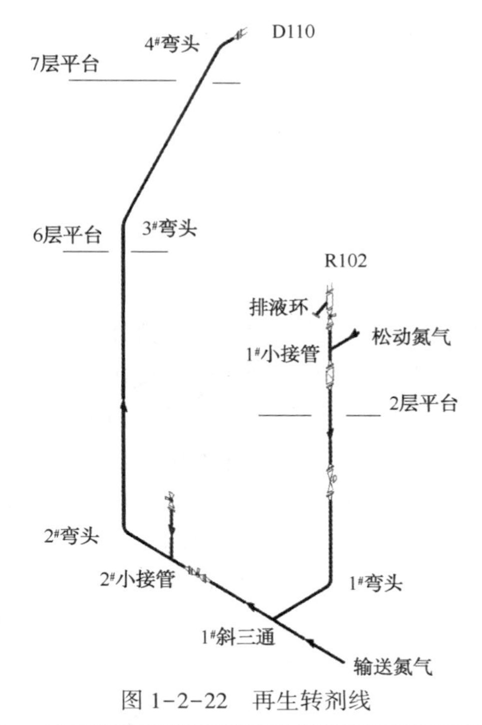

图 1-2-22　再生转剂线

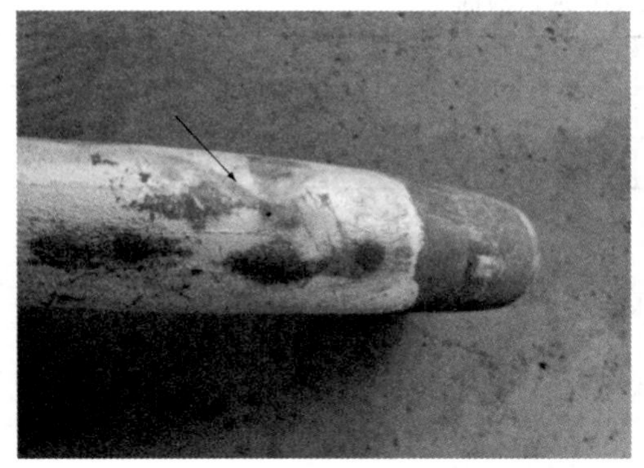

图 1-2-23　待生 4#弯头上表面泄漏点

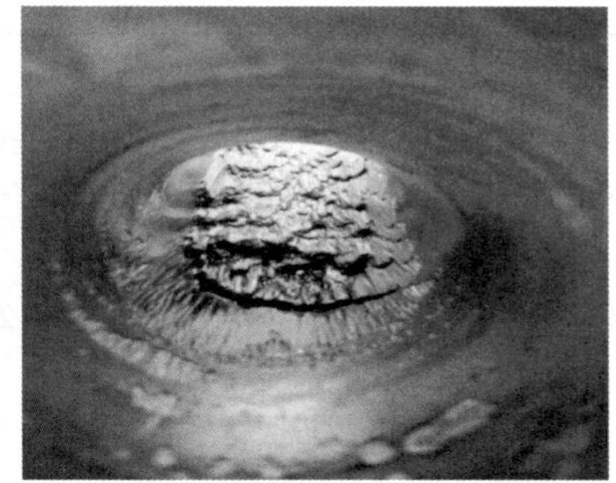

图 1-2-24　待生 4#弯头上表面磨损

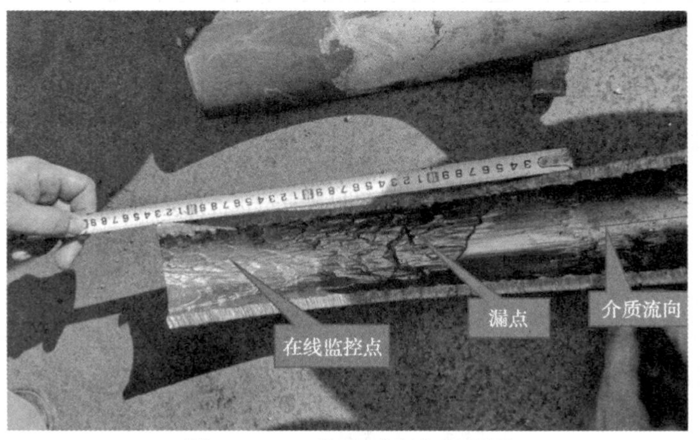

图 1-2-25　待生 4#弯头剖面图

2. 问题与分析

2.1 管线的磨损机理

气力输送磨损关系式为：

$$E=Kv^n$$

式中 ε——磨损率；

v——气速，m/s；

K 和 n——常数。

可以看出管线的磨损速率同流体在管线中的线速呈正相关，当吸附剂的强度、平均粒径和外形因素一定时，管线中的线速决定了磨损速率。

待生、再生转剂线工况属于气力输送范围，将其过程类比于催化提升管输送工况，则其边界为噎塞速度，在此速度附近输送将极其不稳定，我们可以计算待生、再生转剂线的噎塞速度，再转化为需要维持此速度以上的最小理论输送气体体积流量，即可以达到降低管线内线速延缓管线磨损的目的。

2.2 管线基本情况及计算

(1) 吸附剂循环速率

假定整个吸附剂系统循环速率稳定，以某装置 D110 的压差计算为例，基本数据见表 1-2-13。

表 1-2-13 D110 基本数据

转剂间隔时间	32min
转剂前后差压	12kPa
D110 底部内直径	0.76m

计算得出：

吸附剂循环速率为：$m=1.039\text{t/h}=0.289\text{kg/s}$

(2) 待生转剂线

待生转剂线基本数据见表 1-2-14。

表 1-2-14 待生转剂线基本数据

管内径	73mm
管长	12.848m
氮气体积流量	$45\text{Nm}^3/\text{h}$
氮气实际体积流量	$0.0105\text{m}^3/\text{s}$
氮气密度	1.25kg/Nm^3

计算得出：

管线截面积 $S=3.14/4\times(0.073)^2=0.0041\text{m}^2$

管线体积 $V=0.441\times12.848=0.0537\text{m}^3$

吸附剂循环强度 $=0.289/0.0041=66.402\text{kg/m}^2\cdot\text{s}$

表观气速 $u=0.0105/0.0041=2.519\text{m/s}$

密度 $\rho=0.289/0.0105=27.403\text{kg/m}^3$

固气比 $=1039/1.25/45=18.471$

符合稀相输送条件，计算噎塞速度：

$$u_t=\frac{g(\rho_p-\rho_g)d_p^2}{18\mu}$$

$$U_s=\frac{\text{吸附剂循环强度}}{\rho_p}$$

$$\frac{u_t}{u_{tt}}=7.0\times10^{-4}\times n^{4.2}$$

$$n=\left[4.45+18\left(\frac{d_p}{d_T}\right)\right]R_{e_t}^{\ 0.1}$$

$$R_{e_t}=\frac{d_p u_t \rho_g}{\mu}$$

$$U_s=(U_{gc}-U_{tt})(1-\varepsilon_{gc})$$

$$\frac{2gd_T(\varepsilon_{gc}^{\ -4.7}-1)}{(U_{gc}-U_{tt})^2}=6.81\times10^5\left(\frac{\rho_g}{\rho_s}\right)^{2.2}$$

式中 u_t——单颗粒带出速度；

g——重力加速度，$g=9.81\text{m/s}^2$；

ρ_p——吸附剂颗粒密度，$\rho_p=1600\text{kg/m}^3$；

ρ_g——气相密度，$\rho_g=1\text{kg/m}^3$（再生时为 0.74kg/m^3）；

d_p——颗粒平均直径，$d_p=70\mu\text{m}$；

μ——颗粒黏度，$\mu=0.0000368\text{Pa}\cdot\text{s}$；

u_{tt}——颗粒群带出速度，m/s；

R_{e_t}——颗粒群带出速度雷诺数；

U_s——质量速度，m/s；

U_{gc}——噎塞速度，m/s；

ε_{gc}——噎塞空隙率；

d_T——管线内径，$d_T=0.073\text{m}$；

ρ_s——颗粒骨架密度，$\rho_s=2000\text{kg/m}^3$。

$$u_t=\frac{9.81(1600-1)(70\times10^{-6})^2}{18\times0.0000368}=0.116\text{m/s}$$

$$U_s=\frac{\text{吸附剂循环强度}}{\rho_P}=\frac{66.402}{1600}=0.041\text{m/s}$$

$$R_{e_t}=\frac{70\times10^{-6}\times0.075\times5.37}{0.0000368}=0.441$$

$$n=\left[4.45+18\left(\frac{70\times10^{-6}}{0.073}\right)\right]0.766^{0.1}=4.116$$

$$\frac{0.075}{u_{tt}}=7.0\times10^{-4}\times4.439^{4.2}\quad 求得u_{tt}=0.434\text{m/s}$$

代入

$$U_s=(U_{gc}-U_{tt})(1-\varepsilon_{gc})$$

$$\frac{2g\,d_T(\varepsilon_{gc}{}^{-4.7}-1)}{(U_{gc}-U_{tt})^2}=6.81\times10^5\left(\frac{\rho_g}{\rho_s}\right)^{2.2}$$

求得$U_{gc}=1.65\text{m/s}$

计算该速度下的气体体积流量：

$$V=2.23\times0.0041\times3600=33.58\text{m}^3/\text{h}=42.34\text{Nm}^3/\text{h}$$

不同转剂速率工况计算见表1-2-15。

表1-2-15　不同工况下待生转剂线噎塞速度与输送氮气流量

转剂速率/(kg/h)	1000	1300	1500
噎塞速度/(m/s)	2.23	2.39	2.47
对应输送气量/(Nm^3/h)	42.34	45.38	46.90

(3) 再生转剂线

同理计算得出结果见表1-2-16。

表1-2-16　不同工况下再生转剂线噎噻速度与输送氮气流量

转剂速率/(kg/h)	1000	1300	1500
噎塞速度/(m/s)	3.25	3.51	3.62
对应输送气量/(Nm^3/h)	64.45	69.85	72.83

(4) 反吹瞬间速度

以满量程计算：

待生线速：$V=290\text{Nm}^3/\text{h}=473\text{m}^3/\text{h}=0.132\text{m/s}$

$$u=473/0.0041=32\text{m/s}$$

再生线速：$V=290\text{Nm}^3/\text{h}=800\text{m}^3/\text{h}=0.222\text{m/s}$

$$u=473/0.0041=54\text{m/s}$$

2.3　结果分析

该计算方法基于催化裂化装置提升管噎塞速度的计算，用于S Zorb装置其合理性与准确性有待考察，计算得出两转剂线达到噎塞速度时氮气体积流量。从数据表面看该数值在可信范围内，在此数据基础上可自行加上余量，在转剂时降低输送氮气流量可以保证转剂正常并降低管线内线速，可以有效延缓管线磨损。

3. 预防及优化

3.1　装置整体优化

装置内有很多因素会造成再生吸附剂循环速率的变化，吸附剂在管线内线速就会发生改变，若不进行对应调整，可能出现转剂不畅或管线将长时间处于更大的冲刷强度下，其磨损速率加快。另外是吸附剂强度问题，对于寿命周期长、硬度高的吸附剂，磨损强度可能会更大。对于整个装置而言，各系统平稳运行是吸附剂管线的磨损减缓的基础。

3.2 操作方面

操作上首先要注意气速与推动力匹配问题，在转剂推动力足够，即不出现噎塞的条件下，选择最小的输送氮气流量，以达到管线内最小流速工况，能够最大程度延缓管线的磨损。其次吸附剂因各种因素存在结块情况，当吸附剂输送不畅时会执行反吹操作，该行为会在短时间内导致管线内吸附剂流速瞬间上升或产生爆破吹扫的极高流速状态，极易造成管线内壁磨损，所以避免吸附剂的结块同样是延缓管线磨损的方法之一。

3.3 检测方面

定期对易漏点进行定点测厚及涡流扫查，检测频率最高的纪录为半月/次，各企业可根据检测数据及泄漏频率选择合适的检测周期和检测位点，对于减薄点预防性贴板处理，择机更换管线。

3.4 设备方面

现有管线材质已满足不了装置需求，部分装置曾采用耐磨陶瓷衬里方案，均出现陶瓷破碎堵塞转剂管线现象。镇海炼化 S Zorb 装置试用增加耐磨涂层的管材具有借鉴意义。

4. 共识

吸附剂管线的磨损不可避免，维持装置的平稳运行是应对管线磨损的办法之一，在吸附剂循环速率变化时，需要对输送氮气流量进行调整。要避免因吸附剂结块，因频繁反吹带来的爆破性冲击可能会成为管线磨损的开始，定期有目的性的检测能有效表征操作的合理与否，也能在概率上降低泄漏风险。管线的材质升级是有效且被动地解决问题，从工艺流程及控制出发要摆在首位。

案例七 S Zorb 装置再生器旋风分离器料腿堵塞

摘要： 该文主要介绍了 S Zorb 装置在运行过程中出现的再生器旋风分离器料腿堵塞问题，通过分析异常工况出现的原因，采取了相对应的措施，有效解决了由于再生器旋风分离器料腿堵塞出现的吸附剂跑损问题。

关键词： 旋风分离器 措施

S Zorb 装置采用吸附脱硫专利技术，通过吸附剂选择性吸附汽油中的硫原子达到脱硫目的。装置规模分 0.9Mt/a、1.2Mt/a、1.5Mt/a、1.8Mt/a、2.4Mt/a 五类。S Zorb 装置再生器旋风分离器料腿堵塞为装置运行存在的共性问题，影响了安全平稳生产。本文对该异常工况原因进行了分析，提出了应对措施，解决了装置运行过程中出现的生产异常问题。

1. 再生系统运行概况

S Zorb 装置待生吸附剂由闭锁料斗程序控制间断进入再生器进料罐(D107)，待生吸附剂通过热氮提升至再生器(R102)内，与再生空气发生氧化再生反应，再生器内的吸附剂床层为流化床，再生后的吸附剂用氮气提升到再生器接收器(D110)。再生器内部装有二级旋风分离器(ME116 过滤精度为 20μm)，再生烟气经旋风分离器与吸附剂分离后自再生器顶部排出，再生烟气主要成分为氮气、二氧化碳和二氧化硫，先经再生烟气冷却器(E105)管程与低压蒸汽换热，再经再生烟气过滤器(ME103 过滤精度为 1.3μm，分离效率为 99.97%)，除去烟气中夹带的吸附剂粉尘后送到硫黄装置回收硫黄或催化烟气脱硫脱硝设施进行处理，再生烟气过滤器反吹下来的废吸附剂排至废剂罐(D109)如图 1-2-26 所示。

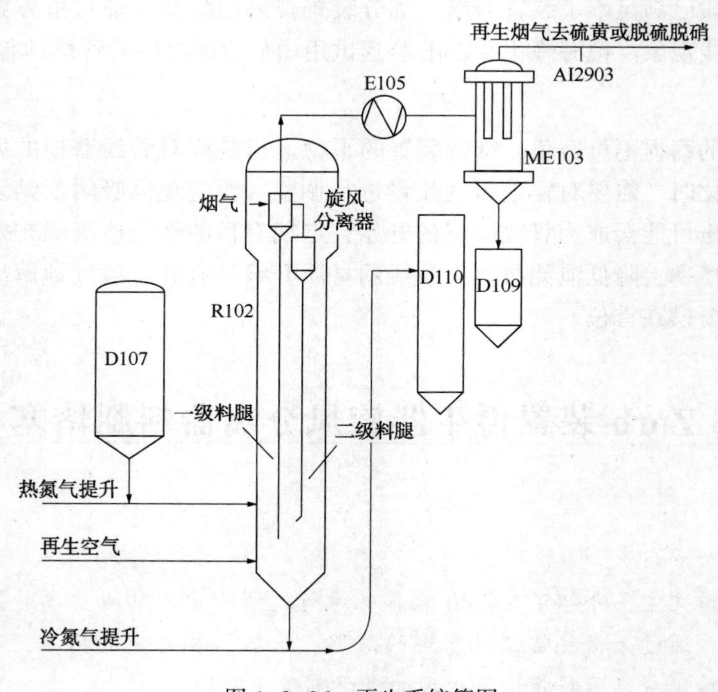

图 1-2-26　再生系统简图

2. 异常现象

2.1　吸附剂细粉粒径分布异常

本文引用某套 1.5Mt/a S Zorb 装置真实案例数据，介绍装置旋风分离器存在的共性问题。2020 年 6 月开工以后，废剂罐 D109 料位每天上升 3.5%~6.17%，卸剂频率由 60 天/次提升至 15~20 天/次。操作上通过降低再生器线速，调整二级料腿三路松动热氮气流量，废剂罐料位仍上升较快。通过对 D109 内细粉化验分析可知，细粉的粒径较大，40μm 以上的吸附剂颗粒占比已达 69%（见表 1-2-17），比正常值高很多。

表 1-2-17　废剂罐 D109 内吸附剂粒径分布

样品名称	组分名称	显示值/%
D109 废吸附剂	粒度分布（0~3μm）	5.13
D109 废吸附剂	粒度分布（3~5μm）	3.36
D109 废吸附剂	粒度分布（5~10μm）	6.56
D109 废吸附剂	粒度分布（10~20μm）	6.84
D109 废吸附剂	粒度分布（20~30μm）	3.21
D109 废吸附剂	粒度分布（30~40μm）	5.43
D109 废吸附剂	粒度分布（40~60μm）	12.78
D109 废吸附剂	粒度分布（60~80μm）	15.6
D109 废吸附剂	粒度分布（80~110μm）	20.45
D109 废吸附剂	粒度分布（110~140μm）	11.06
D109 废吸附剂	粒度分布（140~149μm）	3.86
D109 废吸附剂	粒度分布（149~180μm）	4.67
D109 废吸附剂	粒度分布（180~240μm）	1.05
D109 废吸附剂	粒度分布（240μm 以上）	0
D109 废吸附剂	总计	100

2.2　待生吸附剂粒径分布异常

自 2020 年 6 月开工以后，系统内待生吸附剂细粉量呈断崖式下跌（如图 1-2-27 所示），吸附剂粒径分布较差，系统内吸附剂的粒径分布与停工前的粒径分布对比情况见表 1-2-18。

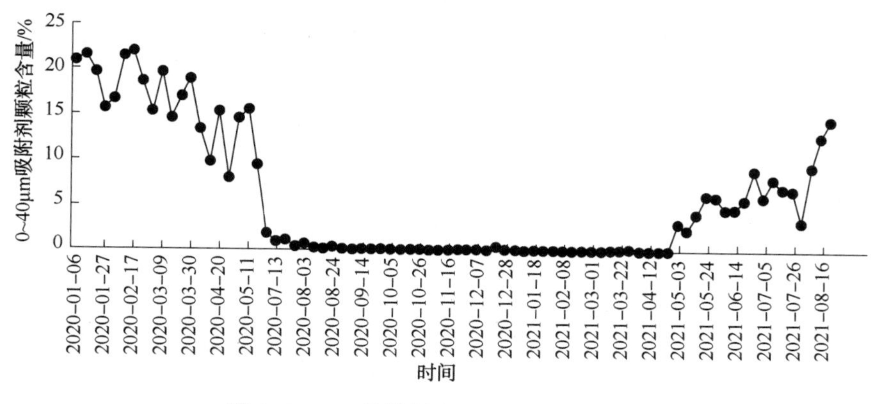

图 1-2-27　吸附剂中 0~40μm 颗粒含量

表 1-2-18 吸附剂粒径分布对比表

样品名称	组分名称	检修后/%	检修前/%
待生吸附剂	粒度分布(0~3μm)	0	0
待生吸附剂	粒度分布(3~5μm)	0	0
待生吸附剂	粒度分布(5~10μm)	0	0
待生吸附剂	粒度分布(10~20μm)	0	0.91
待生吸附剂	粒度分布(20~30μm)	0	8.36
待生吸附剂	粒度分布(30~40μm)	0	15.66
待生吸附剂	粒度分布(40~60μm)	3.95	31.32
待生吸附剂	粒度分布(60~80μm)	21.23	23.58
待生吸附剂	粒度分布(80~110μm)	42.96	15.73
待生吸附剂	粒度分布(110~140μm)	23.67	3.83
待生吸附剂	粒度分布(140~149μm)	3.39	0.55
待生吸附剂	粒度分布(149~180μm)	4.8	0.06
待生吸附剂	粒度分布(180~240μm)	0	0
待生吸附剂	粒度分布(240μm 以上)	0	0
待生吸附剂	总计	100	100

从表 1-2-18 可以看出，检修后待生吸附剂的粒径分布主要集中在 60~140μm，40μm 以下的细粉量为零，平均粒径接近 100μm。与正常工况下待生吸附剂平均粒径 40~100μm，40μm 以下的细粉量 25%，平均粒径接近 70μm 相比，两者粒径相差较大。

2.3 吸附剂循环量逐步降低

2020 年 6 月开工，闭锁料斗 1.2 步逐渐收料困难，提高收料压差至 0.2MPa，收料时间提高至 500s，闭锁料斗 1.2 步也收不到料(如图 1-2-28 所示)。吸附剂循环量降低，为防止待生吸附剂过烧使得再生空气提量困难，反应系统内吸附剂活性降低，装置脱硫能力较差。

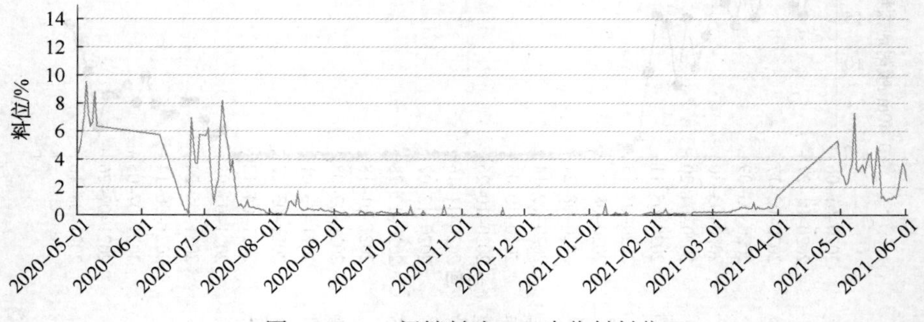

图 1-2-28 闭锁料斗 1.2 步收料料位

3. 原因分析

通过以上数据对比，初步判断再生器内旋风分离器出现故障。为解决该异常工况，2021 年 4 月对再生系统停工抢修，对旋风分离器检查发现两组料腿均已堵死。一级料腿堵塞情况较为严重，吸附剂已堵至一级旋风分离器入口（如图 1-2-29 所示），旋风分离器已完全失效，查明了装置吸附剂跑损的原因。

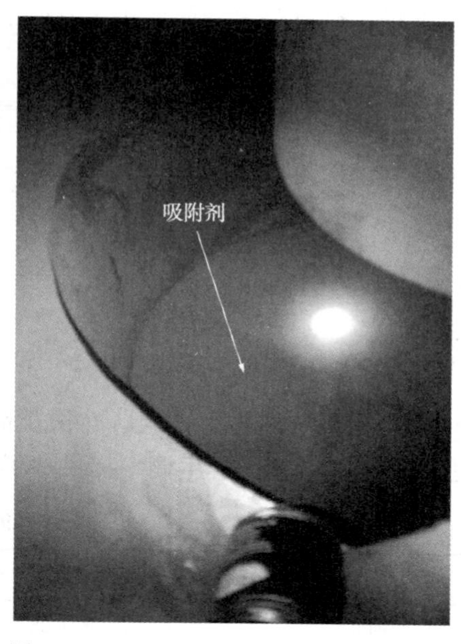

图 1-2-29 一级旋风内大量吸附剂堆积

再生器抢修过程中发现两组料腿内均清出块状物，其中一级料腿内清洗出来最大结块物，长约 15cm（如图 1-2-30 所示）。表面为多孔结构，主要成分是硅酸锌和硫酸氧锌。由此可以推测，2020 年 6 月装置大修时一级料腿疏通采用高压水枪清洗未彻底清洗干净，料腿内部残存水遇吸附剂后变泥状，聚集在一级料腿中下部，再生器升温后水分蒸发，吸附剂变成多孔块状。

装置开工初期，再生烟气氧含量未严格按照不大于 0.2%的标准控制，氧含量控制在 1%～2%之间，导致再生器一直处于过氧环境，生成硅酸锌，料腿内吸附剂加速结块，导致一级料腿堵塞。一级料腿被堵塞后，大量吸附剂进入二级旋风，由于二级料腿直径较小，同时底部有翼阀，流通量小，吸附剂容易堆积在料腿内被压实，造成两级旋风分离器功能失效。

图 1-2-30 一级旋风料腿内的多孔块状物

4. 应对措施

4.1 旋风分离器入口线速控制

入口线速是影响旋风分离器效率的重要因素。由入口线速与旋风效率曲线可以看到入口线速越高，回收效率越高。入口线速存在临界下限，线速低于下限，回收效率下降速率快速下降，旋风分离器效率小于90%，无法保持高效运行(如图1-2-31所示)。

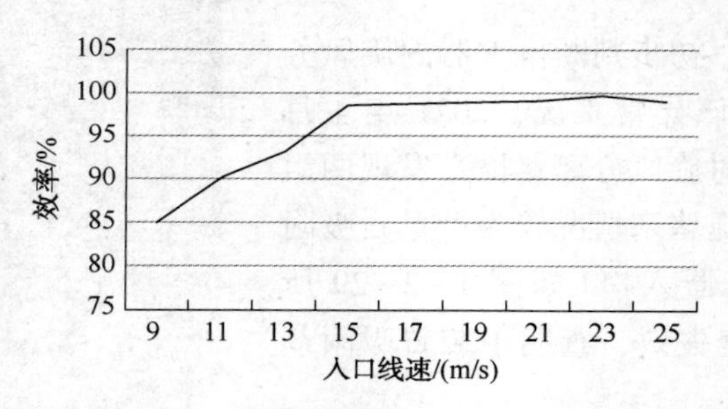

图1-2-31　旋分器效率与入口线速曲线

根据旋风分离器一级入口面积及稀相温度可计算不同再生压力下再生器流化气量下限(见表1-2-19)，为再生调整提供参考。

表1-2-19　再生器流化气流量计算表

再生压力/MPa	再生旋风分离器一级入口面积/m^2	最低流速/(m/s)	最低风量/(Nm^3/h)
0.08	0.08	11	230
0.1	0.08	11	260
0.12	0.08	11	280
0.14	0.08	11	310
0.16	0.08	11	330

注：数据取再生稀相温度450℃进行计算。

4.2　确保旋风分离器清洗质量

检修时再生器内部采用高压水枪清洗，每级料腿要清洗到排水不混浊为止。清洗后使用非净化风吹扫一级和二级料腿，封再生器人孔前需检查一级和二级料腿是否有明水。开工后再生器烘器时间在条件允许的前提下尽量延长。

4.3　旋风分离器的检修维护

再生检修期间，对旋风分离器一级、二级料腿通球检查确保料腿管畅通。检查防倒是否锥正常，翼阀是否灵活好用。通球试验结束后，进行透光试验，检查热氮松动点焊缝及翼阀的密封性是否正常。

5. 共识

S Zorb装置再生系统在长周期运行过程中要做到精细管理和精细操作。为了长周期安全平稳运行，应采取以下措施：

优化再生空气流量，控制再生烟气氧含量不超过0.2%，防止吸附剂过烧，降低失活速率。同时计算数据，保证入口线速大于临界下限，保持旋风器高效运行，减少吸附剂跑损。旋风器检修投用前确保旋风分离器一级和二级料腿没有明水，再生器烘器时间尽可能长，防止吸附剂结块堵塞料腿，造成吸附剂跑损。

案例八 S Zorb 装置再生风带水

引言：S Zorb 技术主要是在吸附剂和氢气作用下对催化裂化装置生产的催化汽油进行吸附脱硫，生产硫含量低于 10mg/kg 的低硫清洁汽油产品。再生系统主要是吸附剂的氧化还原恢复吸附剂活性，而再生风作为再生的供氧来源，其情况对于吸附剂的活性影响较大。

摘要：对再生风干燥器简易流程及运行原理进行简述，以 1.2Mt/a S Zorb 装置事故案例分析再生风带水对吸附剂硅酸锌生成情况的影响，并分析同等情况下不同吸附剂循环速率以及计算再生压力情况下加速生成硅酸锌的再生风露点温度边界值。结合案例情况总结归纳干燥器失效原因并制定预防措施。

关键词：再生风 空气干燥器 带水 硅酸锌

1. 干燥器简介

装置再生风来源为非净化风管网供风，干燥器用于非净化风干燥，确保再生风进再生器露点温度不高于-70℃。干燥器 PA103 为无热再生干燥器，流程如图 1-2-32 所示。

非净化风经进气阀进入干燥塔 A，干燥塔内装有活性氧化铝和分子筛，对气体进行干燥；干燥后 90%的再生风进入再生系统使用；另外 10%的气体经过再生流量调节闸阀进入干燥塔 B，对已经吸附后的干燥剂进行无热再生。5min 为单塔运行时间，不停地切换往复循环。干燥器运行步序如图 1-2-33 所示。

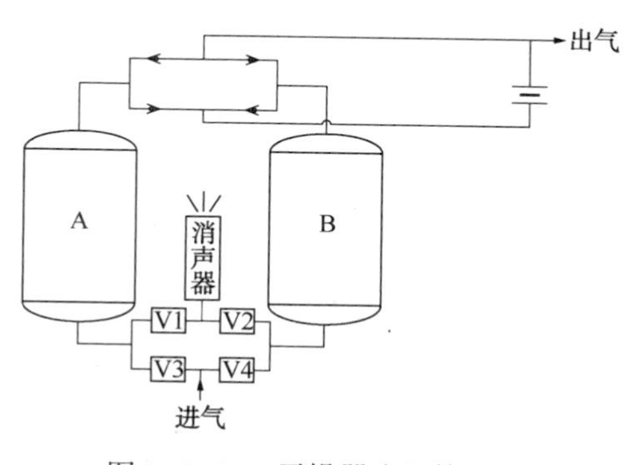

图 1-2-32 干燥器流程简图

2. 情况说明

由于再生风干燥器内干燥剂粉化（如图 1-2-34 所示）失活导致再生风露点温度上升，再生风带水导致吸附剂硅酸锌含量上升，导致吸附剂逐步失活。

某 1.2Mt/a S Zorb 装置再生风干燥器 PA103 露点分析仪故障，仪表采购备品期间，产品硫含量上升，装置提高再生风量，但由于再生烟气氧含量报警，说明吸附剂载硫载碳量不高。经吸附剂化验分析数据验证：待生剂硫含量 5.54%，待生剂碳含量 2.33%；再生剂硫含量 4.02%，再生剂碳含量 0.82%。装置随即置换部分新剂。

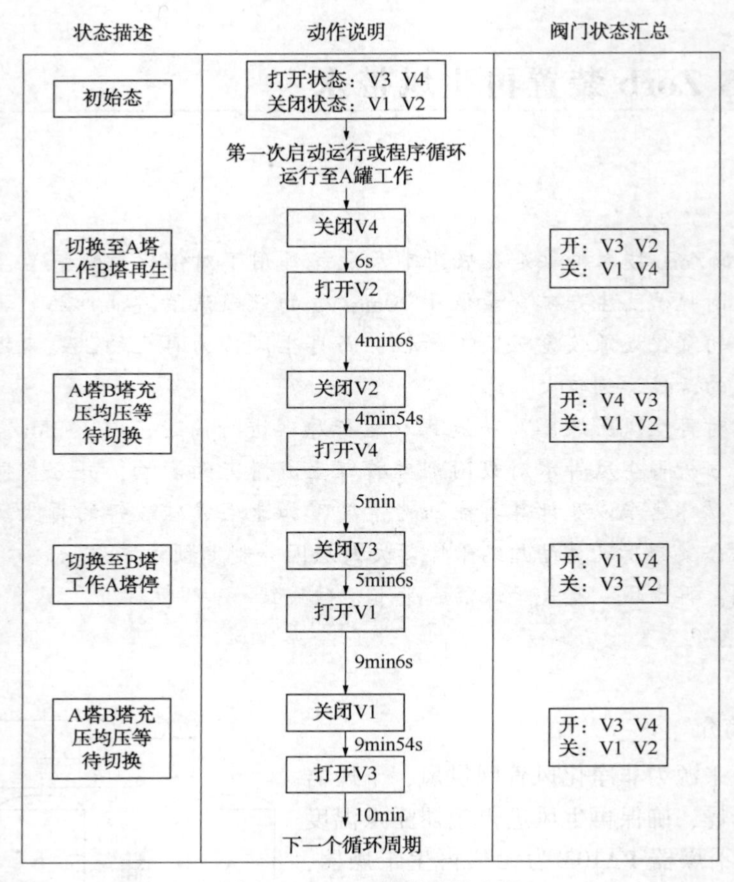

图 1-2-33　干燥器运行步序

图 1-2-34　粉化干燥剂

3. 情况分析

装置人员发现再生风干燥器运行期间A、B塔切换过程中放空会有粉末排出，判断为干燥剂粉化，随即使用手持式露点分析仪对再生风露点进行检测，再生风露点温度达到1.5℃。

判断可能硅酸锌含量上升导致吸附剂活性下降。随即对吸附剂进行粒径与组分分析，结果见表1-2-20。

表1-2-20 吸附剂分析数据

项目	S Zorb 再生剂 FCAS 分析数据/%					S Zorb 待生剂 FCAS 分析数据/%				
采样日期	3/25	4/19	5/24	6/29	7/4	3/25	4/19	5/24	6/29	7/4
粒度分布(0~20μm)	0.2	0	0	0	0	0	0	0	0	0
粒度分布(0~40μm)	11.1	19.7	21.9	18.1	21.7	13.8	14.3	14.8	14	15.2
粒度分布(0~149μm)	92.6	99.9	100	99.9	100	96.6	97.3	96.3	96.1	97.4
氧化锌	22	16.5	23.6	25.6	22.3	15.7	25.1	15.4	12.8	13.1
硫化锌	14.6	23	13	9.9	13.8	24.2	10.5	25	17.8	17.7
铝酸锌	26.6	20.5	22.8	23.7	24.5	20.1	25.7	22.5	23	22.6
硅酸锌	6.2	6.5	8.3	9.2	8	6.4	7.2	6.1	8.6	8.7

装置闭锁料斗D106容积为1.08m^3，运行周期50min，料位50%，则吸附剂循环速率按600kg/h计算，由前文待生再生剂硫碳分析数据可知，吸附剂碳差1.51%，则每小时再生烧炭=600×0.0151=9.06kg/h。

碳中氢含量为5%，则吸附剂循环再生产生水量=9.06×0.05×18/2=4.077kg/h

装置再生风量230Nm^3/h，氮气量约60Nm^3/h，则再生烟气总量约为290Nm^3/h，不考虑再生风露点影响情况，装置再生器内水分压=4.077×22.4×110/18×290=1.92kPa。

由于干燥剂失效导致再生风露点上升，露点温度达到1.5℃。

由表1-2-21可查，再生风露点在1℃时，含水量为5.192g/m^3，再生风量为230Nm^3/h，则再生风中带水量=230×5.192=1.194kg/h。

再生风露点温度上升后再生器内水分压=(4.077+1.194)×22.4×110/18×290=2.49kPa。

表1-2-21 露点水含量对照表

露点/℃	水分含量/(g/m^3)	露点/℃	水分含量/(g/m^3)	露点/℃	水分含量/(g/m^3)	露点/℃	水分含量/(g/m^3)	露点/℃	水分含量/(g/m^3)
64	153.8	39	48.67	14	12.07	-11	2.189	-36	0.2597
63	147.3	38	46.26	13	11.35	-12	2.026	-37	0.2359
62	141.2	37	43.96	12	10.66	-13	1.876	-38	0.2410
61	135.3	36	41.75	11	10.01	-14	1.736	-39	0.1940
60	130.3	35	39.63	10	9.319	-15	1.605	-40	0.1757

续表

露点/℃	水分含量/(g/m^3)	露点/℃	水分含量/(g/m^3)	露点/℃	水分含量/(g/m^3)	露点/℃	水分含量/(g/m^3)	露点/℃	水分含量/(g/m^3)
59	124.7	34	37.61	9	8.819	-16	1.483	-41	0.1590
58	119.4	33	35.68	8	8.270	-17	1.369	-42	0.1438
57	114.2	32	33.83	7	7.750	-18	1.264	-43	0.1298
56	109.2	31	32.07	6	7.260	-19	1.165	-44	0.1172
55	104.4	30	30.38	5	6.797	-20	1.074	-45	0.1055
54	99.83	29	28.78	4	6.360	-21	0.9884	-46	0.09501
53	95.39	28	27.24	3	5.947	-22	0.9093	-47	0.08544
52	91.12	27	25.78	2	5.559	-23	0.8359	-48	0.07675
51	87.01	26	24.38	1	5.192	-24	0.7678	-49	0.06886
50	83.06	25	23.05	0	4.847	-25	0.7047	-50	0.06171
49	79.26	24	21.78	-1	4.523	-26	0.6463	-51.1	0.05400
48	75.61	23	20.58	-2	4.217	-27	0.5922	-53.9	0.04000
47	72.10	22	19.43	-3	3.930	-28	0.5422	-56.7	0.02900
46	68.73	21	18.34	-4	3.660	-29	0.4960	-59.4	0.02100
45	65.50	20	17.30	-5	3.407	-30	0.4534	-62.2	0.01400
44	62.39	19	16.31	-6	3.169	-31	0.4141	-65.0	0.01100
43	59.41	18	15.37	-7	2.946	-32	0.3779	-67.8	0.00800
42	56.56	17	14.48	-8	2.737	-33	0.3445	-70.6	0.00500
41	53.82	16	13.63	-9	2.541	-34	0.3138	-73.3	0.00300
40	51.19	15	12.83	-10	2.358	-35	0.2856		

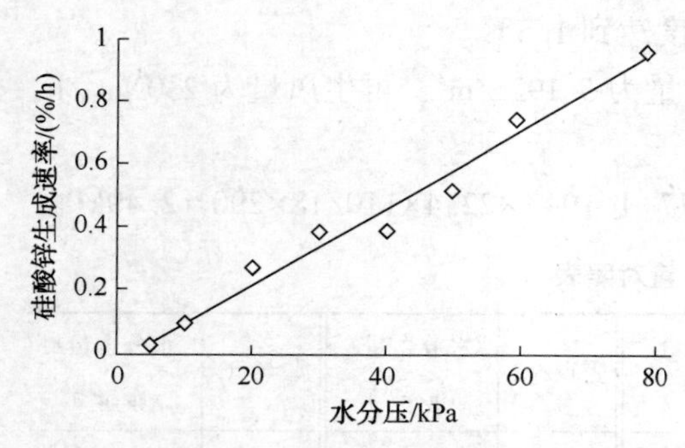

图 1-2-35　不同水分压下硅酸锌生成速率

由图 1-2-35 可知，当水分压达到 2kPa 时(0.1MPa 压力下)将达到硅酸锌生成条件，并产生一定的生成速率，水分压越大，生成速率越快，硅酸锌含量越高，生成速率越快。

而案例中露点温度上升至 1.5℃后，导致再生器内水分压达到 2kPa 以上，满足硅酸锌生产条件，而吸附剂中本就含有硅酸锌，导致硅酸锌生成速率大幅上升，引起吸附剂失活。

同样条件下不生成硅酸锌时允许最高露点温度：

允许增加水分压=2.2-1.92=0.28kPa

允许再生风带水量=0.28×290×18/110×22.4=0.59kg/h

露点含水量=0.59×1000/230=2.56g/m^3

查询可知，允许最高露点温度为-10℃。

计算不同再生压力和吸附剂循环量允许露点温度，结果见表 1-2-22 及表 1-2-23。

表 1-2-22 不同再生压力、吸附剂循环量下再生风量及含水量

再生压力 \ 循环量	600kg/h	1000kg/h	1200kg/h	1500kg/h
100kPa	125Nm³/64mg/kg	210Nm³/14mg/kg	250Nm³/6mg/kg	320Nm³/1. 4mg/kg
110kPa	125Nm³/64mg/kg	210Nm³/14mg/kg	250Nm³/6mg/kg	320Nm³/1. 4mg/kg
120kPa	125Nm³/64mg/kg	210Nm³/14mg/kg	250Nm³/6mg/kg	320Nm³/1. 4mg/kg
150kPa	125Nm³/64mg/kg	210Nm³/14mg/kg	250Nm³/6mg/kg	320Nm³/1. 4mg/kg

表 1-2-23 不同再生压力、吸附剂循环量下对应露点温度及含水量

再生压力 \ 循环量	600kg/h	1000kg/h	1200kg/h	1500kg/h
100kPa	-30℃/55mg/kg	-45℃/10mg/kg	-55℃/3mg/kg	-65℃/0. 79mg/kg
110kPa	-30℃/55mg/kg	-45℃/10mg/kg	-55℃/3mg/kg	-65℃/0. 79mg/kg
120kPa	-30℃/55mg/kg	-45℃/10mg/kg	-55℃/3mg/kg	-65℃/0. 79mg/kg
150kPa	-30℃/55mg/kg	-45℃/10mg/kg	-55℃/3mg/kg	-65℃/0. 79mg/kg

4. 原因分析

① 设备入口空气条件不满足设备操作条件要求：

设备操作条件要求：入口空气相对湿度≤92%，入口温度要求<40℃，最大气量不超过 42Nm³/min 等。

② 再生反吹流量不满足设计要求的 10%。

③ 干燥器控制阀故障导致干燥器再生程序无法运行或未投用。

④ 干燥剂未按要求进行装填，或未装填满罐。

干燥剂从装料口装填满后，回装装料口法兰，空载运行干燥器 2h，拆除装料口法兰，再次补充干燥剂直至装满，装料口法兰回装后，干燥器内干燥剂装填完成，可投入运行。

⑤ 干燥剂选型不对(颗粒度过小)。

干燥器部件说明如图 1-2-36 所示。

5. 调整措施

① 非净化风改为净化风。

② 及时调整再生反吹流量调节阀。

③ 干燥器运行情况纳入外操巡检内容，加强检查。

④ 选择颗粒度合适的干燥剂。

6. 共识

从案例情况分析以及计算可得，再生风露点温度上升，一定程度上会增加再生器内水

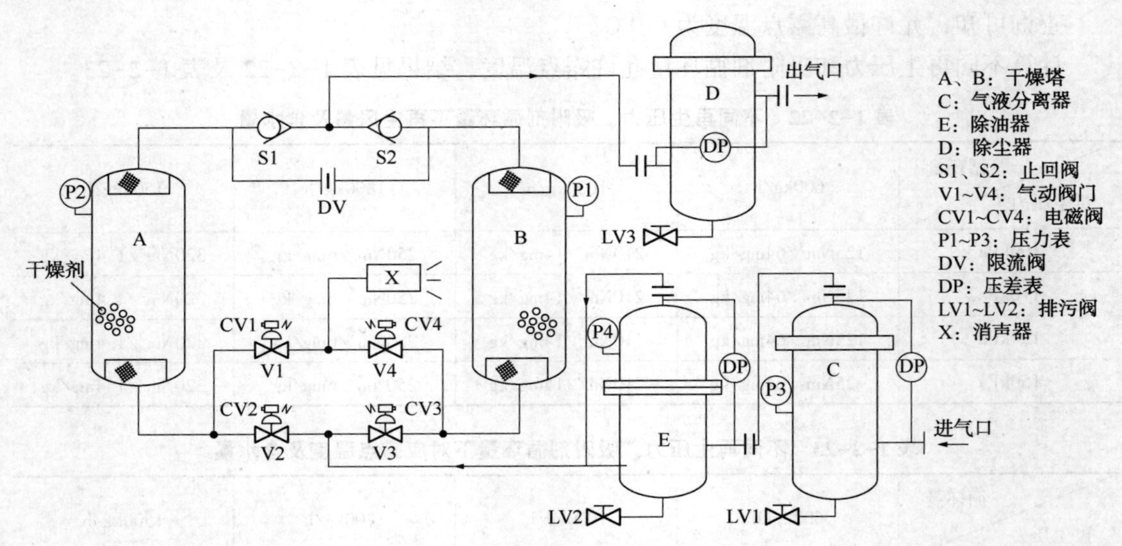

图 1-2-36　干燥器部件说明图

汽分压。吸附剂再生生成水与再生风夹带水分含量超过一定界限(再生器压力 0.1MPa 情况下，水汽分压超过 2kPa 时，达到硅酸锌生成条件，容易导致硅酸锌生成)，而不考虑其他因素的情况下，不同的吸附剂循环速率对于硅酸锌生成情况影响进行对比分析，吸附剂循环速率越高，所需控制再生风露点温度要求越严格。所以对于再生风露点温度的监控同样重要，对于再生风干燥器的日常运行维护也需关注，建议装置将再生风风源更改为净化风，对于露点温度控制有较大帮助。

第三章 ▶ 闭锁料斗

案例一 闭锁料斗 1.2 步、4.2 步、6.2 步、9.0 步循环不畅

引言：闭锁料斗是 S Zorb 装置的核心，是反应和再生装置连接的中转站，吸附剂通过闭锁料斗压送到反应器中，反应后的吸附剂再通过闭锁料斗回到再生器中。在整个运行过程中，反应器为高温、高压、临氢环境，再生器为低压含氧环境，闭锁料斗的主要作用就是严格实现氢氧环境隔离和进行吸附剂的输送。

在正常操作中，待生和再生吸附剂交替通过闭锁料斗，其过程描述如下：在待生吸附剂填充阶段，待生吸附剂靠重力从反应接收器降落至闭锁料斗。闭锁料斗降压后用氮气吹扫；在吸附剂排空阶段，经过吹扫的吸附剂依靠自身重力流入再生进料罐。在再生吸附剂填充阶段，再生吸附剂从再生接收器流入闭锁料斗。闭锁料斗用氮气吹扫并用氢气加压；在吸附剂排空阶段，再生吸附剂依靠自身重力和压差作用进入还原器。闭锁料斗的压力在不同过程操作之前进行相应调整，以满足不同过程的需要。

摘要：本文介绍了闭锁料斗出现的问题并分析了其原因，并给出了相应措施。

关键词：闭锁料斗　吸附剂循环

1. 背景介绍

闭锁料斗运行过程（如图 1－3－1 所示），部分步序运行温度是 430℃，操作压力为 2.8MPa，430℃的高温氢环境和氧一旦接触，就会有高低压互窜和着火爆炸的风险。闭锁料斗运行过程中遇到任何一个步骤无法正常运行，都影响闭锁料斗循环造成产品质量不合格。因此，需要对闭锁料斗每个步骤的运行问题进行归类分析，找出关键因素。

2. 原因分析

2.1　闭锁料斗在步序第 1.2 步循环不畅分析

闭锁料斗在步序第 1.2 步，在 2.8MPa 氢气环境下，将反应器接收器（D105）内吸附剂

通过闭锁料斗程控阀装入闭锁料斗。此步骤下料不畅或 D105 内料位不足时，第 1.2 步时间延长，会导致 D105 内油气经过闭锁料斗排入燃料气管网，使目的产品收率下降；闭锁料斗排气至燃料气管网管线温度骤升并带油；第 3.0 步闭锁料斗吹烃时间长，效果差待生剂带油等。

第 1.2 步下料不畅的可能原因有：①闭锁料斗与反应器接收器(D105)压差控制不当；②反应器接收器(D105)内吸附剂偏少或者无料位；③D105 锥部松动氢气不足流化不好；④吸附剂筛分变化导致流化性能变化大。

D105 内吸附剂床层压降通过 D105 下部压力与 D105 气相返回线压力差，通常控制在 20~45kPa。最优操作是 D105 形成满藏量操作，以提高吸附剂在 D105 内停留时间，氢气气提效果好，减少待生吸附剂带油进入再生器。

反应器横管 D105 收料计算。以 1.5Mt/a 规模装置在设计负荷、80%负荷、60%负荷下，分别计算反应器床层达到 D105 横贯位置的最小藏量。D105 横管距反应器底部泡罩高度为 15m，再加上床层超过横管 0.5m 的高度操作余地，总计高度 15.5m。假定反应器直径为 2.16m，反应器中部温度为 425℃，底部泡罩上方温度为 405℃，汽油的平均相对分子质量为 95.6，反应器操作压力均为 2.6MPa，结果见表 1-3-1。

表 1-3-1　反应器接收器最小收料藏量计算

负荷率/%	反应器线速度/(m/s)	横管收料最小藏量/t
100	0.43	13.8
80%	0.37	16.7
60%	0.31	20.8

实际操作中会根据装置负荷减少调整反应器操作压力，保持反应器线速度，可以用更少的藏量达到横管收料的目的。当吸附剂筛分组成发生明显变化时，需要对计算公式进行校正。若吸附剂因细粉跑损导致平均粒径偏大，会导致床层高度下降。

若以 D105 内径为 0.737m，吸附剂循环量为 1.2t，每小时循环 3 次，每次 D105 向闭锁料斗装填 0.4t 吸附剂，对应 D105 床层压降变化约为 9.1kPa。正常生产为留有操作余地，因此，应将 D105 床层压降控制在 20~25kPa。

2.2　闭锁料斗在步序第 4.2 步循环不畅分析

闭锁料斗在步序第 4.2 步，是在 0.2MPa 氮气环境下，将闭锁料斗内吸附剂通过闭锁料斗程控阀装入再生器进料罐(D107)。此步骤下料不畅的主要原因有：①闭锁料斗与 D107 压差控制不当；②D107 内料位过高；③闭锁料斗锥部下料松动不好。

第 4.2 步压差控制不当，可能是闭锁料斗锥部通气滤芯压降高，自热氮气系统来的氮气压力不足，导致闭锁料斗难以建立与 D107 的压差。

2.3　闭锁料斗在步序第 6.2 步循环不畅分析

闭锁料斗在步序第 6.2 步，是在 0.2MPa 氮气环境下，将再生器接收器(D110)内吸附剂通过闭锁料斗程控阀装入闭锁料斗。此步骤下料不畅的主要原因有：①D110 内料位不足，该料位开关未达到高报警；②D110 与闭锁料斗压差控制不当；③闭锁料斗顶部过滤器 ME102 压差大，难以建立压差。

再生器接收器操作线速度计算。D110 下部筒体内径为 0.762m，氮气经过调节阀 FIC2702 进入 D110 流量取设计正常流量 $70Nm^3/h$，加上下部一条仪表反吹氮气约 $10Nm^3/h$ 和锥部松动氮气 $8Nm^3/h$，再加上排液环氮气 $3Nm^3/h$，操作温度为 300℃，操作压力为 0.2MPa 下。D110 内操作线速度仅为 0.038m/s。实际根据节约氮气降低操作成本的要求，通常将 FIC2702 管线氮气降低至 $30Nm^3/h$ 左右，此时 D110 操作线速度为 0.021m/s（见表 1-3-2）。由于 D110 布置在 D106 正上方，因此第 6.2 步时吸附剂可以顺利地装入闭锁料斗。

表 1-3-2 D110 内线速度计算

FIC2702 流量/(Nm^3/h)	D110 内线速度/(m/s)	FIC2702 流量/(Nm^3/h)	D110 内线速度/(m/s)
70	0.038	30	0.022
50	0.030	20	0.017
40	0.026		

但当闭锁料斗顶部过滤器 ME102 压差偏高时，D110 内吸附剂难以装入闭锁料斗。如图 1-3-1所示，闭锁料斗内部压力测量表为 PT2403，闭锁料斗气体经过 ME102 过滤后气体压力测量表为 PT2401 和 PT2402，其中 PT2403 值减去 PT2402 值得到 ME102 压降，而 PT2401 控制 PIC2401A1A2 阀实现闭锁料斗压力控制，并将 PT2401 压差输入闭锁料斗控制系统用于计算 D110 与 D106 的压差。当 ME102 压差高时，虽然闭锁料斗顶部出口压力低于 D110 下部压力 PT2701，但闭锁料斗内部压力 PT2403 压力有可能高于 D110 下部压力，因此造成第 6.2 步不下料或下料速度减慢。

2.4 闭锁料斗在步序第 9.0 步循环不畅分析

闭锁料斗在步序第 9.0 步，是在 3.0MPa 氮气环境下，控制好闭锁料斗与还原器的压差，将闭锁料斗内吸附剂通过程控阀装入还原器（D102）。此步骤下料不畅的主要原因有：①闭锁料斗与 D102 压差控制不当。②还原器内流化失常。③闭锁料斗至 D102 料腿堵塞。④还原气流化量不足。⑤闭锁料斗 PIC2401A1A2 内漏。

还原器流化计算。以 1.5Mt/a 规模装置为例，还原器直径为 0.838m，操作温度为 260℃，操作压力为 2.6MPa，还原气流量为 $1843Nm^3/h$ 时，计算还原气内线速度为 0.067m/s，接近鼓泡床的操作线速度。

实际生产中，还原气使用自循环氢压缩机出口来的循环氢气和自氢气电加热器 EH101 来的热氢气的混合气体，进入 D102 起到降低还原器温度作用，为控制还原器操作温度在 240~280℃之间，通常将还原气流量控制在 $1000Nm^3/h$ 左右，此时的还原器内操作线速度只有 0.0364m/s（见表 1-3-3）。线速度远低于反应器操作线速度，一旦还原气偏少或者测量值偏大，会导致还原气内操作线速度进一步降低，影响闭锁料斗向还原器装料。因此要保持好 XV2414 阀后至 D102 的氢气量，减少吸附剂积聚，造成阻力，增加影响第 9 步卸料。

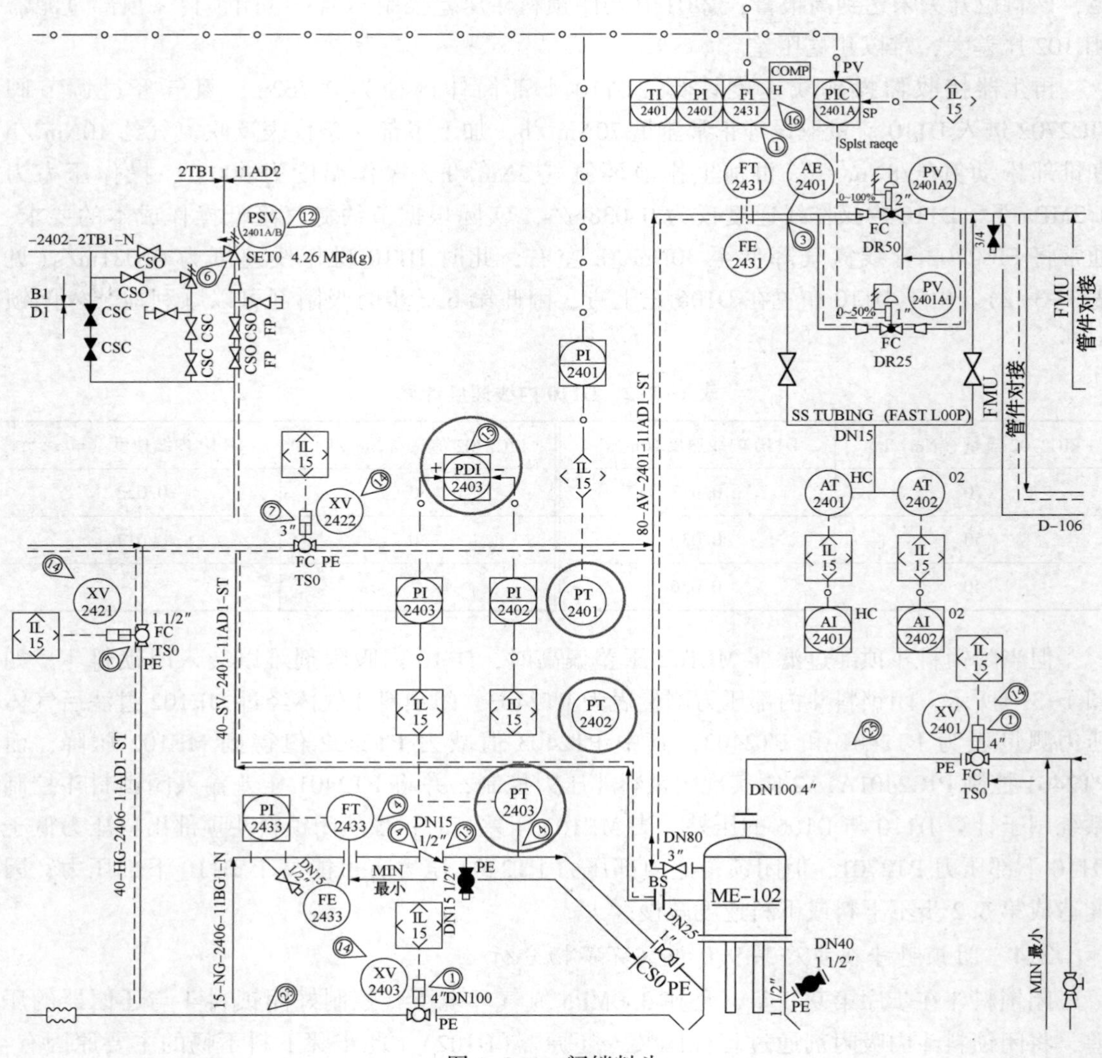

图 1-3-1　闭锁料斗

表 1-3-3　还原器操作线速度计算

还原氢流量/(Nm^3/h)	D102 内操作线速度/(m/s)
1000	0.0364
800	0.0291
600	0.021

闭锁料斗 PIC2401A1A2 阀门内漏，主要原因是闭锁料斗顶部过滤器 ME102 内漏，吸附剂被高速气流带入下游管线导致冲刷内漏。日常应该监控第八步压力最好时 FI2431 是否有流量，一旦发现阀门内漏应及时排查原因并进行处理。正常生产时应定期对 ME102 内漏情况进行检查。

3. 共识

正常生产时，要监控好 D105 床层压降，避免 D105 内床层压降低于 20kPa，提高吸附剂循环量，或者手动操作时，要控制好每次向闭锁料斗装填料位，不得随意提高循环量。

要关注反应器床层状况，当操作有变化时，及时通过计算判断反应器内吸附剂是否能溢流至 D105。特别是当装置负荷降低和藏量减少的时候。

严格控制 D102 内还原气流量，不得低于 1000Nm^3/h，创造条件提高还原氢气量，避免还原气内流化失常。

关注闭锁料斗顶部出口管线在第八步时的流量，及时处理闭锁料斗压控阀 PIC2401A1A2 内漏和 ME102 内漏，避免影响闭锁料斗向还原器卸剂。

案例二 S Zorb 装置闭锁料斗过滤器 ME102 滤芯泄漏

引言：汽油质量升级对汽油硫含量要求越来越低，S Zorb 装置主要承担此项任务，S Zorb 技术主要是在吸附剂和氢气作用下对催化裂化装置生产的催化汽油进行吸附脱硫，生产硫含量低于 10mg/kg 的低硫清洁汽油产品。闭锁料斗承担吸附剂在反应-再生的循环，而闭锁料斗过滤器 ME102 滤芯泄漏，会影响装置长周期运行。

摘要：闭锁料斗在 S Zorb 装置中占据着核心地位，发挥着关键作用，如果闭锁料斗过滤器 ME102 滤芯泄漏，就会导致吸附剂进入气相管线，造成压控阀 PIC2401A1、A2 磨损，程控阀 XV2416、XV2417、XV2418、XV2419 磨损内漏或卡涩，火炬线管线磨损外漏。烃氧分析仪 AI2401、AI2402 管路堵塞或磨损泄漏，吸附剂进入放空管线堵塞，吸附剂进入再生放空罐 D125 和火炬罐 D206 堆积堵塞等安全环保事件，同时影响装置安全平稳运行。

关键词：S Zorb　闭锁料斗　滤芯泄漏　安全平稳运行

1. 背景介绍

闭锁料斗过滤器 ME102 滤芯泄漏，闭锁料斗内的吸附剂由泄漏点进入气相系统，造成以下影响：

闭锁料斗顶部控制阀 PV2401A1、A2 阀门内漏调压困难，影响闭锁料斗运行；闭锁料斗 6.2、7.0 步序 D125 罐高点放空有吸附剂粉尘排出造成环保事件；烃氧分析仪采样管路堵塞造成设备损坏，气相系统阀门磨损内漏或卡涩等问题，影响装置安全平稳运行。

故障类型：①滤芯根部螺纹出现磨穿泄漏情况，吸附剂即是从螺纹穿孔处漏出（如

图 1-3-2所示)。②滤芯松动脱落。③滤芯受冲击变形破裂、折断(如图 1-3-3 所示)。④滤芯穿孔(如图 1-3-4 所示)。

图 1-3-2　ME102 滤芯冲击损坏情况

图 1-3-3　ME102 滤芯冲击损坏情况

图 1-3-4　ME102 滤芯穿孔

危害：①吸附剂进入气相管线，造成压控阀 PIC2401A1、A2 磨损(如图 1-3-5 所示)，程控阀 XV2416、XV2417、XV2418、XV2419 磨损内漏或卡涩(如图 1-3-6 所示)，火炬线管线磨损外漏。②烃氧分析仪 AI2401、AI2402 管路堵塞或磨损泄漏。③吸附剂进入放空管线堵塞。④吸附剂进入再生放空罐 D125 和火炬罐 D206 堆积堵塞。

2. 原因分析

2.1　滤芯固定方式

滤芯固定方式为锥螺纹方式，滤芯外径为60mm，悬挂在管板下的长度是632mm，只靠螺纹紧固密封，滤芯与管板的连接是单薄的。在过滤器高温高压气流冲击下，特别是反吹时，滤芯容易产生振动，连接螺纹就会产生松动，使螺纹和管板间存在间隙，高速气流夹带吸附剂对螺纹冲刷，造成螺纹损坏；振动随松动加剧，最终导致滤芯脱落。

图 1-3-5 被冲刷的压控阀 PIC2401A1

图 1-3-6 磨损的 XV2418

2.2 闭锁料斗程序频繁反吹

闭锁料斗程序设计，在 8.0 步进行反吹时，闭锁料斗压力为 0.1MPa，反吹氢气压力为 3.5MPa 左右，反吹氢气压力过高导致滤芯频繁振动，并且每次在 8.0 步都对过滤器进行反吹，循环时间越短，反吹频率越高，加速连接螺纹松动，导致冲刷磨损或脱落。

2.3 闭锁料斗填充料位高

在吸附剂循环过程中，闭锁料斗料位填充过量，吸附剂料位超过闭锁料斗缩径段，吸附剂与过滤器滤芯接触，导致过滤器滤芯横向受力，滤芯根部螺纹损坏。特别是 XV2401 阀在装料过程中动作延迟，会导致闭锁料斗装料过满等。图 1-3-7为闭锁料斗收料示意图，待生剂从高压进料口进入闭锁料斗，并在闭锁料斗内形成流动，从其流线可看出，如果料位淹没滤芯，吸附剂会对滤芯产生冲击，尤其是进料口本侧的滤芯受到的冲击更为严重。

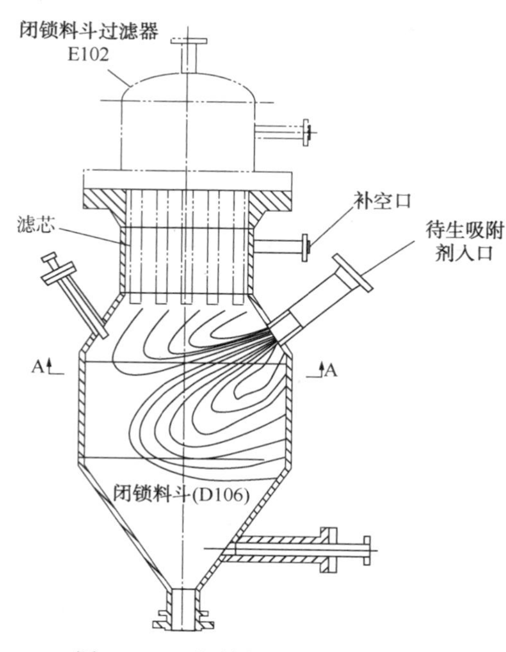

图 1-3-7 闭锁料斗收料示意图

设闭锁料斗体积 V 为 $1m^3$，转剂线直径 D 为 $DN100$，D105 至 D106 长度 L 为 4.8m，吸附剂密度 ρ 为 $1000kg/m^3$，D105 与闭锁料斗压差 P 为 0.15MPa，管道粗糙率 n 取 0.0001m，重力加速度 9.8N/kg。

管道比阻计算公式：

$$s=\frac{10.3n^2}{D^{5.33}}=\frac{10.3\times0.0001^2}{0.1^{5.33}}=0.022 \tag{3-1}$$

管道流量计算公式：

$$Q=\sqrt[2]{\left(\frac{P}{\rho gsL}\right)}=\sqrt[2]{\left(\frac{0.15}{1000\times9.8\times0.022\times4.8}\right)}=0.012\text{m}^3/\text{s} \tag{3-2}$$

管道体积计算公式：

$$V_{管}=\frac{\pi D^2}{4}\times L=\frac{3.14\times0.1^2}{4}\times4.8=0.04\text{m}^3 \tag{3-3}$$

当闭锁料位从指定料位到 XV2401 阀完全关闭时间大约 10s，此时闭锁料斗收料体积公式为：

$$V_t=Qt=0.012\times10=0.12\text{m}^3 \tag{3-4}$$

当闭锁料斗料位达到指定料位完全停止收料时，增加的体积为：

$$V_{增}=V_t+V_{管}=0.12+0.04=0.16\text{m}^3 \tag{3-5}$$

增加的料位占闭锁料斗的体积百分数为：

$$\frac{V_{增}}{V}\times100=\frac{0.16}{1}\times100=16\% \tag{3-6}$$

由表 1-3-4 可以看出闭锁料斗料位达到指定料位时到完全停止收料时的时间越长，料斗收料越多。

表 1-3-4　料位达到指定料位时到完全停止收料时间与料位增加的关系

当差压为 0.15MPa 不变时						
时间 t/s	10	11	12	13	14	15
收料体积 V_t/m^3	0.12	0.13	0.14	0.16	0.17	0.18
增加体积 $V_{增}$/m^3	0.16	0.17	0.18	0.19	0.21	0.22
料位增加占比/%	15.8	17.0	18.2	19.4	20.6	21.8

料斗达到指定料位后仍能增加 16%，当收料料位设定为 90%时，实际料位为：

$$90\%+16\%=106\%>100\%$$

2.4　收料差压过大

管道流速与差压的计算公式为：

$$v=\frac{Q}{S_{面}}=\frac{4Q}{\pi D^2}=\frac{4\sqrt[2]{\left(\frac{P}{\rho gSL}\right)}}{\pi D^2}=\frac{4\sqrt[2]{\left(\frac{0.15}{1000\times9.8\times0.022\times4.8}\right)}}{3.14\times0.1^2}=1.53\text{m/s}$$

根据流速与差压的计算公式推导流速与差压的关系(见表 1-3-5)，由表 1-3-5 可以看出，反应器接收器向闭锁料斗装料时，压差控制越大线速越高，吸附剂对过滤器滤芯产生冲击越大，因此收料差压越大对滤芯产生冲击力越大。

表 1-3-5 管道差压与流速的关系

差压 P/MPa	0.10	0.15	0.20	0.25	0.30	0.35
流速 v/(m/s)	1.25	1.53	1.77	1.98	2.17	2.34

2.5 调压幅度过大

调压幅度过大导致差压波动过大，同样对滤芯产生冲击。

3. 处理措施

3.1 加强滤芯固定方式

对滤芯固定方式进行加强，滤芯底部增加定位销，在滤芯的末端增加限位保护器，将限位器通过支架和托盘固定在管壁上，将 13 根滤芯固定到一个花板上（如图 1-3-8 所示），减少滤芯振动幅度，对锥螺纹部位进行改造，增加锁紧装置，同时将滤芯与管板连接处采取点焊的方式增加阻力减缓滤芯旋转脱落。

图 1-3-8 闭锁料斗滤芯限位器

3.2 闭锁料斗程序频繁反吹

LMS 系统升级，增加第 8.0 步序 ME102 反吹频率选择功能，根据需要选择 ME102 的反吹频次，ME102 反吹由每次循环都进行调整为可选择的 1~6 个循环反吹一次，滤芯冲击频率=料斗反吹 1 次/料斗循环次数（见表 1-3-6）。由此推断出，减少闭锁料斗反吹时对滤芯冲击而造成泄漏。

表 1-3-6 料斗反吹 1 次/料斗循环次数与滤芯冲击频率的关系

料斗循环次数	1	2	3	4	5	6
滤芯冲击频率/%	100	83.30	66.70	50	33.30	16.70

3.3　闭锁料斗填充料位高

因为料斗达到收料料位后仍会增加 16%左右的料位，所以闭锁料斗实际收料料位应控制在 100%-16%=84%以下，增加差压波动影响，控制闭锁料斗收料料位设定值<80%。如果 XV2401 阀开关时间超过 10s，或者收料差压设定值>0.15MPa，闭锁料斗收料料位设定值要进一步降低。手动收料时，需增加 10s 左右人员调整和操作反应时间，以及手动调整差压值增加，控制料斗收料<50%；如果操作人员对料斗操作系统不熟练掌握，手动收料时建议控制料斗收料料位<30%，并尽快恢复闭锁料斗程序自动运行。

3.4　收料差压过大

因为收料差压越大对滤芯产生冲击力越大，所以向闭锁料斗装料时，在满足闭锁料斗正常收料的前提下，尽可能低的差压有利于减缓滤芯振动导致松动。

3.5　调压幅度过大

调压幅度过大导致差压波动过大，因此，降低调压幅度有利于减缓滤芯振动导致松动。

4. 共识

① 对滤芯固定方式进行加强，滤芯底部增加定位销，在滤芯的末端增加限位保护器，将限位器通过支架和托盘固定在管壁上，将 13 根滤芯固定到一个花板上，减少滤芯振动幅度。

② 对锥螺纹部位进行改造，增加锁紧装置，同时将滤芯与管板连接处采取点焊的方式增加阻力减缓滤芯旋转脱落。

③ 对闭锁料斗程序进行改造，不再每次循环的第八步都进行反吹，而是根据实际情况，选择每隔 1~6 次循环反吹一次过滤器，可以有效降低反吹对滤芯的冲击频率。

④ 严格控制闭锁料斗过滤器的压差不能超标，关注过滤器的反吹效果，要合理调整闭锁料斗填充的料位参数和时间参数，避免闭锁料斗填充过量；关注程控阀门的回讯时间，及时调整闭锁料斗相关参数，不能无限制放宽回讯时间设定值，确保闭锁料斗可靠的填充料位。

⑤ 当工况异常手动操作闭锁料斗时，需要严格控制闭锁料斗收料料位设定值<50%。

案例三　闭锁料斗管道过滤器滤芯故障分析

引言： S Zorb 装置是用于催化汽油吸附脱硫的重要装置，是用来生产低硫汽油的环保装置，其平稳运行为供应低硫汽油提供有效保障。在 S Zorb 装置运行过程中，反应器顶过滤器、闭锁料斗、原料换热器等设备运行均存在一定问题，影响了装置的平稳运行与安全生产，需要针对此类问题进行详细分析并制定相应对策，确保 S Zorb 装置的“安稳长满优”运行。

摘要：S Zorb 装置闭锁料斗用管道过滤器(位号：SP-024、SP-025)与滤芯(D106-AF、D107-AF、D109-AF)分别用于闭锁料斗锥体通气与循环氢气、流化氮气管线上。各S Zorb 装置多次发生通气盘滤芯、管道通气滤芯磨损、断裂的情况，导致闭锁料斗中吸附剂反窜，氮气过滤器ME115 压差升高、管道过滤器通气环管嘴冲刷穿孔泄漏、闭锁料斗运行异常等事故。

关键词：S Zorb　闭锁料斗　管道过滤器

1. 背景介绍

某单位S Zorb 装置 D106 热氮气流量持续几日异常波动，拆开闭锁料斗入口过滤器ME115 检查，发现 ME115 后管线存在大量吸附剂，判断闭锁料斗锥底法兰通气盘滤芯故障。进一步拆开检查 D106 锥底法兰，发现通气盘滤芯出现磨损开裂现象，导致闭锁料斗中吸附剂反窜，如图 1-3-9 所示。D106 通气盘三路滤芯套管焊接处存在不同程度弯曲、焊缝开裂漏剂的情况。

图 1-3-9　闭锁料斗通气滤芯损坏情况

某单位S Zorb 装置内操发现闭锁料斗 8.0 步骤、4.1 步骤充压困难，间断出现无法达到程序设定值的现象。6 月 16 日，陆续出现闭锁料斗置换氮气流量控制阀 FIC2432 开大后氮气量提升困难，达不到程序设定流量的现象，同时闭锁料斗 4.1 步出现充压达不到程序设定值现象，闭锁料斗长时间等待。通过调取 6 月 15—16 日闭锁料斗氮气过滤器 ME115 的压差(PDI2409)历史趋势发现：15 日 16：30 左右，过滤器压差波动幅度明显增加，晃动幅度由原来的 0~5kPa 增大到-0.5~26kPa。此外，关死 ME115 下游阀门，从放空处引闭锁料斗气体倒放，发现有少量吸附剂放出，初步判断为通气盘滤芯磨穿，吸附剂倒入 ME115 滤芯内部，导致压差波动剧烈，同时堵塞氮气流通，导致氮气流量下降。现场拆检后发现ME115 滤芯与通气盘滤芯均损坏，如图 1-3-10 所示。

图 1-3-10　ME115 滤芯和通气盘滤芯损坏情况

某单位 S Zorb 装置班组内操发现 ME115 差压迅速升高至满量程，热氮流量 FI22432 较正常值有所下降(阀门开度 100%，流量仅为 $60Nm^3/h$；正常 50% 开度，流量 $100Nm^3/h$)。现场排查打开 ME115 底部放空，有气无吸附剂，出口放空有吸附剂；拆解后路松动环吹扫线，管线存有大量吸附剂。初步判断，D106 通气盘滤芯破损，吸附剂倒窜至 ME115，使得 ME115 至 D106 通气盘滤芯管线堵塞，造成热氮流量 FI22432 大幅降低。根据生产情况，车间于 11 月 30 日预制 D106 通气滤芯组件，并进行施工现场搭设脚手架、拆除保温、切割平台确认倒链挂点等准备工作；12 月 2 日上午停闭锁料斗，拆卸通气滤芯后检查发现三个通气滤芯金属烧结与 304 本体连接处焊缝均存在裂纹，西南侧通气滤芯端盖存在冲蚀穿孔，如图 1-3-11 所示。

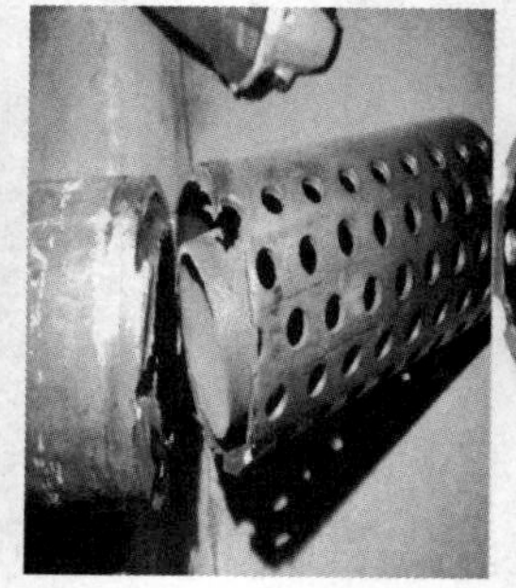

图 1-3-11　闭锁料斗通气滤芯裂纹、断裂情况

某装置闭锁料斗 XV2413 程控阀阀前通气环管嘴(DN15)减薄穿孔泄漏，含氢高温吸附剂喷出，当班紧急停闭锁料斗，泄压，关闭各路程控阀流程手动阀门，切断流程，氮气置换。采用现场蒸汽掩护泄漏部位。现场发现泄漏时，立刻通知消防队到现场协助，如图 1-3-12所示。闭锁料斗现氮气置换合格，交保运单位处理。装置维持生产，再生保温。

泄漏导致 XV2407 阀回讯器支架熔化、风管减压阀熔化、气缸不动作、线缆烧损；LI2401 接收器部分线缆烧损。对 XV2407 进行更换；LI2401 接收器部分线缆更换。22：50，再生器点火，装置恢复到正常生产。

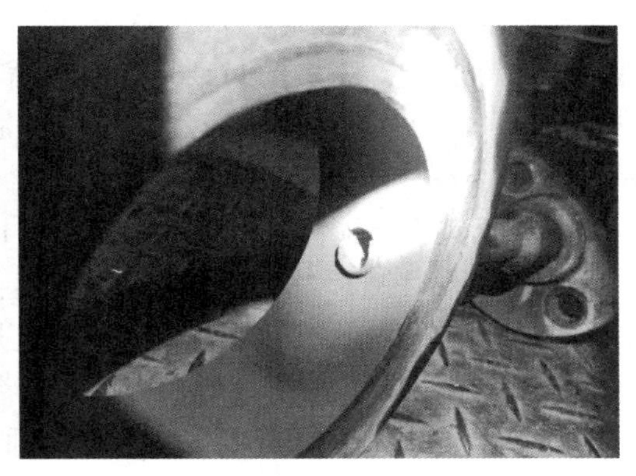

图 1-3-12 XV2413 阀前通气滤芯(SP024)损坏情况

2. 原因分析

闭锁料斗锥体通气滤芯安装方式如图 1-3-13 所示。闭锁料斗为疲劳压力容器，气体从通气滤芯处间断性充入闭锁料斗，滤芯外部无保护罩，闭锁料斗装卸剂时直接冲击通气滤芯，滤芯在闭锁料斗 D106 周期性压力变化(0.1~3.0MPa)及设备振动作用下受吸附剂不断冲刷，且若滤芯处线速过低可能导致吸附剂堆积在滤芯上部，对滤芯产生一个向下的剪切力，使得焊缝等薄弱部位易产生断裂、脱落；通气滤芯受气流和吸附剂影响长时间摆动，也可能造成根部疲劳断裂。

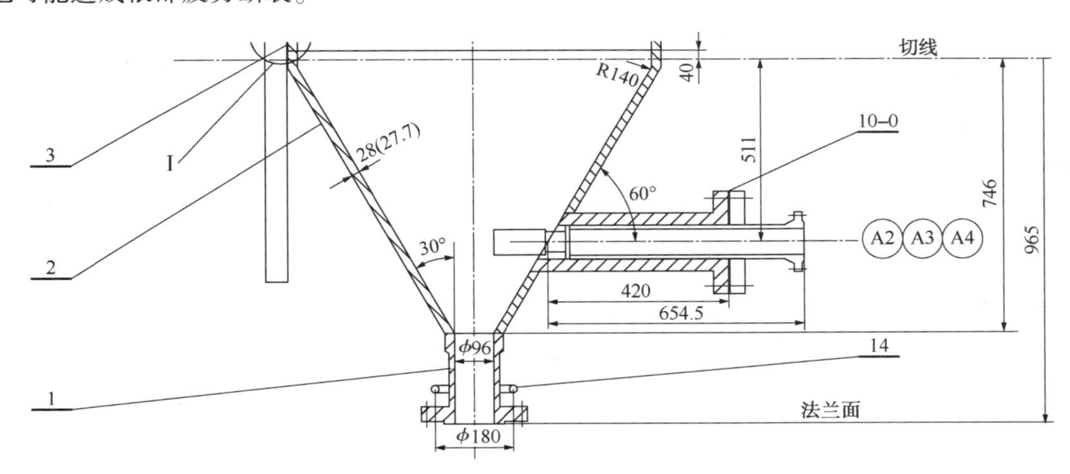

图 1-3-13 闭锁料斗锥体通气滤芯安装示意图

闭锁料斗锥体通气滤芯处线速对滤芯的影响：根据图 1-3-13 所示闭锁料斗锥体处参数进行计算：闭锁料斗锥体角度为 60°，通气盘滤芯距锥体底部距离为 235mm。

可计算通气盘滤芯处锥体直径为：$235\text{mm}\times\tan30\times2+96\text{mm}=910\text{mm}=0.91\text{m}$

可计算通气盘滤芯处锥体面积为：$3.14\times(0.91/2)^2=0.65\text{m}^2$

4.1 步氮气调压时，以 565kPa 的氮气将闭锁料斗充压至 240kPa，需消耗氮气 $240\text{Nm}^3/\text{h}$，按 4.1 步 55s 计算，氮气流量为 $240\text{Nm}^3/55\text{s}=4.36\text{Nm}^3/\text{s}$，换算为 $101\times4.36\times(273+190)/(273\times240)=3.11\text{m}^3/\text{s}$，此时滤芯处吸附剂冲刷线速为 $3.11\text{m}^3/\text{s}/0.65\text{m}^2=4.8\text{m/s}$。

8.0 步循环氢气充压时，以 2565kPa 的循环氢气将闭锁料斗充压至 2700kPa，需消耗循环氢气约 $2700Nm^3$，按 8.0 步 120s 计算，循环氢气流量为 $2700Nm^3/120s=22.5Nm^3/s$，换算为 $101\times22.5\times(273+70)/(273\times2700)=1.06m^3/s$，此时滤芯处吸附剂冲刷线速为 $1.06m^3/s/0.65m^2=1.6m/s$。

同理可计算出闭锁料斗每周期运行时 4.1 步与 8.0 步时充压时间与通气盘滤芯处气体线速，对应关系见表 1-3-7 及表 1-3-8。

由表 1-3-7、表 1-3-8 可以看出，4.1 步与 8.0 步充压时间越短，滤芯处吸附剂线速越高，时间越长，滤芯处吸附剂线速越低。若充压时间过短，滤芯处吸附剂线速过高，可能会加剧对滤芯的冲刷磨损损坏；若充压时间过长，可能导致滤芯处吸附剂局部线速过低或死床，吸附剂堆积在滤芯上，导致焊缝等薄弱部位易发生断裂。

表 1-3-7　4.1 步氮气充压时间与通气盘滤芯处气体线速关系表

时间/s	30	60	90	120	150	180	240
线速/(m/s)	8.78	4.39	2.93	2.2	1.76	1.46	1.1

表 1-3-8　8.0 步氢气充压时间与通气盘滤芯处气体线速关系表

时间/s	30	60	90	120	150	180	240
线速/(m/s)	6.51	3.25	2.17	1.63	1.3	1.08	0.81

安装质量问题：闭锁料斗通气滤芯焊接在通气管上，焊接可能存在缺陷导致滤芯断裂；通气滤芯保护罩底部加强筋与滤筒点焊连接，未使用满焊，在长时间使用过程中厚筋条可能从焊口处脱开；管道过滤器(SP024、SP025)若安装不规范，头部滤芯插入吸附剂管线内长度过长，会导致松动管滤芯被吸附剂冲刷掉，管嘴失去滤芯保护，吸附剂倒窜到管嘴处，长时间被吸附剂和高速气流冲击造成冲刷减薄，最后导致泄漏。

3. 处理措施

调整反应及再生系统操作，压低精制汽油硫含量后停运闭锁料斗。将闭锁料斗隔离置换合格后，拆修通气盘滤芯、ME115 滤芯检查并修复后回装，恢复装置正常操作。

4. 达成共识

① 建议对通气滤芯结构加以改造，在滤芯外加装防护网如图 1-3-14 所示。回装通气滤芯时，应确认滤芯防护网有洞的一面朝下，防止闭锁料斗装吸附剂时对滤芯产生冲击，导致滤芯根部疲劳断裂。

② 建议滤芯保护罩底部筋条满焊，并增加筋条数量，防止脱焊造成滤芯振动。在滤芯选型时，要确认滤芯的通气能力、过滤精度、结构强度达到设计要求。

③ 建议每半个月对闭锁料斗通气滤芯进行通气能力检查，方法是在 5.0 步停下闭锁料斗，将顶部出口改去放空，用热氮气进行通气试验，若最大氮气量达到 $120Nm^3/h$ 以上，则为通气正常。

④ 在 LMS 系统增加 ME115 滤芯压差报警，提醒操作人员对 ME115 和通气滤芯是否故障进行检查。

图 1-3-14 通气滤芯增加防护网

案例四 S Zorb 装置闭锁料斗程控阀门的故障分析和处理

摘要： 简要介绍汽油吸附脱硫(S Zorb)技术原理及闭锁料斗的作用，工艺对程控阀门的要求等。闭锁料斗程控耐磨球阀故障频繁已成为 S Zorb 装置生产的共性问题，其使用工况苛刻，设计要求较高。本文介绍了该类球阀的结构特征，分析了装置运行中球阀故障的原因。球阀在关闭时因背压存在，工艺介质又是粉末状、硬度较高的吸附剂，容易导致阀内件因磨损而出现内漏问题，故障率一直居高不下，满足不了生产的要求，对装置的正常生产造成较大的影响。本文分别从安装、操作及设备管理等方面提出延长球阀使用寿命的方法，提出了安装方向的判别原则，减少输送介质带液的手段，开工时的注意事项等，取得了良好的效果，确保装置的长周期运行。

关键词： S Zorb 吸附脱硫技术　闭锁料斗　程控耐磨球阀

1. 背景介绍

S Zorb 是中国石化专利技术，主要用于催化汽油的吸附脱硫，与传统加氢脱硫技术相比能以较低的辛烷值损耗生产出 10mg/kg 以下的低硫汽油。闭锁料斗是 S Zorb 装置的核心，是反应系统和再生系统连接的“中转站”，吸附剂通过闭锁料斗输送到反应器中，反应后的吸附剂再通过闭锁料斗回到再生器中。在整个运行过程中，反应器为高温、高压、临氢环境，再生器为低压含氧环境，闭锁料斗的主要作用是严格实现氢氧环境隔离和进行吸附剂的输送。

S Zorb 装置共使用57 只程序控制球阀，其中闭锁料斗程序控制球阀31 只，均为两位式切断球阀。操作介质有高温油气、氢气、氮气及富含吸附剂颗粒(粒度为0~150μm)，操作工况具有阀门前后压差大和开关频繁(20~30min 开关一次)等特点。基于以上特点，要求上述球阀耐磨、耐冲蚀，开关迅速并且切断能力高，隔绝防泄漏能力强，因此，设计要求达最高的Ⅵ级密封标准(球阀的密封等级是根据其密封性能和可靠性来分类的，Ⅵ级密封是一种最高级别的密封等级，其最大允许漏率为 ANSI B16. 104 标准规定的 0. 0005%阀座流量。这种密封等级适用于一些对泄漏要求极为严格的场合，需要保证阀门的漏率尽可能的低)。

2. 程控球阀特点及结构

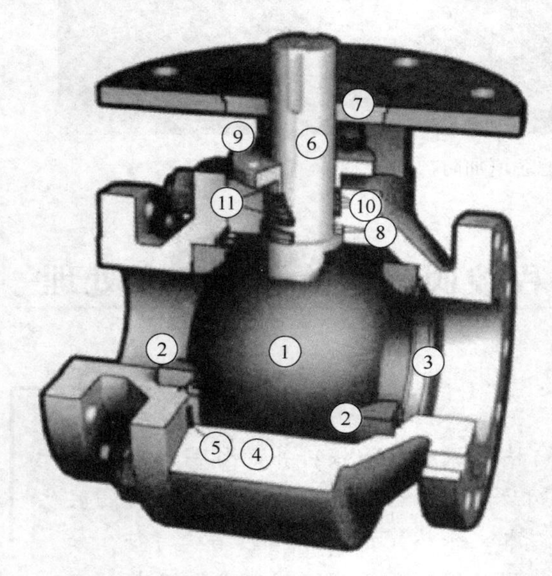

图 1-3-15　气动执行机构和本体球阀
1—阀球；2—阀座；3—碟簧；4—阀体；5—阀体垫圈；6—阀杆；7—阀杆衬套；8—内部阀杆密封；9—填料压盖法兰；10—阀杆填料；11—反挤压环

当前，S Zorb 装置耐磨球阀已部分实现国产化，对于工况苛刻的吸附剂输送线上的球阀绝大多数仍使用进口 Mogas 公司的 C 系列耐磨球阀，每台由气动执行机构和本体球阀组成(如图 1-3-15 所示)。其特点为采用双阀座浮动球设计，全金属双向密封。阀体为全锻造阀体，材质有 A182-F316 和 A182-F22 两种，前者耐 815℃高温，后者可承受 593℃工况。球体、阀座机体材料为 410SS，表面采用镀铬，超音速喷涂金属粒子表面处理工艺，经过处理后的球体及阀座表面硬度能达到 45~65HRC，如图 1-3-16 所示。球体与阀座全部以手工配对研磨保证其密封等级达到Ⅵ级。此外，采用超大球体设计，可得到较宽密封面，防止很小的刮擦造成的泄漏，并可防止意外超行程转动造成的泄漏。阀座锋利边缘可对球体产生自刮擦和自清洁作用，防止微粒进入密封面而使密封面破坏，造成泄漏。弹簧结构采用碟形，有效防止固体颗粒堆积。填料由 3 个模压成型的三明治式的组合纯石墨环和 2 个填充有缠绕丝的石墨抗挤压环两部分组成，密封泄漏量小于 500ug/g。阀杆设计有轴肩，为防飞出压力密封阀杆，压力越大密封越紧。

3. 程控球阀使用工况

3. 1　程控阀门所通过的介质

S Zorb 采用特殊的吸附剂。外观上看吸附剂为灰绿色粉末。吸附剂载体为氧化锌、硅石和氧化铝混合物，含有钴、镍、铜等成分。吸附剂直径约 65μm，密度为 1. 001g/cm^3。吸附剂中还含有水、SO_2、汽油等成分，过程具有化学腐蚀和机械磨蚀。

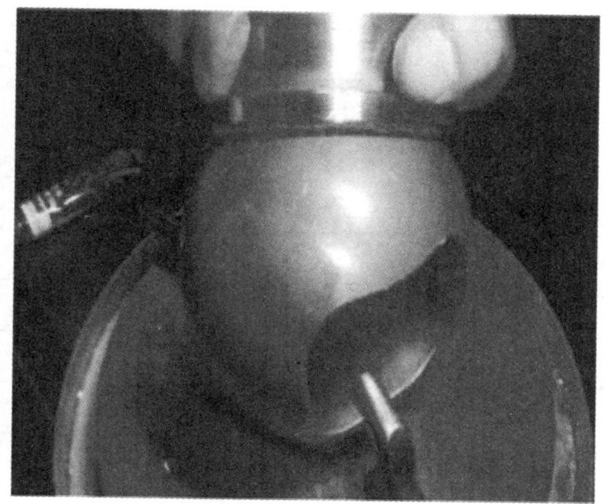

图 1-3-16 超音速氧化火焰喷涂碳化铬处理现场

3.2 程控阀门开关频率

阀门开关频率大约为 20min/次。

3.3 程控阀门使用要求

① 密封性能好，可经常进行周期频繁动作且保持不泄漏(要求泄漏等级Ⅵ)。

② 要求快速动作，从“全通→全关”或“全关→全通”的动作时间分别为大阀(*DN*80)7~8s，小阀(*DN*25)4~5s。并确保阀门动作到位。

③ 具备单向耐压性和抗高速气流冲刷性能。

④ 闭锁料斗工作温度大于 220℃，需要阀门采用硬密封。

⑤ 阀门开关频繁，阀座和球体表面最容易受到冲刷和磨蚀。根据用户单位使用经验，球体和阀座密封表面硬度达到 HRC63-65，同时还应保证硬化层应有一定的厚度(0.38mm)且不能脱落。

4. 程控阀门故障现象

随着装置运行时间增长，程控球阀开始陆续出现故障，主要表现在：阀门内漏、阀门动作慢、填料泄漏。事实证明表 1-3-9 和表 1-3-10 中的程控阀是内漏最频繁、日常维护量最大的程控球阀。通过下线修理，发现造成内漏的原因基本上都是因为阀座、阀球磨损严重。

表 1-3-9 能直接接触到吸附剂的程控阀

序号	位号	作用
1	XV-01、XV-02、XV-03	反应进料线上的填剂阀
2	XV-08、XV-09、XV-10	再生进料线上的填剂阀
3	XV-05、XV-06	再生卸料线上的卸剂阀
4	XV-13、XV-14	反应卸料线上的卸剂阀

表 1-3-10　能间接接触到吸附剂的程控阀

序号	位号	作用
1	XV-04	反应进料线向火炬泄压阀
2	XV-07	再生卸料线向火炬泄压阀
3	XV-12	再生进料线向火炬泄压阀
4	XV-15	反应卸料线向火炬泄压阀
5	XV-16、XV-17	闭锁料斗放空阀
6	XV-18	闭锁料斗向火炬泄压阀
7	XV-19	闭锁料斗向管网泄压阀
8	XV-23	循环氢吹扫线向火炬泄压阀
9	XV-26	N_2吹扫线向火炬泄压阀

浮动球阀在预紧力和流体压力的作用下，碟簧把阀球推入下游的锁定阀座，从而使球体与阀座紧密贴合。浮动球阀的密封效果取决于碟簧在流体压力和预紧力的作用下，能够补偿球体不圆度和微观不平度的程度。因此，碟簧与阀座之间必须有足够大的密封比压 q_e，且必须保证：

$$q_e<q<q'$$

式中　q_e——保证阀门密封的必需比压，MPa；

q——阀门工作时的实际比压，MPa；

q'——阀座材料的允许比压，MPa。

合理选择 q'是设计中一个至关重要的问题。此值对摩擦损伤或使用寿命产生极大的影响。当然摩擦副的材料、配对及吻合程度等对使用寿命也有很大影响，但在相同条件下，比压对寿命是个直接的影响因素。摩擦磨损机理中的“分子-机械”论认为：在单位压力作用下，密封副局部将产生高的接触应力，随着单位压力的升高，接触表面处于弹性、塑性变形的混合状态，且表面互相啮合，在相对滑动时，则产生摩擦破坏。

由此可见，在一定的密封面宽度范围内，力求降低比压值，是提高球阀使用寿命的一种可行途径。根据力平衡关系，得出：

$$q=\frac{N}{S} \tag{3-7}$$

式中　N——球体对阀座密封面的法向力，N；

S——阀座与球体接触的球形环带面积，mm^2，$S=2\pi R(L_1-L_2)$。

$$N=\frac{Q}{\cos\phi} \tag{3-8}$$

式中　Q——作用于阀座密封面上的沿流体流动方向上的合力(简称密封力)；它包括流体压力在阀座上引起的作用力、阀座预紧力和阀座滑动摩擦力，N；

ϕ——密封面法向与流道中心线的夹角。

$$\cos\phi=\frac{K}{R}=\frac{L_1+L_2}{2R} \tag{3-9}$$

$$L_1=\sqrt{\frac{4R^2-D_1^2}{4}} \tag{3-10}$$

$$L_2=\sqrt{\frac{4R^2-D_2^2}{4}} \tag{3-11}$$

式中 L_1、L_2——球体中心线至两端面的距离，mm；

D_1——阀座内径，mm；

D_2——阀座外径，mm；

R——球体半径，mm。

将上述关系代入公式(3-7)得：

$$q=\frac{4Q}{\pi(D_2^2-D_1^2)} \tag{3-12}$$

由于介质的渗透和毛细管等物理现象，介质将进入密封面之间，但不会从密封面外缘泄漏，在设计计算中取密封面的平均直径 D_m 作为介质中止的界限，在不考虑碟簧预紧力的情况下，将公式(3-12)改写为：

$$q=\frac{(D_2+D_1)^2P}{16(L_2^2-L_1^2)}=\frac{(D_2+D_1)P}{4(D_2-D_1)} \tag{3-13}$$

式中 P——介质工作压力，MPa。

以闭锁料斗 XV21 阀为例，公称压力为 11MPa，$D_1=20$mm，$D_2=23.7$mm，密封面 Z 轴中心距分别为 $L_1=23$mm，$L_2=26.2$mm。在本例中，根据：

$$q_e=\frac{3.5+P}{\sqrt{\frac{D_2-D_1}{10}}} \tag{3-14}$$

计算得必需比压 $q_e=23.7$MPa，而 $q'=80$MPa（密封材料为碳化铬）。计算得出 $q=32.5$MPa，满足密封材料为碳化铬时的密封比压。

但实际过程中实际比压 q 不仅由公称压力决定，而且还受碟簧的工作状态影响。一般情况工艺压力变化是有规律的，不会发生太大变化，所以安装阀门时一定要注意程控球阀的 PE 端，则不会造成“单侧密封”失效。

虽然蝶簧与阀座、阀座与阀球紧密接触，但由于毛细现象而有吸附剂进入其间。日积月累吸附剂将会充斥碟簧与阀座间的空隙，造成碟簧失去弹性空间则无法压缩阀座，密封比压下降导致阀门内漏。

5. 安装与维护对策

5.1 确保球阀安装方向的正确

所有闭锁料斗程控球阀标有承压端，图纸以 PE 端作为标记，承压端与非承压端区别在于承压端有碟簧，对于图纸未标记承压端的安装方向同样重要。而球阀的安装方向不一定与介质流动方向一致，也不能仅以两端压力高低做判断，而应考虑阀两端介质，以吸附剂进入阀球和阀座密封面的可能性最小加以综合考虑。具体原则为，当球阀两端介质不同时，以含吸附剂颗粒介质端为承压端，降低吸附剂颗粒进入球阀密封面的机会。当球阀两端介质一致时，则按压力高的一端为承压端，两端压力变化则以球阀关闭时压力较高、相对时间较长者为承压端。按上述原则，总结以下四项具体安装措施。

① 与容器设备相连的所有进出管线中，距容器最近的一道球阀承压端在靠容器一侧。容器设备包括反应器、各种储罐和过滤器。

② 若两容器间有多道球阀，则比较两容器正常操作情况下哪道压力高，器壁球阀除外，其余球阀承压端均在容器压力较高一侧(如果两容器压差时正时负，以大多数时间压力较高者判定为承压端)。

③ 若原则②中两道球阀之间有放火炬线、放空线，或去过滤器间接泄压，则靠近放火炬或放空一侧均为非 PE 端。

④ 若公用介质如氮气、氢气、风等接入管线作为输送、松动、反吹或充压用途的，公用介质来向一侧均为非承压端。

5.2　降低循环吸附剂带烃量

1.2 步闭锁料斗装剂夹带烃类较多，烃类和吸附剂在球阀表面凝结，摩擦密封面导致阀门内漏。为降低吸附剂带烃量，需要在两个方面做好操作优化，一是需要待生吸附剂油气在 D105 得到充足时间气提，二是保证闭锁料斗程序 3.0 步吹烃效果。

反应器接收器操作优化：

(1) 反应器接收器料位

日常操作中，要求吸附剂从反应器淹流到被热氢气流化的反应器接收器中，提高吸附剂在器内的停留时间(需确保吸附剂在 D105 内停留时间在 20min 以上)，强化吸附剂表面的烃类气提效果。日常操作，保证 D105 满罐操作。

(2) 反应器接收器温度

反应器接收器温度受来自反应器的热吸附剂、用于流化和气提的热氢气影响。正常横管收料操作时其温度在 400~420℃。

(3) 反应器接收器气提气量

根据 D105 吸附剂床型为固定床，以 1.5Mt/a 装置为例，D105 内气提氢气线速按 0.01~0.045m/s 控制，经计算对应气提氢气量应控制在 150~675Nm^3/h 即可。为避免管道磨损，控制脱气线内气提氢气线速不大于 3m/s，根据该线速可计算出气提氢气流量最大不宜超过 900Nm^3/h，两个条件均需满足，因此控制 D105 气提氢气量在 675Nm^3/h 以下。

闭锁料斗 3.0 步优化：EH103 出口热氮气温度≥200℃；3.0 步必须满足 350s 以上；热氮气量保证 150Nm^3/h。

5.3　新阀门安装检查到位

新阀安装问题造成程控球阀故障的，一般 3 个月左右便可暴露。新安装的程控阀要检查阀球和阀座相对位置对中("T"型要对中)，保证密封重合面面积满足要求。

5.4 保证阀门维修质量

由于闭锁料斗是运行在氢氧绝对隔离的环境，对阀门的紧密关闭要求很高，在阀门返厂维修时，维修商不能完全掌握阀门球体和阀座之间的间隙，特别是一味地追求阀门的泄漏等级，使得球体和阀座之间过于紧密，造成阀门上线后动作不畅，甚至不动作。特别是阀门用在450℃的高温下，金属的膨胀都会造成阀体和球体之间摩擦过大而不能快速开关。闭锁料斗的程序是顺控任何一台阀门开关不到位，或者动作超时，闭锁料斗都要停止。解决阀门球体和阀座间隙过于紧密的办法是精确地掌握阀座和球体之间的间隙，同时还要考虑金属的高温膨胀问题。

解决方案：①升温打压。对维修过的阀门进行升温，升温至实际生产时的温度，然后对阀座紧固，即可避免金属热膨胀后的一系列问题；②增加扭力矩测试。升温后，每两分钟动作一次，动作720次后，进行热态扭力矩测试，紧固阀座；等自然降温后再次进行扭力矩测试，检验是否合格。

5.5 对原阀门弹簧端加动力风助关，缩短阀门动作时间

利用ASCO8327B102电磁阀、SMC两位五通气控阀对弹簧乏力的汽缸改造为双缸单作用。这种连接方式，在不影响阀门故障模式的前提下，大大地加快了阀门的动作速度，减少了气缸推动力不足造成的闭锁料斗停止，延缓了气缸弹簧的疲劳，延长阀门使用时间。

6. 程控阀的预防性维修

随着闭锁料斗运行时间的增加，程控阀会出现阀门动作卡涩、阀门开关时间超时、回讯器故障、阀门内漏等问题。为了及时发现问题，减少闭锁料斗系统停运次数，提前预判程控阀的故障，运行部成立以岗位操作人员、仪表维修人员、电修人员相结合的特护小组，采取日常巡检和定期维护相结合的预防性维护模式。

6.1 每日的检查项目

每日对程控阀外观检查，程控阀有无杂音、盘根有无外漏、风线有无泄漏、冬季电伴热和蒸汽伴热是否运行正常、保温是否破损和各信号电缆密封性等进行检查，发现问题及时处理。

6.2 每周的检查项目

每周对所有程控阀门开关时间进行检查，当发现程控阀开关时间增加时，对开关时间增加的阀门重点关注，组织特护小组对开关时间增加的原因进行分析，并对发现的问题进行消除。当存在的问题无法在线消除时，加强对阀门的监控，并做好更换阀门准备；当阀门运行状态持续变差时，需立即对阀门进行更换。

6.3 每个月的检查项目

检查程控阀的减压阀、电磁阀、风压表和消音器等阀门附件完好性，确保程控阀气路畅通，发现问题立即处理，并做好记录。保持良好的气路环境，能保证程控阀驱动力的稳定，有助于对程控阀开关时间变化的分析。

检查回讯器密封性，发现防水出现问题及时整改，并针对问题整改过程做好记录，回讯器进水，会导致回讯器内的电子元件损坏，同时在回讯器连杆上出现结垢现象，最终应

力增大连杆折断。

6.4　每半年的检查项目(需停闭锁料斗)

阀门内漏情况判断。合适时机停运闭锁料斗系统，对程控阀内漏情况逐个进行排查，对内漏较大程控阀，进行更换阀门。

6.5　每年的检查项目

每年对备用程控及配件情况进行检查，并根据年度程控阀故障记录，对故障进行分类统计，针对故障率高的配件和故障率高的阀门，提报更新计划，确保备品备件完好。

7. 共识

综上所述，程控阀在S Zorb装置中占据核心地位，发挥着关键作用，其运行情况和使用寿命直接影响装置正常生产。闭锁料斗程控阀在正常运行过程中，若出现阀门开关时间超时、卡涩、内漏等问题，会导致吸附剂循环中断，造成产品含硫量超标，影响装置产品质量，也影响装置长周期平稳运行，进而影响了经济效益。为了及时发现问题，减少闭锁料斗系统停运次数，提前预判程控阀的故障，运行部成立以岗位操作人员、仪表维修人员、电修人员相结合的特护小组，采取日常巡检和定期维护相结合的预防性维护模式，对程控阀进行日常维护和预防性维修，保证程控阀工作性能的稳定，稳定装置生产运行。

案例五　S Zorb装置闭锁料斗膨胀节故障

引言：S Zorb装置膨胀节出现吸附剂输送不畅、导流筒磨穿和过早疲劳失效等问题，主要原因是膨胀节结构不合理、吸附剂冲刷和膨胀节工作频率高，因而对膨胀节的安装、巡检及检修提出要求，并适当采取工程措施，进而有效地解决膨胀节存在的问题，提高使用寿命。

摘要：S Zorb装置闭锁料斗内有3个铰链型膨胀节和3个在线压力平衡型膨胀节，均布置在闭锁料斗料腿周围，膨胀节既要满足管线使用工况的要求，也应具有耐腐蚀及耐磨性能，因此对膨胀节的要求很高。在装置运行中，膨胀节存在吸附剂输送不畅、导流筒磨穿和过早疲劳失效等问题，会导致装置发生故障，膨胀节使用寿命短更换频繁，严重影响装置的安全运行。

关键词：膨胀节　疲劳失效　耐磨喷涂

1. 背景介绍

S Zorb装置闭锁料斗共有6件膨胀节，如图1-3-17所示，内部介质高温高压，含氢易燃，具有较大的泄漏风险。膨胀节清单见表1-3-11。

表 1-3-11 膨胀节清单

序号	所在管线号	安装位置	膨胀节编号	温度/℃	压力/MPa
1	C2301	D105 到 D106	XJ001	470	4.26
2	C2301	D105 到 D106	XJ002	470	4.26
3	C2301	D105 到 D106	XJ003	470	4.26
4	C2702	D110 到 ME102	XJ004	525	0.35
5	C2401	C-2402-D102	XJ005	470	4.26
6	C2402	D106 到 D107	XJ006	470	4.26

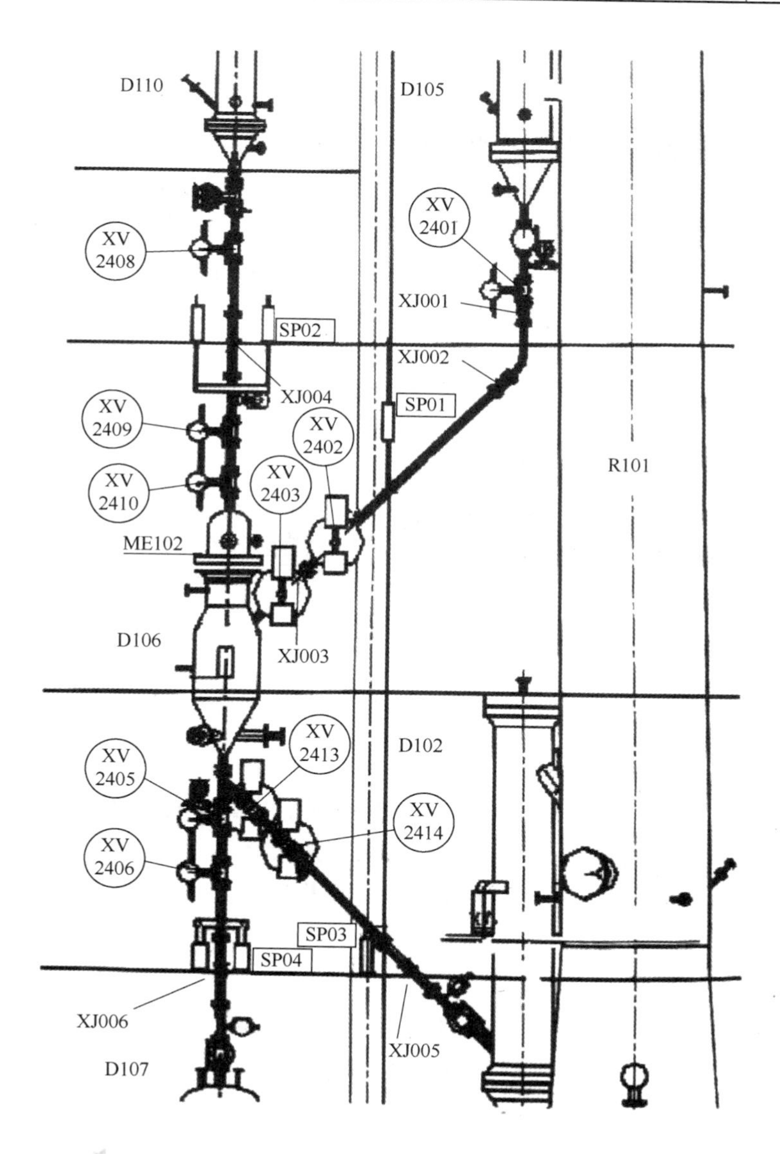

图 1-3-17 膨胀节安装位置示意

U-D105 底部至闭锁料斗管线(C2301)膨胀节，共有膨胀节 3 件，位号为 XJ001、XJ002、XJ003，设计温度为 470℃，设计压力为 4.26MPa，操作温度为 400℃，操作压力为 2.81MPa。

V-ME102 入口(C2702：D110 至 ME102)膨胀节，位号 XJ004，设计温度为 470℃，设计压力为 4.26MPa，操作温度为 174℃，操作压力为 0.174MPa。

W-D106 至 D102 管道(C2401)，膨胀节位号 XJ005，设计温度为 470℃，设计压力为 4.26MPa，操作温度为 271℃，操作压力为 2.89MPa。

X-D106 底部至闭锁 D107 管线(C2402)，膨胀节位号 XJ006，设计温度为 470℃，设计压力为 4.26MPa，操作温度为 271℃，操作压力为 2.89MPa。

2. 问题与原因分析

2.1　吸附剂输送不畅

吸附剂输送不畅的原因是膨胀节结构不合理。膨胀节原设计中，导流筒为缩径结构(如图 1-3-18 所示)，导流筒的内径会小于管道的内径，且缩径部位的一部分位于流道内。这种缩径结构产生的后果有：①因流通面积变小而影响介质流动，导致吸附剂输送不畅，延长闭锁料斗的收料时间；②导流筒缩径会造成吸附剂直接对缩径部位进行冲刷，加剧了导流筒的磨损，甚至磨穿、磨掉，存在重大安全隐患。

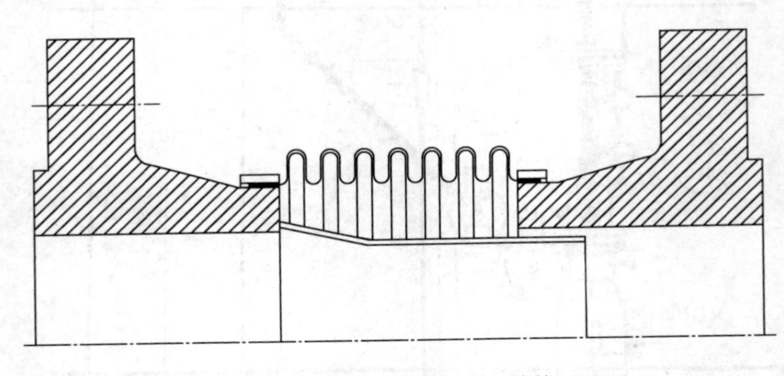

图 1-3-18　膨胀节缩径结构

2.2　导流筒磨穿

导流筒磨损是装置膨胀节的重要故障，原因是吸附剂冲刷造成导流筒磨穿(如图 1-3-19 所示)、磨掉(如图 1-3-20 所示)。一方面损坏的碎片会堵塞滑阀，导致吸附剂输送不畅，甚至中断；另一方面导流筒磨掉后，吸附剂会开始磨损膨胀节波纹管，波纹管一旦穿孔后，会造成大量流体外漏，高温氢气夹带吸附剂冲出，甚至发生着火事故。

2.3　膨胀节疲劳失效

膨胀节出现疲劳失效，使用寿命短，主要由于装置闭锁料斗送料管道为密相输送，且启闭频繁(每小时 2~3 周期)。波纹管允许的疲劳寿命次数不能满足该装置管线规定的使用循环次数，将会造成波纹管疲劳拉裂，介质外漏的危险。

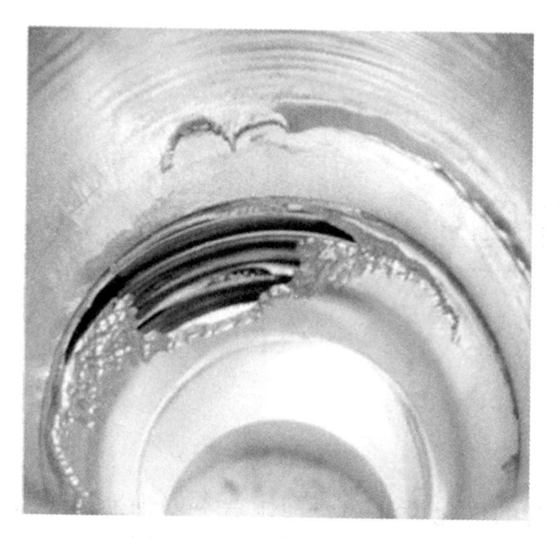

图 1-3-19 磨穿的导流筒

图 1-3-20 磨掉的导流筒

3. 处理措施

3.1 针对吸附剂循环不畅

对膨胀节结构进行优化改造，取消导流筒缩径段，由变径结构改为全通径直流式结构（如图 1-3-21 所示）。改进后，膨胀节导流筒内径与法兰内径一致，解决了吸附剂输送不畅的问题，减少了吸附剂对导流筒的直接冲刷。

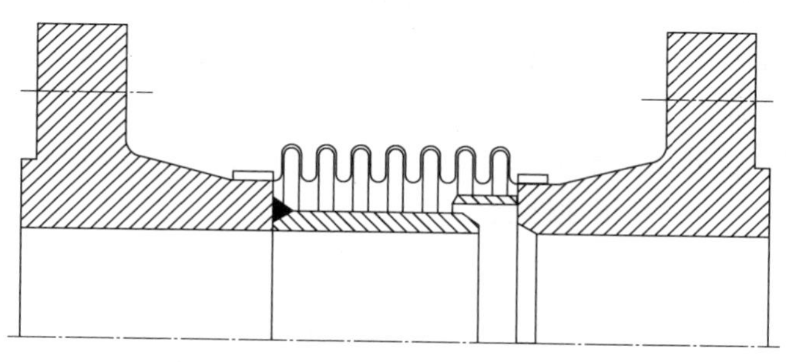

图 1-3-21 膨胀节全通径直流式结构

3.2 针对导流筒磨穿

因吸附剂的冲刷是不可避免的，只能在材料的制造工艺上改进，对膨胀节流道面做耐磨喷涂处理，增加膨胀节流道面的硬度和强度，才能够耐住吸附剂的冲刷磨损，杜绝导流筒磨穿。因涂层具有很好的抗擦伤性能和耐磨性能，弥补了膨胀节流道材料硬度和耐磨性的不足。

膨胀节的耐磨涂层不应局限于导流筒，而是所有能被吸附剂冲刷的零部件流道面，包含两端法兰、导流筒、筒节等（如图 1-3-22 所示）。并且法兰与导流筒、法兰与筒节应先组焊好，在对流道面做耐磨喷涂处理后参与膨胀节装配。其耐磨涂层已覆盖了膨胀节整个流道面，有效地解决了导流筒磨穿问题。

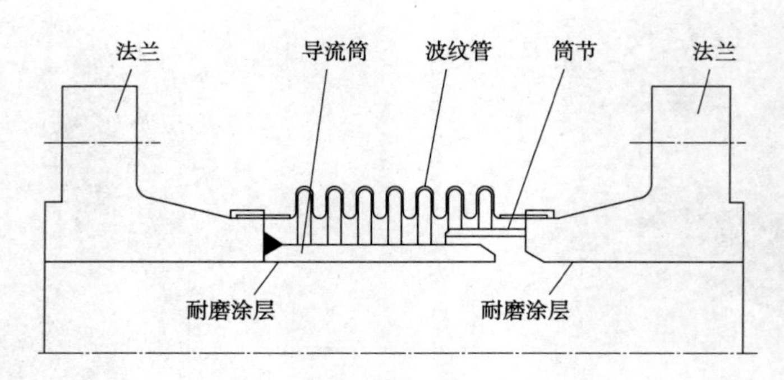

图 1-3-22　膨胀节耐磨涂层

3.3　解决膨胀节疲劳失效

解决膨胀节出现疲劳失效问题，可在波纹管的优化设计和合理制造上增加波纹管的允许疲劳次数并确保膨胀节的制造质量，以避免膨胀节过早被破坏，保证在规定的周期内能安全可靠地运行。具体内容有以下几点：

① 优化波纹管设计。在保证膨胀节设计要求的承压能力、补偿量和刚度的前提下，波纹管选用多层结构。多层结构的优点为挠性好，补偿变形能力强，可承受该装置较高能级的动载荷和相应的疲劳寿命要求。

② 对波纹管的成型实施质量控制。多层波纹管应采用液压一次成型，每层的套合间缝应不大于 0.5mm，且各层纵向焊缝位置应沿圆周方向均匀错开；对波纹管波高、波距、波纹长度的偏差应控制到最小；波纹管表面不允许有任何裂纹、焊接飞溅物及大于板厚下偏差的划痕和凹陷等缺陷。

③ 波纹管成型后应进行消除应力的固溶处理。固溶处理后的波纹管材料晶粒细化组织单一，可消除成型应力，提高耐蚀性能。

3.4　日常防范措施

膨胀节安装时应注意：①检查膨胀节的规格是否符合工艺要求；②检查膨胀节外观，波纹管等部位有无划痕；③检查限位杆是否完整牢固；④安装时要注意膨胀节方向，膨胀节的流向正确，导流筒沿介质流向；对于单式铰链式膨胀节，还要注意铰链的方向，保证铰链轴的方向和膨胀角变形的面垂直；⑤设备或管道投用前，将膨胀节的限位杆或板拆掉。

膨胀节日常巡检内容包括：①膨胀节在投用前要记录变形的尺寸或刻度；②日常巡检时检查膨胀节的变形位移情况，并做好记录；③检查膨胀节的完好性；④检查膨胀节是否泄漏。

膨胀节检修时检查项目：①膨胀节波纹管表面有无划痕、凹凸、腐蚀冲刷穿孔、开裂等现象；②波纹管波间距是否正常、有无失稳现象；③铰链型膨胀节的铰链、销轴有无变形、脱落等损坏现象；④拉杆式膨胀节的栏杆、螺栓、连接支座有无异常现象；⑤检查内衬套是否磨损；⑥必要时对波纹管焊缝做着色检查。

4. 共识

S Zorb 装置膨胀节运行中存在的问题有：膨胀节结构不合理、吸附剂冲刷和膨胀节工作频率高。通过对膨胀节结构的优化改造、流道面的耐磨喷涂处理、波纹管的优化设计和合理的制造等措施，基本可以满足管线使用工况和使用寿命的要求。并对膨胀节的安装、巡检及检修提出一定要求。

但是 S Zorb 装置工艺属高温交变情况，建议定期检修和更换膨胀节，以避免危险情况的发生。

第四章 ▶ 原料部分

案例一 S Zorb 装置产品汽油质量异常案例

引言：根据中国石油化工股份有限公司炼油事业部颁布的 GZGSH-A0203-32-099-2022-3 号《中国石化炼油企业质量管理办法》要求，贯彻落实“质量第一”的方针，提高炼油产品质量。对影响产品质量的关键过程或岗位，应根据需要建立关键过程控制点，应用数理统计等科学方法加强管理，使主要工艺参数和质量指标处于受控状态，保证炼油产品质量。

摘要：本文分别以 S Zorb 装置产品汽油带水浑浊、大量带氢异常为实例，介绍了稳定系统基本情况、异常原因分析、问题检查处置情况。通过原因分析，提出了稳定系统控制指标管理，加强产品汽油性质监控等措施，为提升 S Zorb 装置管理水平提供了思路，确保 S Zorb 产品汽油质量及下游罐区安全运行。

关键词：S Zorb　产品汽油　带水浑浊　溶解氢气

1. 背景介绍

1.1　稳定系统基本情况

稳定塔 C201 用于处理脱硫后的汽油产品使其稳定。稳定塔 C201 顶部的气体经稳定塔顶空冷器 A201、稳定塔顶水冷器 E202 冷却后进入稳定塔顶回流罐 D201。罐顶燃料气送至装置内燃料气系统，或送至上游催化装置回收轻烃组分，罐底液体回流至稳定塔 C201 顶部。塔底稳定的精制汽油产品经稳定塔底热媒水换热器 E206、汽油产品空冷器 A202、产品冷却器 E204 后直接送出装置，并且塔底设稳定塔底重沸器 E203，采用 1.0MPa 的蒸汽加热。

1.2　质量异常背景

S Zorb 装置产品汽油执行冬季蒸气压指标时，通常指标富裕度较大，存在优化调整空间，通过提高塔顶压力、降低塔底温度等措施在降低能耗的同时提高产品蒸气压以减少质量过剩情况。但在优化调整期间，遇到气温下降、处理量大幅调整等变化时，容易出现产品带水浑浊、产品汽油携带大量氢气等异常情况。

2. 原因分析

2.1 产品带水异常分析

2.1.1 水的来源

反应产物中水的来源主要为以下几类：

（1）催化稳定汽油中含有少量水，一般在 50~200mg/kg；

（2）反应器内吸附剂中氧化镍还原生成水；

（3）反应器内脱硫反应生成水；

（4）补充氢中含有少量水。

以 1.5Mt/a 规模 S Zorb 装置为例，反应产物水量计算见表 1-4-1。

表 1-4-1 反应产品水含量

反应条件	进料量/(t/h)	新氢进装置量/(m^3/h)	原料硫含量/(mg/kg)	吸附剂循环量/(kg/h)
	178	3000	600	1500
	原料水含量/(mg/kg)	新氢水含量/(mg/kg)		
	200	2000		
计算结果	原料带水/(kg/h)	新氢带水/(kg/h)	脱硫反应生成水/(kg/h)	还原反应生成水/(kg/h)
	35.6	0.54	59.57	69.32

2.1.2 稳定塔冷热进料带水量分析

根据表 1-4-1 中反应条件，计算 D104 中是否可能存在液态水进入稳定塔。

通过 D121 中液相 10t/h 轻烃、气相 10000Nm^3/h 循环氢计算，D104 中气相水分压为 50kPa 左右，远低于该温度下水的饱和蒸气压，见表 1-4-2，因此正常运行状态 D104 中不会有液态水存在，即稳定热进料在正常条件下不存在液态水。

表 1-4-2 水在不同温度条件下的饱和蒸气压

温度/℃	饱和蒸气压/kPa	温度/℃	饱和蒸气压/kPa
40	7.38	100	101.32
60	19.93	120	198.48
80	47.37	140	361.19

因此，在正常运行状态下，反应产物中携带的水绝大部分从 D121 水包中分离排出，根据 D121 中油水分离效率和停留时间的不同，冷进料水含量为 100~300mg/kg，进入稳定塔。

2.1.3 稳定塔带水原因分析

统计稳定塔所有可能的水的来源和去向及控制措施，见表 1-4-3。

在反应产物水含量正常的前提下，稳定塔中水的来源为 D121 冷进料和 D201 回流，其中的水应全部从塔顶随气相排出至 D201。如果塔顶气相组分中的水分压高于该状态水的饱和蒸气压，则说明会有部分水为液态未能排出稳定塔，从而不断在塔内积累，直至发现产品出现浑浊。

表 1-4-3　稳定塔水的来源去向

项目	部位	控制措施
来源	D121 至稳定塔冷进料	水包分液正常
	D201 至稳定塔回流	水包分液正常
	稳定塔底吹扫蒸汽	应安装盲板隔离
	稳定塔底重沸器	避免内漏、停用重沸器定期排水
去向	塔顶气相至分液罐 D201	正常去路，由 D201 水包排出
	塔底产品汽油出装置	异常去路，会导致产品带水浑浊

根据实际运行情况，设置以下三种工况，工况一为正常低负荷运行，工况二为正常满负荷运行，工况三为发现产品浑浊的工况。相关参数见表 1-4-4。

表 1-4-4　不同工况下对应的产品浑浊情况表

项目	工况一	工况二	工况三(产品浑浊)
反应进料量/(t/h)	145	178	145
稳定热进料量/(t/h)	130	161	130
稳定冷进料量/(t/h)	15	19	15
稳定塔塔顶回流量/(t/h)	2.1	3.0	0.9
稳定塔塔顶压力/MPa	0.7	0.7	0.75
稳定塔塔顶温度/℃	40	40	25
塔顶气量/(Nm^3/h)	1381	1606	1120

工况一				工况二				工况三(产品浑浊)			
塔顶温度/℃	塔顶压力/MPa	水分压/kPa	饱和蒸气压/kPa	塔顶温度/℃	塔顶压力/MPa	水分压/kPa	饱和蒸气压/kPa	塔顶温度/℃	塔顶压力/MPa	水分压/kPa	饱和蒸气压/kPa
40	0.7	3.66	7.38	40	0.7	3.25	7.38	25	0.75	3.66	3.16

在工况三条件下，由于塔底重沸器蒸汽量过小，热量不足，同时气温下降导致冷进料、回流温度低，稳定塔顶温度降低至 25℃，塔顶水分压高于饱和蒸气压，塔顶部位会产生液态水无法从塔顶气相带出，水在塔中不断积累，最终导致产品带水浑浊。工况一运行时，塔顶温度 40℃时塔顶气相水分压为饱和蒸气压的 49.6%，不会导致产品带水浑浊。通过工控一与工控二进行对比，高处理量时稳定塔顶气水分压较低处理量时更低，更不容易出现产品带水浑浊异常。通过水分压反算塔顶温度临界值，在 100%负荷时产品带水的临界塔顶温度为 27℃，60%负荷时产品带水的临界塔顶温度为 29℃。

2.2　稳定产品带氢气原因分析

氢气在汽油中有一定溶解度，随着温度、压力的上升，溶解度会增加，但随着温度的上升轻烃汽化会导致气相中氢分压下降，因此产品汽油中氢气的摩尔分数随温度上升呈现先上升后下降的现象。基于 Aspen 模拟稳定塔环境，氢气在汽油中的摩尔分数变化如图 1-4-1 所示。

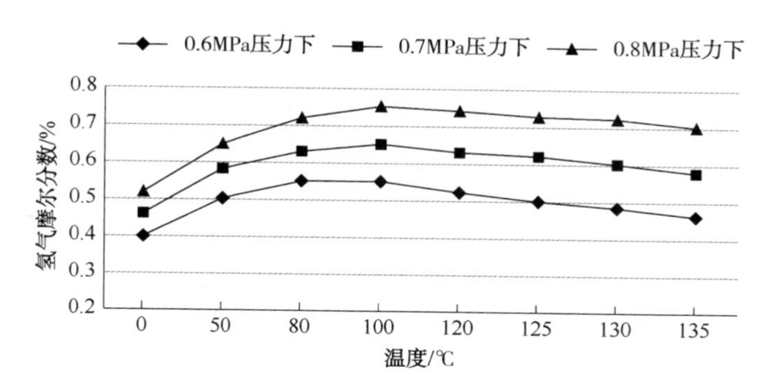

图 1-4-1 汽油中氢气摩尔分数变化图

在相同塔底温度下，稳定塔顶压力从 0.8MPa 降低至 0.6MPa，塔底产品汽油中溶解氢气可减少 33%。

3. 整改防范措施

① 控制产品带水情况，在冬季气温较低时，应及时增加塔底热量，稳定塔顶温度控制在 40℃以上，最低不应低于 35℃，否则产品带水风险增加。

② 控制稳定汽油带氢气情况，应综合考虑不凝气中 C_{5+} 组分回收与氢气溶解量，塔顶不凝气应优先去催化回收以尽量降低稳定塔操作压力减少汽油中溶解氢气。

③ 加强 D121、D201 运行情况监控。稳定塔内的水大部分是随 D121 冷进料而来，从 D201 排出，应定期对 D121 和 D201 水包界位监控比对，控制合适的停留时间以加强油水分离。

④ 正常运行时吹扫蒸汽应安装盲板隔离。关注稳定重沸器运行情况，出现持续带水时应注意排查重沸器内漏情况。优化操作停用稳定重沸器后，需定期在停用重沸器底部排水。

⑤ 加强产品汽油监控。尤其在冬季、低负荷运行时，因 S Zorb 稳定塔气相负荷较小，塔顶温度受气温影响较为明显，产品容易出现带水、带氢气的异常情况，采样时应注意观察，及时整改。

4. 共识

产品汽油带水异常通常出现在稳定节能优化的过程中，需明确操作边界。停用稳定重沸器后，气温对塔顶温度的影响显著增加，应控制塔顶温度在 40℃以上，最低不应低于 30℃，否则产品带水浑浊风险将会增加。

对于产品带氢情况，稳定塔顶气建议优先返回催化装置，避免控制过高的稳定压力。还需对下游成品汽油罐泄放系统或 VOC 处理系统进行核算，明确最大带氢量，避免产生安全风险。

案例二 S Zorb 装置原料问题带来的影响

引言：近十年来，随着国家油品质量升级步伐加快，S Zorb工艺因具有综合能耗低、辛烷值损失小等突出优点而得到蓬勃发展，S Zorb 装置也成为大部分炼厂汽油质量升级最重要的装置，在装置运行过程中也出现了各种各样的问题。因此，S Zorb 装置运行的平稳性也越来越受到重视。

摘要：S Zorb 装置对原料的水、胶质、氯、硅、钠等含量均有严格要求，这些物质大量进入 S Zorb 装置，将对装置产生严重影响。本文重点分析了 S Zorb 装置原料带水对装置的影响；原料带氯导致 ME109 频繁堵塞、吸附剂活性下降、D104 减油阀盐结晶、吸附剂细粉量明显增加等问题；原料带入重组分，导致吸附剂失活速度加快、再生下料堵塞频繁、E-101 管程压降加速上升等问题。如何快速判断出这些问题根源所在，将问题快速解决是关键。

关键词：硅酸锌　氯　重质馏分油　催化汽油　胶质

1. 基本情况介绍

S Zorb 装置主要包括进料与脱硫反应、吸附剂再生、吸附剂循环、产品稳定和公用工程 5 个部分。该装置原料为催化稳定汽油，产品为硫质量分数小于 10μg/g 的清洁汽油。根据 S Zorb 装置的工艺特点，对汽油原料有其特殊的要求，尤其是水、胶质、氯、硅、钠等含量均有严格要求。

在各装置运行过程中，因原料(包括新氢)性质变化导致装置运行出现问题的情况主要有：

S Zorb 装置汽油原料水含量升高，可能导致吸附剂硅酸锌含量升高、脱硫活性下降等现象。

S Zorb 装置因原料氯含量上升，出现 ME109 频繁堵塞，严重时导致吸附剂活性下降、D104 减油阀盐结晶、吸附剂细粉量明显增加等问题。

S Zorb 装置因汽油原料带入重组分，导致装置出现脱硫困难、产品硫含量卡边的现象。

2. 装置操作异常与分析

2.1　原料带水操作异常分析与处理

S Zorb 装置因原料带水造成循环氢露点升高，多数情况下是汽油原料带水导致，如果氢源是煤制氢来氢气，则也可能存在新氢带水的情况。下面在反应温度、压力相同的情况下，根据进料条件、原料不同水含量情况，通过理想气体状态方程计算水含量变化对反应器水分压引起的变化。

以 1.5Mt/a 装置为例，设定装置进料量为 150t/h、新氢(重整氢)耗量 3000Nm^3/h、循环氢流量 8500Nm^3/h，吸附剂循环量 1t/h，再生剂 NiO 含量 20%(质)，原料硫含量 200mg/kg，产品硫含量 5mg/kg，反应压力 2.5MPa，反应温度 420℃，分别计算汽油原料水含量 100mg/kg、200mg/kg、300mg/kg、400mg/kg、500mg/kg 下，反应器水分压的变化；分别计算新氢露点 0℃、10℃、20℃，带入装置水量的变化。

根据脱硫反应方程，1mol 的硫反应生成 1mol 的水，可计算出脱硫生成水量为 16.45kg/h；NiO 还原生成的水为 48kg/h。此两个水量值不变。正常情况循环氢露点-40℃下，带入反应器的水量为 0.18kg/h，忽略不计。则汽油原料水含量不同，对应的反应器水分压及三种水对反应器总水量的占比见表 1-4-5。

表 1-4-5 不同来源"水"在反应器中占比

原料水含量/(mg/kg)	100	200	300	320	400	500
反应水分压/kPa	4.43	5.27	6.10	6.28	6.93	7.77
原料水占反应器总水量/%	18.88	31.76	41.11	42.68	48.21	53.78
NiO 还原水占反应器总水量/%	60.41	50.82	43.85	42.68	38.57	34.42
脱硫生成水占反应器总水量/%	20.71	17.42	15.03	14.63	13.22	11.80

因此，单看水分压的变化，汽油中每增加 100mg/kg 的水，对反应水分压的变化基本是 0.8kPa，影响不大，汽油水含量高达 500mg/kg，反应水分压 7.77kPa，对吸附剂硅酸锌的生成速度影响不大。但从三种水各自占比的数据变化可以看出，在汽油原料水含量达到 320mg/kg 时，其水含量与 NiO 还原水的占比旗鼓相当，超过 320mg/kg 后，汽油原料带入的水量占据第一。

关于新氢水含量，假设新氢露点为 0℃、10℃、20℃，对应的水含量分别为 3761mg/kg、7573mg/kg、14482mg/kg，则新氢带入的水量分别为 2.03kg/h、4.09kg/h、7.82kg/h，对反应器水分压的影响微乎其微。

因此原料带水问题，一是要求上游装置加强脱水、干燥，二是 S Zorb 装置加强原料脱水，密切监控好反应器水分压。

2.2 原料带氯操作异常分析与处理

如果 S Zorb 装置氢源是重整氢，则装置因新氢氯含量高导致装置出现异常的情况较常见。较常见的现象是循环氢过滤器 ME109 压降快速上升，且可能几天时间就需要切换清洗。再严重的情况就会出现吸附剂细粉量明显增加、吸附剂活性下降、D104 减油阀盐结晶等现象。

汽油原料氯含量超标的现象较少，但也出现过，一旦汽油带氯超标，将给装置带入大量的氯(相比新氢带氯)，如果不及时发现，将会给装置造成严重后果。

以 150 万吨/年装置为例，设定装置进料量为 150t/h、新氢耗量为 3000Nm^3/h，假设汽油原料氯含量上升到 3mg/kg，则带入氯的量为 450g/h；假设新氢氯含量上升到 10mg/kg，则带入氯的量为 47g/h。表 1-4-6 为某装置严重氯中毒前后吸附剂的物相分析。

可以看出，4 月 16 日—5 月 9 日，反再系统吸附剂上硅酸锌含量大幅上升。

表 1-4-6　S Zorb 装置吸附剂组分　%

日期	样品名称	组分					
		ZnO	ZnS	Zn_2SiO_4	$ZnAl_2O_4$	C	S
2018-02-05	待生剂	9.4	25.3	13.5	19.6	3.82	8.67
2018-02-05	再生剂	18.2	17.2	13.3	17.9	3.57	5.47
2018-03-05	待生剂	9.5	25.0	14.1	16.7	3.73	8.53
2018-03-05	再生剂	18.4	16.6	12.5	20.1	3.42	5.41
2018-04-09	待生剂	12.3	22.8	13.1	17.8	3.29	7.49
2018-04-09	再生剂	21.3	14.8	12.4	17.5	2.73	5.02
2018-04-16	待生剂	15.1	19.5	13.1	20.1	2.97	6.87
2018-04-16	再生剂	31.3	3.4	12.9	18.5	1.08	3.67
2018-05-09	待生剂	21.2	13.6	18.5	21.3	2.53	6.12
2018-05-09	再生剂	25.1	3.1	19.4	22.4	1.04	3.60

结合循环氢过滤器 ME109 在正常情况下一个周期不用切换清洗一次，上升到每 4~8 天需进行切换清洗 1 次，D104 减油阀 FC1201 卡涩，且 ME109、FC1201 垢样分析结果均为氯化铵，加上反再系统内吸附剂细分大幅增加的现象，可以判断一定是进装置物料中大量带氯(相对)，导致吸附剂骨架遭到破坏、粉化，氯中毒导致了吸附剂失活。

所以需立即对新氢、汽油原料加样分析氯含量，查找出氯带入的源头，并要求上游装置立即排查原因，尽快将原料氯含量降至 0.5mg/kg 以下。同时，分析 S Zorb 装置反再系统内吸附剂上氯含量，掌握吸附剂氯中毒情况，以便对后期吸附剂置换做到心中有数。某公司氯中毒后，吸附剂的分析数据见表 1-4-7。

表 1-4-7　吸附剂元素分析　%

样品	废剂 1	废剂 2	待生剂	再生剂
As_2O_3	0.0898	0.0673	0.0569	—
CaO	0.084	0.105	0.192	0.132
Cl	0.130	0.750	0.870	0.922
Fe_2O_3	0.541	0.284	0.246	0.264
K_2O	0.537	0.637	0.693	0.740
SO_3	12.600	4.320	9.420	3.720
TiO_2	—	0.053	—	0.087

表中是对 2018 年 2 月 9 日—5 月 9 日的废剂和待生、再生剂进行 XRF 元素分析，分析结果显示 2 月 9 日装置废剂氯含量为 0.13%，4 月 9 日上升至 0.75%，至 5 月 9 日再生剂氯含量上升至 0.922%。

同时，针对 S Zorb 装置反再系统吸附剂氯中毒问题，需要对系统进行大量的吸附剂置换，以恢复吸附剂活性。某公司曾因氯中毒，共置换高氯吸附剂 17t，占系统总藏量的 56%，置换后吸附剂氯的质量分数降低至 0.5%左右，吸附剂活性显著增加，置换完毕后持续对吸附剂中氯含量进行监控，吸附剂上氯含量持续下降，最终稳定在0.1%左右，此次氯中毒问题顺利解决。

2.3 汽油原料带入重组分异常原因分析与处理

S Zorb装置汽油原料带入重组分后，首先表现在产品硫含量卡边甚至超标，尤其带入重组分的量非常少时，化验分析数据较难看出原料异常。

为了保生产，各装置通常的做法是先提高再生风量、适当提高了吸附剂循环速率和降低了重时空速，然后在ME-101允许的情况下提高氢油比。具体操作调整见表1-4-8。

表1-4-8 S Zorb装置主要操作参数对比

日期	3月31日	4月2日	4月6日	4月8日	4月10日	4月12日
进料量/MPa	255	245	252	250	244	228
F-101出口温度/℃	410	410	410	410	410	410
反应器顶压力/MPa	2.78	2.77	2.78	2.78	2.77	2.77
氢油摩尔比	0.24	0.24	0.26	0.28	0.29	0.29
重时空速/h^{-1}	6.71	6.45	6.55	6.46	6.15	5.70
再生器压力/MPa	0.1	0.1	0.1	0.1	0.1	0.1
再生器用风量/(Nm^3/h)	680	780	900	900	890	840
再生器床温/℃	502	499	505	498	504	496
吸附剂循环速率/(kg/h)	1200	1440	1560	1560	1560	1560

如果产品硫含量仍然卡边甚至超标，装置会大幅提高反再系统吸附剂置换速度；如果还不行，装置被迫降量、改部分汽油原料至中间罐区，达到降低装置脱硫负荷、保证产品质量合格的目的。

图1-4-2给出的是装置操作调整期间，原料和产品汽油硫含量情况。可以看出，在原料硫含量保持基本稳定的情况下，反应及再生苛刻度的增加并没有改善脱硫效果。

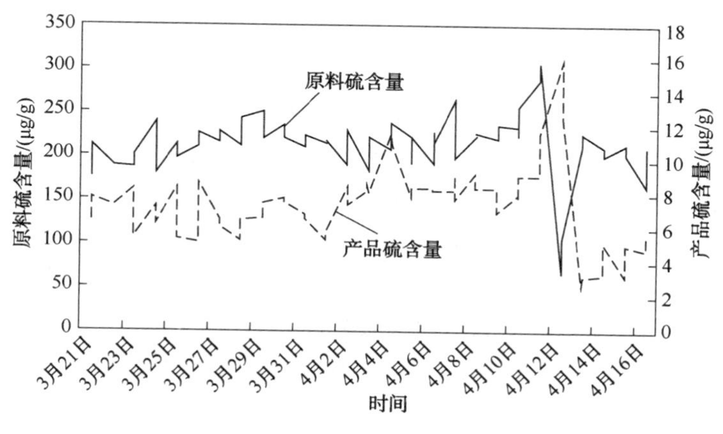

图1-4-2 原料与产品硫含量变化

S Zorb装置出现产品硫含量难以控制后，在不知道是汽油原料问题前，首先会怀疑系统内吸附剂可能因硅酸锌含量大幅上涨导致活性大幅下降。受客观因素影响，硅酸锌的分析较长，最快也要3~4d。在等待分析结果过程中，可以通过公司现有手段，对待生、再生吸附剂的粒度进行分析见表1-4-9。如果粒度分布变化不大，可排除吸附剂粉化的影响；因前期反再提高脱硫深度的调整，吸附剂载硫、载碳数据必然会下降，会干扰判断。

表1-4-9 吸附剂粒度分析 %

日期	样品	0~20μm	21~40μm	41~80μm	>80μm
3月26日	待生剂	0.13	7.86	47.6	44.41
3月26日	再生剂	0	10	57	33
4月2日	待生剂	0	3.36	35.17	61.47
4月2日	再生剂	0.05	5.78	43.14	51.03
4月11日	待生剂	0.05	5.59	61.84	32.52
4月11日	再生剂	0.14	10.69	72.46	16.71
4月16日	待生剂	0.39	12.29	40.05	47.27
4月16日	再生剂	0.19	9.59	41.37	48.85

导致产品硫含量难以控制的另一个原因，可能是原料与产品的换热器E-101出现了内漏，导致高压侧的混合原料微量漏入反应产物中，最终导致产品硫含量卡边甚至超标。

根据现场实际情况，在E101壳程入口一次压力表处制作临时采样器对反应器出口物料进行采样、分析硫含量，同时采样分析精制汽油硫含量并进行对比。一般连续采样2~3次，确认是否是E101内漏导致。

一般汽油原料带入重组分后，不论带入量多还是少，汽油颜色均会变黄，只是变黄的程度不同；胶质含量也会有所升高，但升高的程度不同。对于有的装置汽油原料常年是轻微的淡黄色情况，带入重组分后，黄色也会加重。因此，如果汽油原料颜色发黄或黄色加重，且胶质含量也大幅升高(至少会翻倍上升)，可以判断汽油中一定带入了未知的重组分。

此时要尽快将反应进料切断，否则将引起E101管程压降快速上升，吸附剂长时间过度再生导致硅酸锌含量快速上升，严重时导致ME101差压加快上升。

3. 共识

针对S Zorb装置原料带水的情况，如果汽油原料水含量在100~500mg/kg，新氢露点最高20℃的条件下，对装置的影响有限。一是要求上游装置加强脱水、干燥，二是S Zorb装置加强原料脱水，加大反应排废氢量、降低反应系统水分压。

针对S Zorb装置原料带氯造成装置操作波动的情况，需立即查明氯的来源，并要求上游装置立即调整、降低氯含量到<1mg/kg。尤其是汽油带氯，带入量非常大，需立即要求上游出问题的催化装置将稳定汽油改至污油线或不合格线。

针对S Zorb装置原料带入重组分造成装置操作波动的情况，是正常生产中多数装置遇到的问题，对各装置均造成了或大或小的冲击。

重组分带入得多，导致汽油干点明显升高，较容易判断是汽油原料问题。此情况下，如果上游只有一套催化装置，则S Zorb装置立即切断反应进料，同时对原料稳定系统进行置换，将其对装置的影响降到最低。

下 篇

催化汽油吸附脱硫（S Zorb）孙同根操作法

第一章 ▶ 绪 论

车用汽油中的硫是造成汽车尾气污染的最主要原因之一。世界各国在汽油质量升级过程中普遍把降低硫含量作为一项主要工作。随着我国经济和社会的快速发展，汽油消费量随之迅速增长。2010 年，我国车用汽油消费量约 80.0Mt，2021 年增长到 154.75Mt，如图 2-1-1所示。车用汽油成为关系国计民生的重要生产和生活物资，与人民生活息息相关。

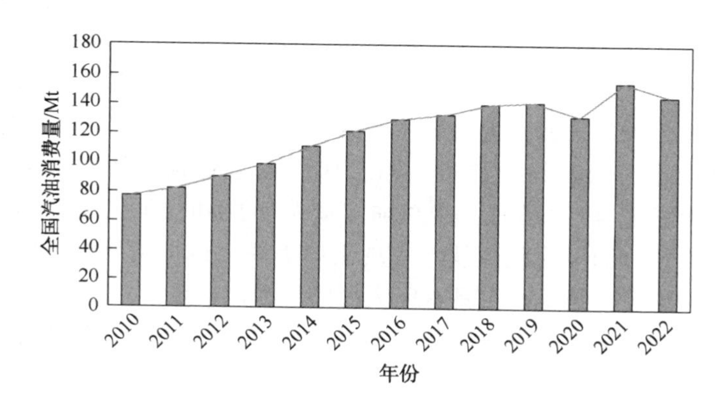

图 2-1-1 全国车用汽油消费量图

为减少汽车尾气污染，我国快速推进汽油质量升级。车用汽油国家标准 GB 17930 和部分地方标准以实现超低硫为主要目标，分区域、分阶段在 5~8 年内将汽油硫含量从不大于 150mg/kg 降低至 10mg/kg，达到世界一流水平，见表 2-1-1。

表 2-1-1 汽油质量升级标准

阶段		车用汽油(Ⅱ)	车用汽油(Ⅲ)	车用汽油(Ⅳ)	车用汽油(Ⅴ)	车用汽油(Ⅵ)
执行时间		2005 年 7 月 1 日	2010 年 1 月 1 日	2014 年 1 月 1 日	2017 年 1 月 1 日	2019 年 1 月 1 日(A) 2023 年 1 月 1 日(B)
限值	硫含量/(mg/kg)	500	150	50	10	10
	烯烃/%(体)	35	30	28	24	18/15
	芳烃/%(体)	40	40	40	40	35
	苯/%(体)	2.5	1	1	1	0.8
	锰含量/(g/L)	0.018	0.016	0.008	0.002	0.002

催化裂化(简称 FCC)工艺在国内炼油厂广泛应用，所产汽油约占我国汽油总量 70%，对汽油产品硫含量的贡献达 90%以上，生产清洁汽油的关键是对催化裂化汽油的超深度脱硫。常规汽油脱硫大多采用选择性加氢类技术，这类技术存在超深度脱硫造成辛烷值损失大、能量消耗高、加工成本高等问题。如何实现节能高效地对催化裂化汽油进行超深度脱硫并减少辛烷值损失，成为我国汽油质量升级面临的关键难题。

针对此项难题，世界各主要专利商和研究机构开发了多种催化裂化汽油超深度脱硫工艺技术，大多为选择性加氢技术。为解决这一难题，中国石化开放创新，经评估发现康菲公司的原始汽油吸附脱硫技术原理先进，具有发展潜力，其原理是在流化床反应器中，在临氢条件下用吸附剂吸附汽油中的硫，吸硫后的吸附剂送至再生器进行氧化再生，吸附剂循环使用。

中国石化于 2007 年收购了汽油吸附脱硫技术的知识产权，对汽油吸附脱硫进行专项重大科技攻关，对工艺、吸附剂、工程、控制和装备等方面进行全方位的创新突破，形成五个方面的核心技术创新与成果，包括创新开发第二代汽油吸附脱硫工艺技术、研发第二代高性能吸附剂、创新开发高可靠性成套工程技术以及开发更可靠的吸附剂循环输送精密控制技术和关键装备技术。第二代汽油吸附脱硫技术可靠性显著提高，运行周期大幅延长，脱硫效率更高，辛烷值损失更低，吸附剂消耗更少，节能降耗效果更加突出。

伴随我国汽油质量升级的快速推进，第二代汽油吸附脱硫技术得到广泛应用。截至 2023 年 6 月，已建成投产 43 套装置，年总加工量大于 50Mt，加工了全国超过 50%的催化裂化汽油，并且第二代汽油吸附脱硫技术实现出口美国。该技术的广泛应用为我国实现低成本汽油质量升级做出了卓越贡献，具有巨大的经济和社会效益。

工业运行结果表明，第二代汽油吸附脱硫技术与原技术相比，剂耗降低约 50%、能耗降低约 40%、研究法辛烷值(RON)损失从 0.5~1.8 降低到 0.28~1.0，产品汽油硫含量长期稳定控制在 10mg/kg 以下，并且不含硫醇，脱除的硫以 SO_2的形式进入再生尾气中，可直接送至硫黄回收装置回收硫，实现硫的资源化利用，也可以进入催化裂化再生烟气脱硫等设施处理。回收催化汽油的硫所经过的工艺流程短，不额外增加下游装置的生产负荷和操作费用。与常规脱硫技术相比，能耗降低约 60%、RON 损失减少约 50%，装置实现了 45 个月的长周期连续运行纪录。

S Zorb 装置主要包括进料与脱硫反应、吸附剂再生、吸附剂循环和产品稳定四个部分。

进料与脱硫反应部分：由装置外来的原料汽油经过滤后进入原料缓冲罐，升压、混氢、换热后去进料加热炉加热，达到预定的温度后在反应器中进行吸附脱硫反应。过滤后的反应产物大部分与混氢原料换热后去热产物气液分离罐，热产物气液分离罐底液体进入稳定塔，罐顶气相部分则经冷却后去冷产物气液分离罐。冷产物气液分离罐底液经换热后去稳定塔，其罐顶气进入循环氢压缩机升压，再与补充氢压缩机加压后的新氢混合循环使用。

吸附剂再生部分：装置设有吸附剂连续再生系统，再生过程是以空气作为氧化剂的氧化反应，压缩空气干燥、加热后送入再生器，与再生进料罐来的待生吸附剂发生氧化再生反应。再生后的吸附剂用氮气提升到再生接收器后，再送至闭锁料斗，再生烟气冷却后再经再生烟气过滤器后送到烟气处理装置。

吸附剂循环部分：吸附剂循环过程是通过闭锁料斗的阀门步序自动控制实现，待生吸附剂自反应器接收器压送到闭锁料斗，置换合格后送到再生进料罐，实现吸附剂从反应系统向再生系统的输送。再生吸附剂自再生器接收器送至闭锁料斗，置换、升压后送到还原器。

产品稳定部分：稳定塔用于处理脱硫后的汽油产品使其稳定，塔顶气体经冷却后进入稳定塔顶回流罐，回流罐底液全回流至稳定塔，罐顶气送至催化装置。稳定塔底精制汽油经换热、冷却、升压后送出装置。

装置原则流程图如图 2-1-2 所示。

S Zorb 装置是标准化设计，各装置工艺流程、设备结构、新鲜吸附剂性质等基本一致，但各装置设计参数、日常运行管理等方面略有差异。本操作法以第二代 S Zorb 技术为基础，综合考虑各装置差异，从装置操作优化、关键设备的使用与维护、开停工等方面提出了装置标准化操作思路及相应建议措施，以进一步提高装置的总体运行水平。

操作优化主要从原料系统、反应系统、再生系统、稳定系统、装置能耗、装置剂耗等六方面进行了阐述。原料系统优化方面要求严格控制原料汽油中机械杂质、水、胶质、氯、硅、钠等含量，避免吸附剂失活或造成关键设备故障。反应系统优化主要强调氢油比、吸附剂活性、反应各部位温度、反应压力等的相互协作，同时对降烯烃工况下的操作优化提出了建议措施。再生系统优化重点要对再生风量、再生温度严格控制以保证吸附剂适当活性，在再生下料及取热方面提出了优化措施。稳定系统优化主要从稳定汽油中水含量及氢含量、塔顶气轻烃含量控制方面入手提出了对应参数调整原则。装置能耗优化是在保证装置平稳运行前提下，针对电、瓦斯、蒸汽各方面因地制宜提出了优化思路。装置剂耗优化主要强调了吸附剂寿命管理及日常精细化管理。

关键设备的使用与维护阐述了主要装备的材料、结构和操作要点，不同装置设备设计及选型可能存在偏差，实际操作过程中可在建议控制范围内进行适当调整；涉及原料过滤器、反应进料泵、电加热器、吸附进料换热器、反应器过滤器、压缩机、反应进料加热炉、闭锁料斗系统、再生器取热盘管、旋风分离器、再生烟气过滤器、稳定塔塔底重沸器等。

标准化开工以规模 1.5Mt/a S Zorb 装置为例，阐述了标准化开工操作步骤与要求，主要包括开工准备工作、开工过程风险评估、系统气密、系统干燥、原料稳定油运、闭锁料斗程序调试、系统装剂、反应系统进油及再生器点火，实际操作过程中根据所在装置具体情况在建议控制范围内进行适当调整。

标准化停工主要阐述标准化停工操作步骤与要求，主要包括停工准备工作、开工过程风险评估、切断进料、热氢带油、系统卸剂、闭锁料斗程控阀试漏、反应系统降温、反应系统氢气泄压及氮气置换、停用再生取热系统、各系统密闭吹扫等内容，同时针对装置紧急停工提出了应对原则，实际操作过程中根据所在装置具体情况在建议控制范围内进行适当调整。

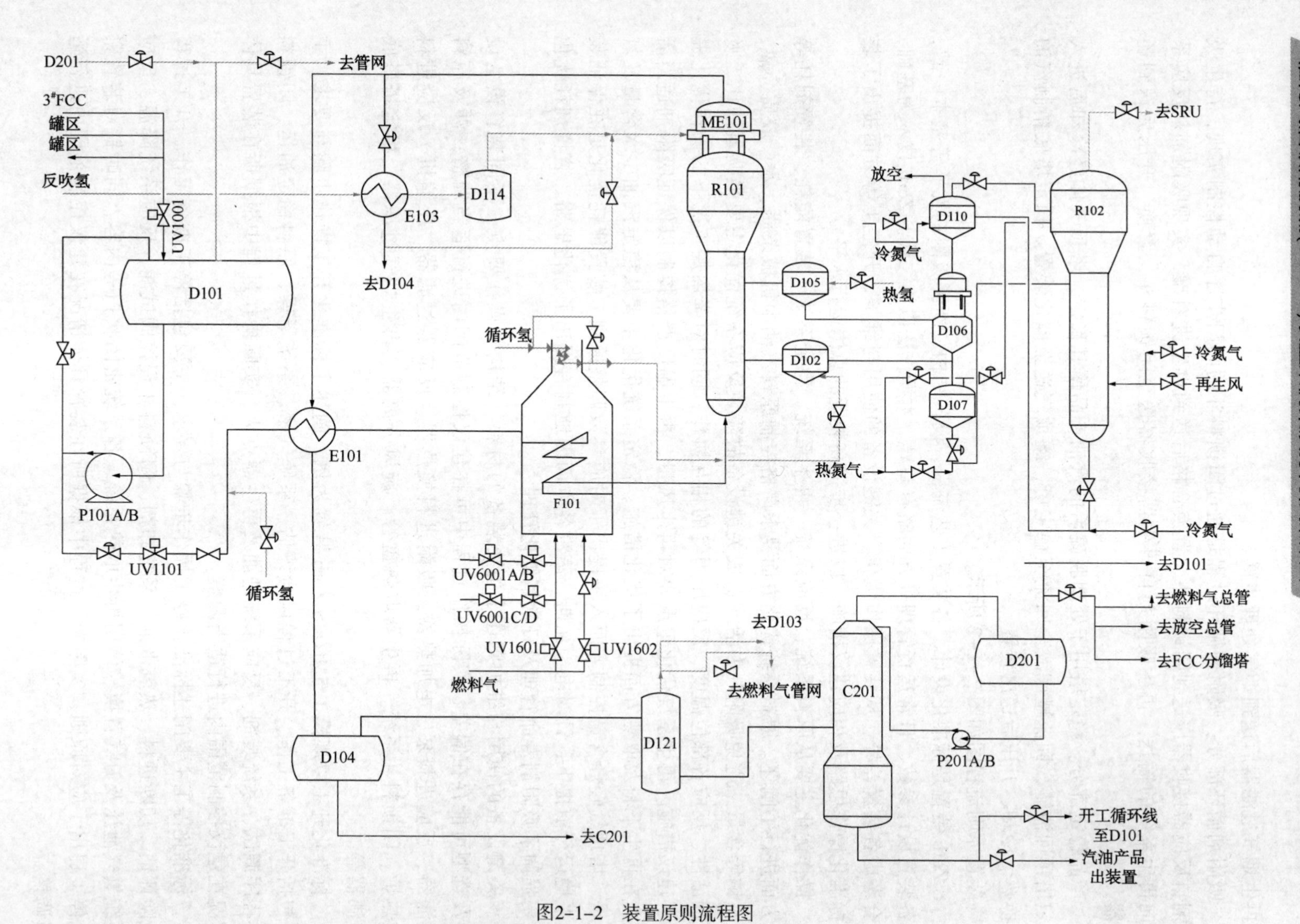

图2-1-2　装置原则流程图

第二章 ▶ 操作优化

S Zorb 装置是标准化设计，各装置工艺流程、设备结构、吸附剂性质基本一致，但同类型的装置经济效益、运行周期存在较大区别，部分装置存在较大优化空间。本章主要从原料系统、反应系统、再生系统、稳定系统、能耗、剂耗等六方面介绍装置优化操作思路，提出相应建议措施，解决日常生产面临的问题。

第一节 原料系统优化

S Zorb 装置对原料中水、胶质、氯、硅、钠等含量均有严格要求，这些物质若大量进入 S Zorb 装置，都将导致吸附剂直接或间接中毒，从而对装置产生严重影响。原料汽油进装置温度的控制，在满足进料泵 P101 操作温度（≤90℃）的前提下应尽量提高，以达到节约燃料气消耗的目的。原料汽油中上述杂质的含量要求见表 2-2-1。

表 2-2-1 S Zorb 装置对原料汽油中杂质含量要求指标

序号	杂质	单位	含量
1	硅	mg/kg	<1
2	氯	mg/kg	<1
3	氮	mg/kg	<75
4	氟	mg/kg	<1
5	钠	mg/kg	<1
6	胶质	mg/100mL	<3
7	水	mg/kg	<300
8	机械杂质	—	无

一、机械杂质的控制

原料汽油的机械杂质主要依靠原料过滤器 ME104 进行过滤、拦截，在日常生产中要保证 ME104 正常投用，不走旁路。对副线手阀加强检查，保持关闭、不内漏；同时 ME104 检修后的回装质量要保证，避免汽油原料在 ME104 内部走短路，建议 ME104 差压达到 90kPa 进行切换。

二、水含量控制

原料汽油带水会导致吸附剂失活，硅酸锌含量大幅上升，正常生产时，上游催化稳定汽油水含量小于 200mg/kg，当发生原料水含量异常上升时，可以将 D101 液位高控，提高沉降时间；同时 D101 加强脱水。通过计算，在原料硫含量为 200mg/kg、进料量为 150t/h、反应压力为 2.5MPa、吸附剂循环量为 1t/h 的前提下，原料中水含量每增加 100mg/kg，反应水分压增加约 0.9kPa，原料水含量达到 1000mg/kg。其他条件不变的情况下，反应器水分压为 13.77kPa。因此，原料水含量在 mg/kg 级时，对于吸附剂中硅酸锌生成不是决定因素。在日常生产中，原料如果不带明水，仅水含量波动，对装置生产不会造成较大影响。但需注意在装置开工反应器装剂过程中，由于反应器内没有汽油进料，同时反应器内吸附剂被大量还原，反应器内水分压较高。假设反应压力为 2.5MPa、反应装剂速度为 4t/h、循环氢量为 15000Nm^3/h，不考虑循环氢带入的水，仅考虑吸附剂还原生成的水，反应器水分压将上升至 184.4kPa，远大于反应器水分压的耐受极限(注：反应器最大耐受水分压约为 52kPa)。因此，开工装剂过程中，需控制反应器温度在 320~360℃。

三、胶质含量控制

原料胶质含量上升主要原因包括四点：一是回炼的罐区汽油氧化胶质含量较高；二是上游催化装置稳定汽油换热器发生内漏，导致重组分混入稳定汽油中，胶质含量明显升高；三是焦化汽油间接或直接进入 S Zorb 装置，导致汽油原料胶质含量明显升高；四是醚类的含氧汽油进入装置造成的影响。一般情况下，汽油原料胶质升高，颜色会明显发黄、发黑；同时，ME104 差压、E101 管程压降将快速上升，加热炉入口温度降低。

遇到此情况，要尽快判断原因，将异常原料改出装置，严重时为避免 E101、甚至炉管结焦，应立即切断进料；装置在回炼罐区汽油前，应做好化验分析，特别是胶质含量、汽油颜色出现异常时，应避免进入 S Zorb 装置回炼；S Zorb 原料中间罐应做好氮封，不得停用。

四、氯含量控制

氯的来源主要分为两部分，一是原料汽油带氯，二是新氢带氯。

少数装置曾经发生原料汽油氯含量超标情况。原料汽油带入的氯量非常可观，短时间内就会出现循环氢过滤器 ME109 压降快速上升、吸附剂破碎、细粉量明显增加、吸附剂严重失活等现象；同时装置大量带入氯后，还会导致铵盐结晶急剧增加，管线、空冷管束等堵塞。以装置进料量 150t/h、循环氢流量 8500Nm^3/h(NH_3含量 100mg/kg)、D102 流化氢气量 1200Nm^3/h、新氢耗量 3000Nm^3/h 为例，原料氯含量 1mg/kg，计算得到装置带入氯的量为 150g/h，氯化铵结晶温度为 136.3℃；原料氯含量上升至 3mg/kg 时，计算得到装置带入氯的量为 450g/h，氯化铵结晶温度为 145.2℃。若发现汽油原料带氯，应及时排查切出异常原料；同时装置可临时提高 D104 温度，具体提高到多少，需要根据汽油原料氯含量分析数据而定，但需不小于 136℃，避免 D104 液控阀铵盐结晶堵塞，影响装置操作。

部分S Zorb装置补充氢使用重整装置产氢气，由于工艺原因，重整氢气纯度较低，容易发生长期少量带氯情况。常见的现象是循环氢过滤器ME109压降缓慢上升，需定期切换、清理。以装置进料量150t/h、新氢耗量3000Nm^3/h工况为例，补充氢中氯含量上升至10mg/kg的极端情况，带入氯总量仅为47g/h。

在正常生产中，补充氢中含少量氯较为常见，但带入总量较小，短期内不会对装置操作造成严重影响，应避免长期持续带氯；但汽油原料带氯时，短时间内大量氯进入装置，对装置造成严重影响，应及时排查并切出。

第二节 反应系统操作优化

S Zorb装置反应器内主要发生脱硫反应，在发生脱硫反应过程中会伴随烯烃饱和反应，由于烯烃饱和后会降低汽油辛烷值，因此反应系统优化的目的是在保证反应脱硫率的基础上尽量减少烯烃饱和反应而降低辛烷值损失。由于反应器内发生的化学反应非常复杂，各种操作条件互相影响，以下操作优化方向均在其他条件不变的情况下进行分析。

一、反应器操作优化

（一）氢油比(氢分压)

氢油比(氢分压)增加使脱硫反应速率及烯烃饱和反应速率增加。在反应器总压力不变的情况下，通过增加组分中氢分压，可使反应速率增加，同时增加氢耗。与反应器的压力变化相同，氢分压增加使辛烷值降低。反之，降低氢分压会降低脱硫率及减少辛烷值的损失，如图2-2-1所示。氢分压的调整随脱硫负荷变化，原料硫含量越高，需要控制的氢分压越高。通常情况下，原料硫含量在200~300mg/kg时，反应氢分压控制在0.45~0.5MPa，可以满足脱硫反应的需要。

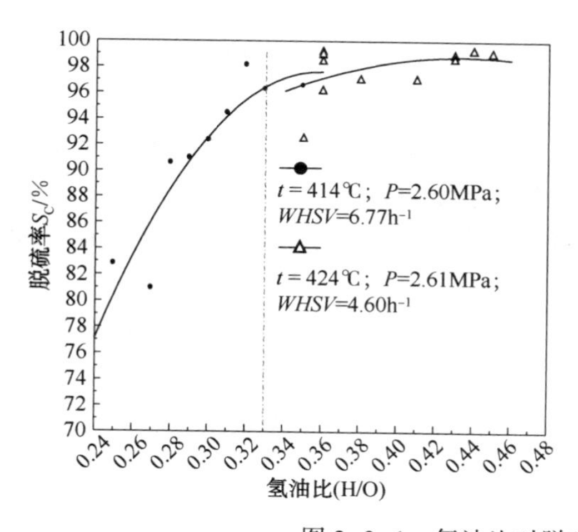

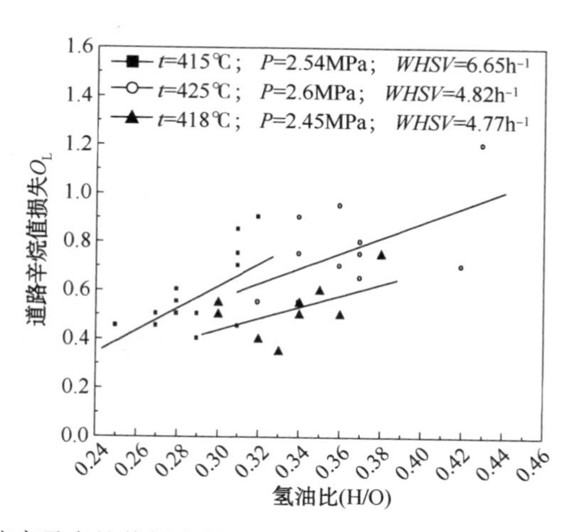

图2-2-1 氢油比对脱硫率及辛烷值损失的影响

氢分压的优化方向可以通过反应器中部温度与顶部温差趋势变化来判断，当该差值减小，同时反应脱硫率不足，则表明氢分压偏低，此时优化方向为适当提高氢分压；反之可适当降低氢分压。

（二）吸附剂活性

1. 待生剂活性

控制待生吸附剂活性对反应操作至关重要。其活性高，则脱硫率高，辛烷值损失大；活性低，则脱硫率低，辛烷值损失小。

待生剂活性通常通过待生剂的硫含量来表征，根据不同平衡剂的失活程度，待生剂理论最大载硫量见表 2-2-2。

表 2-2-2 不同平衡剂理论最大载硫量

项目	$ZnAl_2O_4$/%(质)	Zn_2SiO_4/%(质)	无效 ZnO/%(质)	有效 ZnO/%(质)	最大载硫/%(质)
新鲜剂	0	0	2	52	21
平衡剂 1	24	0	2	41.49	16.39
平衡剂 2	24	1	2	40.76	16.1
平衡剂 3	24	5	2	37.84	14.95
平衡剂 4	24	10	2	34.19	13.51
平衡剂 5	24	20	2	26.9	10.63

注：1. 新鲜剂进入系统后，部分 ZnO 会与载体固定生成 $ZnAl_2O_4$，$ZnAl_2O_4$生成后含量一般不会再发生变化。

2. 无效 ZnO 是部分 ZnO 没有与 Ni 有效形成活性组元、没有载硫能力，根据经验无效 ZnO 含量一般在 1.5%~2%(质)，本次计算取 2%。

理论上吸附剂最大载硫值为 16.39%(质)，吸附剂中硅酸锌质量分数每增加 1%，对应吸附剂载硫减少 0.295%(质)。一些不当操作也会导致有效活性组元的流失，例如再生过程中出现过氧环境生成硫酸锌、过氧硫酸锌等会造成吸附剂暂时性失活，不能达到理论最大活性。

在实际生产中，建议待生吸附剂保留 4h 脱硫容量，以脱硫负荷 50kg/h，反应器藏量 30t，吸附剂硅酸锌含量 10%为例，则待生吸附剂日常控制最大载硫为：13.51%－50×4/30000×100%＝12.84%(质)。在保证精制汽油硫含量合格的前提下，待生吸附剂硫含量越高，能够脱除的硫越少，抗操作波动能力越低。但由于吸附剂活性低，烯烃加氢反应减弱，产品汽油辛烷值的损失减少，因此，根据装置脱硫负荷情况，控制适宜的待生吸附剂载硫余量，降低精制汽油辛烷值损失。

吸附剂的碳含量对烯烃加氢活性的影响也需关注。当待生剂的碳含量降低至 1%以下后，烯烃加氢反应明显提升。建议正常运行时待生剂的碳含量应控制在 2%左右，待生剂/再生剂的碳差为 0.5%~1.0%。吸附剂碳含量的优化控制手段详见再生温度控制相关内容。

2. 再生剂活性

装置吸附剂再生采用的是不完全再生形式，为保持系统硫平衡，需要控制反应系统吸附剂吸附的硫与再生系统脱除的硫相等，在硫平衡的前提下，待生/再生吸附剂硫差与吸附剂循环速率关联式为：硫差=硫脱除量(kg/h)/吸附剂循环速率(kg/h)。

在脱硫负荷一定的前提下，提高吸附剂的循环速率可以达到提高再生吸附剂硫含量、降低再生剂活性的目的。在吸附剂上硅酸锌含量较低，且脱硫负荷平稳的情况下，可采取大循环速率、小硫差的操作方法，以获得较高的再生吸附剂载硫量，降低再生吸附剂活性。出于保护吸附剂的目的，正常生产时应保持再生吸附剂载硫 6%以上。

3. 新鲜吸附剂加注

为维待整个系统内吸附剂藏量、活性稳定，要定期自吸附剂粉尘罐 D109 卸吸附剂细粉，必要时卸出部分平衡剂至吸附剂储罐。平稳运行期间新鲜吸附剂按“分期分批”的模式进行系统加注，即按照实际生产需要，一般按“多次少量”的方式加注。因为新鲜吸附剂一般加注到 D110，然后直接转入反应器，若短时大量的新鲜吸附剂加入，对反应系统操作带来不利影响。以上操作可以保证反应系统内吸附剂性质稳定，既可以防止因长期不加剂反应器内吸附剂活性降低影响产品质量，又可以防止大量加剂后反应器内吸附剂活性太高造成产品 RON 损失过大。

需短时大量置换吸附剂时，应注意控制新鲜剂的加剂速率，避免反应器内水含量大幅增加反而导致吸附剂失活加剧。在吸附剂 1. 5t/h 循环速率下，若以 1. 5t/h 新鲜剂向系统加注，反应器内水含量将提高 45%。

加注新鲜剂可按以下原则进行操作：

1）平稳运行期间新鲜剂加注，可适当降低 D107、再生器转剂速率，闭锁料斗向反应装剂的速率控制不超装置设计最大转剂速率，可控制加剂期间反应器内水分压平稳。

2）需要大幅置换新鲜剂时，闭锁料斗向反应装剂的速率建议不超过设计最大转剂速率的 150%。

3）再生应及时调整再生配风，避免出现再生器富氧。

（三）反应温度

通常情况下，随反应温度的升高，脱硫率逐步增加，当反应温度达到 429℃后，脱硫率达到最高，超过 429℃后脱硫率随温度继续升高呈下降趋势，如图 2-2-2 所示。而在 399~438℃范围内，随着反应温度的升高，烯烃饱和反应速率呈下降趋势；另外随反应温度的升高会导致反应器内发生热裂解反应的趋势增加。实际操作时，应综合考虑原料换热器和加热炉运行情况，避免加热炉长期高负荷运行导致炉管结焦问题。综合考虑上述因素，针对不同脱硫负荷和工况，反应器温度(TI2103)建议控制指标见表 2-2-3。

表 2-2-3　反应温度(TI2103)建议控制值

脱硫负荷/(kg/h)	反应温度建议值/℃	脱硫负荷/(kg/h)	反应温度建议值/℃
20~30	420~424	41~50	424~428
31~40	422~426	>50	426~432

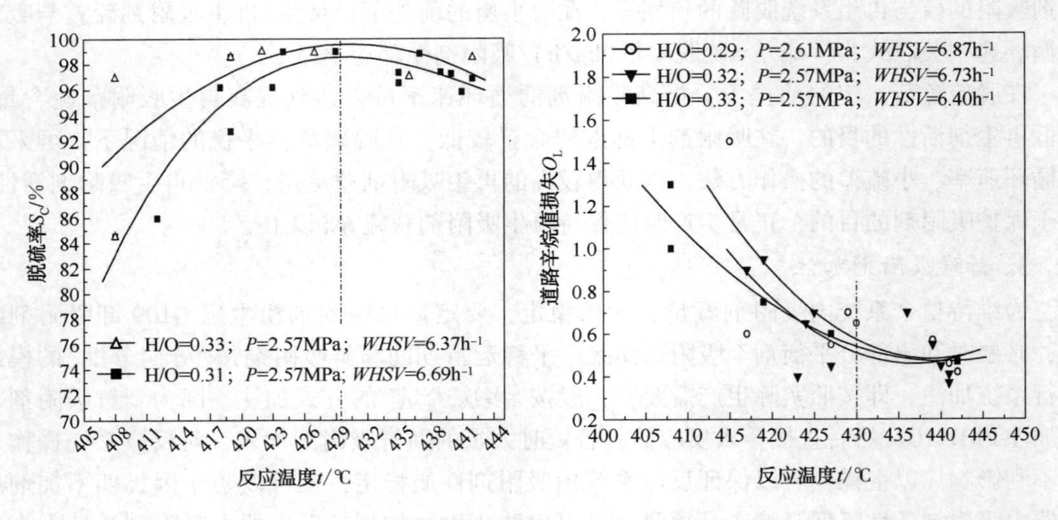

图 2-2-2 反应温度对脱硫率及辛烷值损失的影响

(四) 反应压力

在保持氢油比不变的情况下，增加反应压力会使氢分压增加，从而使脱硫反应速率和烯烃饱和反应的速率增加，反之降低反应压力会使烯烃饱和反应速率下降而减少辛烷值损失。实际生产操作过程中，反应压力需根据装置处理量、脱硫负荷等因素进行调整。为了降低辛烷值损失，一般应控制较低的反应压力。由于不同装置 D105 横管距反应器顶 ME101 有所不同，应调整反应压力控制合理线速。以 1.5Mt 规模第二代 S Zorb 装置反应器为例，建议控制反应线速不高于 0.37m/s。以 1.5Mt/a 装置为例，在原料硫含量较低(200~300mg/kg)且比较稳定的情况下，反应压力与处理量的对应关系见表 2-2-4。

表 2-2-4 1.5Mt/a S Zorb 装置处理量与反应压力对应关系

处理量/(t/h)	反应压力 PIC1202/MPa	处理量/(t/h)	反应压力 PIC1202/MPa
120	2.10	160	2.50
130	2.20	165	2.55
140	2.30	170	2.60
150	2.40	175	2.65
155	2.45	180	2.75

(五) 质量空速

质量空速对脱硫率和辛烷值损失的影响如图 2-2-3 所示。

质量空速=反应进料的质量流率/反应器内吸附剂藏量。在装置处理量不变情况下，通过增加反应器内的吸附剂藏量可以降低质量空速(*WHSV*)，从而提高脱硫率，同样会加剧烯烃饱和反应，造成辛烷值损失增加，如图 2-2-3 所示。

在保证脱硫率的前提下，反应器内控制相对较低的反应藏量有利于降低辛烷值损失，而反应藏量的下降，会影响 D105 横管收料速度。因此，正常运行最低反应藏量应匹配吸附剂循环速率，D105 正常应满罐操作。

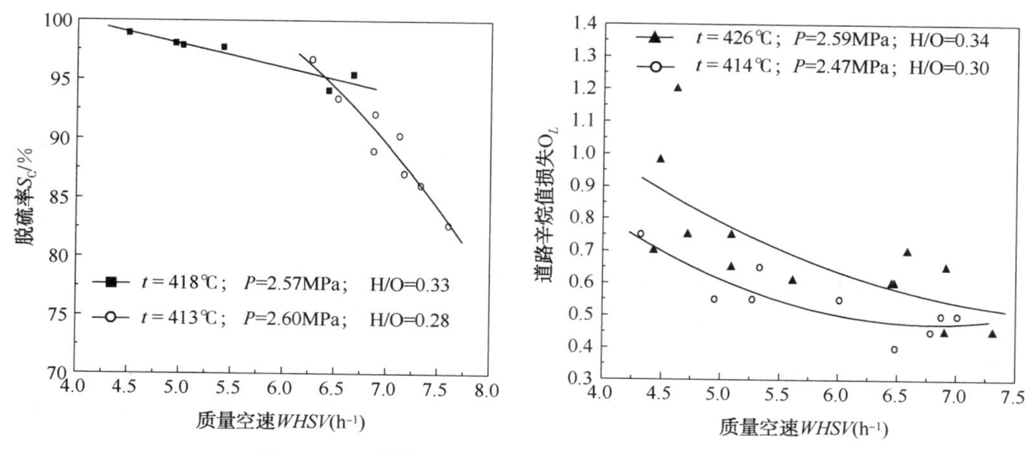

图 2-2-3 质量空速对脱硫率和辛烷值损失的影响

（六）反应温升

由于反应器内脱硫与烯烃饱和反应均为放热反应，因此反应器内不同部位的温升变化情况可以反映出反应器内各反应的强度。从装置生产实践判断，反应器底部温升（一段温升）的变化更多地表征吸附剂活性的变化，温升越大，表明吸附剂活性越高；反应器中部温升（二段温升）的变化是吸附剂活性、氢分压、床层流化状态等变化的综合变化；反应器顶部温升（三段温升）变化更多地表征反应器氢分压变化，温升越大，氢分压越高。三段温升的示意如图 2-2-4 所示。

在实际操作过程中，操作核心是观察各个温升变化趋势情况，通过综合判断，及时进行有针对性调整。

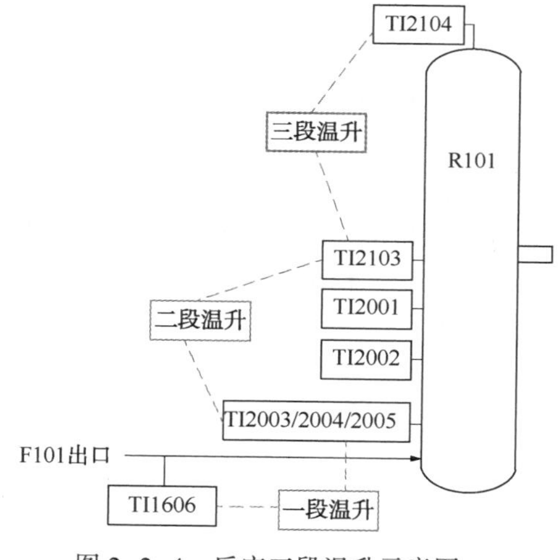

图 2-2-4 反应三段温升示意图

二、还原器操作优化

还原反应是吸热反应，由吸附剂和循环气体的温度为还原反应提供热量。由于还原反应会生成水，且还原器内氢气流速低无法快速将还原生成的水带出，导致还原器（D102）内水分压过高，特别是再生剂中有过氧硫酸锌时，还原时生成大量的水（1mol 过氧硫酸锌还原生成 8mol 水），导致吸附剂失活速率增加。反应器内的操作温度可以满足吸附剂的还原反应要求，但由于大量油气相对氢分压较低，所以还原反应速率低、水分压较低。结合装置吸附剂循环间歇进行的特点及生产实际经验，还原器温度控制在 220～260℃，将还原反应控制在反应器中发生。还原反应发生在反应器时的水分压是还原器中还原时水分压的1/20，可有效降低硅酸锌生成速率从而延缓吸附剂失活。

三、反应器接收器操作优化

（一）反应器接收器料位

反应器接收器(D105)的作用是为待生吸附剂去闭锁料斗提供缓冲容器。反应器接收器吸附剂料位随闭锁料斗循环的填充步骤波动。日常操作中，要求吸附剂从反应器淹流到被热氢气流化的反应器接收器中，反应器接收器满罐操作，增加吸附剂在器内的停留时间(控制吸附剂在D105内停留时间在20min以上)，强化吸附剂表面的烃类气提效果，减少吸附剂携带的烃含量，控制再生过程中水的生成，有利于保持吸附剂活性。

（二）反应器接收器温度

反应器接收器温度受来自反应器的热吸附剂、用于流化和气提的热氢气影响。正常横管收料操作时其温度在400~420℃；气提氢气温度控制越高，气提效果越好。在气提条件不变的前提下，反应器接收器温度过低，说明反应器接收器收料不畅。

（三）反应器接收器气提气量

根据D105内吸附剂床型为鼓泡床，以1.5Mt/a装置为例，D105内气提氢气量在100Nm³/h左右时达到吸附剂的起始鼓泡速度，正常应控制在150~675Nm³/h。为避免管道磨损，控制脱气线内气提氢气线速不大于3m/s，根据该线速可计算出气提氢气流量最大不宜超过900Nm³/h。日常操作时，气提氢气量不宜设置过低，否则会影响气提效果导致吸附剂失活加剧。根据各企业经验，D105气提氢气量一般控制在400~600Nm³/h较为适宜。

四、降烯烃工况下的操作优化

部分企业S Zorb装置需承担汽油降烯烃任务。S Zorb装置在降烯烃工况下，原料汽油烯烃饱和率往往达到20%以上，烯烃大量饱和会导致汽油辛烷值损失大幅增加。典型FCC汽油烯烃饱和率与RON损失对比如图2-2-5所示。

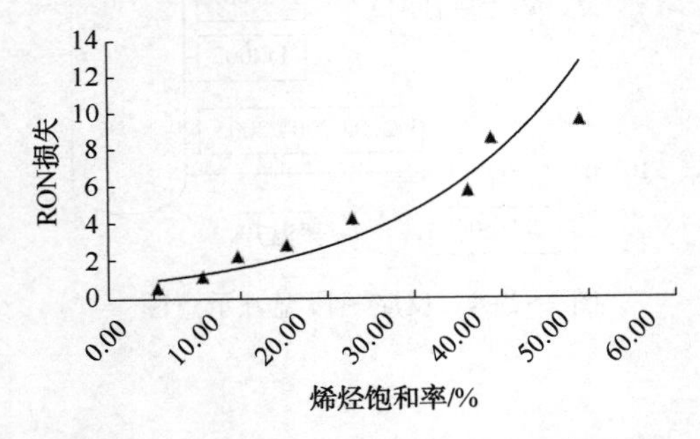

图2-2-5　FCC汽油加氢后RON损失和烯烃饱和率关系图

汽油中烯烃组分随着碳数的增加，加氢饱和程度由易而难再到易，易加氢烯烃组分为C_4、C_5、C_{9+}烯烃，C_8处为加氢活性最低，此规律不随加氢条件而变。加氢活性较高的C_4、C_5、C_{9+}烯烃中，C_4、C_{9+}烯烃饱和后辛烷值损失较小，以FCC汽油为例，C_4、C_{9+}烯烃共占总烯烃的10%~15%，随着加氢反应不断进行，烯烃饱和率达到35%左右时C_4、C_{9+}烯烃已接近完全饱和。在此基础上继续提高加氢深度时，绝大部分饱和烯烃是对辛烷值损失影响最大的C_5~C_7烯烃，此时会导致辛烷值损失大幅增加。因此，S Zorb装置在降烯烃工况中，烯烃加氢饱和率不建议超过35%，同时可以综合考虑上游催化降烯烃方案、使用FCAS-MF吸附剂等措施弥补辛烷值损失增加的问题。

第三节　再生系统操作优化

一、再生风量的控制

再生风量与系统硫平衡密切相关。整个系统硫平衡的计算公式为：

原料量×原料硫含量-产品量×产品硫含量=再生烟气中的硫含量+系统内吸附剂上含硫量的变化量。

由公式可以看出，在已知原料量、原料硫含量、产品量及产品硫含量的前提下，只要控制好再生器内吸附剂的再生量(即再生烟气中的硫含量)，即可保证系统吸附剂硫含量的稳定。再生器内吸附剂的再生量是通过调节再生风量来实现的，因此，控制好再生风量对系统硫平衡有至关重要的作用。

吸附剂再生是氧化过程，其发生的反应有镍的氧化、硫的燃烧生成二氧化硫、碳的燃烧生成二氧化碳和少量的一氧化碳。当再生烟气氧浓度保持最低水平并且也能到达再生效果的时候，即为再生器最适宜的操作条件，当氧浓度较高时，还生成少量的硫酸锌及过氧化物。在正常运行时，消耗风量与脱硫负荷、转剂速率、吸附剂碳差、硫酸锌和过氧硫酸锌生成量、再生烟气剩余氧含量等因素相关。

通过大数据和经验总结再生风量的控制与吸附剂硫含量的变化关系，在脱硫负荷30~75kg/h、转剂速率1~1.5t/h较为稳定的运行工况下，可以按以下控制再生风量的计算方法：

脱硫负荷kg×配风系数=再生风量(Nm^3/h)。配风系数说明：基础烧硫配风系数为5。转剂速率的提高将增加烧烃和吸附剂中镍氧化所耗风量，导致配风系数提高。吸附剂携带的烃类越多，烧烃用风增加，配风系数提高。在上述平稳工况下，烧烃配风系数为1.5~3，镍的氧化配风系数为2.5~5，考虑到有生成硫酸锌、过氧硫酸锌和再生烟气少量剩余氧含量的情况，配风系数一般取11，即以烧掉1kg硫需要消耗11Nm^3空气为操作基点。正常运行配风系数在9~13，配风系数超过13时应及时检查待生剂带烃和再生器富氧情况。

二、再生燃烧强度控制

再生燃烧强度通过再生温度和压力进行控制。一般再生器温度的操作范围为480~530℃。正常应通过再生器料位控制再生取热负荷来控制再生温度，增加或降低再生藏量来改变取热面积。硫的燃烧速率在450℃时存在最大值，碳的燃烧速率是随温度的升高而增加，即在再生器操作温度480~530℃的范围内：低温烧硫较快，高温烧碳速率加快。再生温度的控制既要保证硫的燃烧速率，同时应兼顾烧碳速率。通过温度控制，以实现吸附剂硫、碳含量的控制。

当再生负荷达到设计负荷50%以上时，可以通过提高再生器压力以增强再生燃烧强度；再生负荷低于设计负荷50%时，提高再生器压力对于再生燃烧强度效果较弱，过高的再生压力还会对再生器内流化产生不利影响，反而削弱燃烧强度。

再生器在贫氧操作的状态下，其轴向温差的大小表征再生器内吸附剂的再生状况，温差越大表征再生器内燃烧强度越大。在不同的再生负荷情况下，通过轴向温差的变化，及时调节再生风量和温度，避免出现再生吸附剂过烧或再生效果持续变差的情况。

三、再生器下料改进

再生器下料不畅，甚至不下料现象，在实际生产中时有发生。特别是因各种原因造成再生器吸附剂循环中断后恢复时及装置开工初期时，易出现再生器下料不畅。

（一）造成此现象的原因

① 再生器内吸附剂细粉含量低，流化性能差。多发生在再生吸附剂载硫、载碳含量高且再生器不平稳操作时。

② 再生器底部吸附剂密度高，吸附剂流动性能变差。装置脱硫负荷低，再生器配风量少，即再生器操作线速低，其底部吸附剂密度高且吸附剂循环速率低。

③ 再生空气量过大，吸附剂下料量不足。装置脱硫负荷高，再生器配风量大，即再生器操作线速高，下料推动力不足。

④ 再生器内吸附剂结块，堵塞过滤器、滑阀。

⑤ 再生器下料中断，下料管内吸附剂脱气量大造成下料管吸附剂密度大，在恢复循环时下料困难。在开工初期，由于再生器温度低，气体黏度小，下料管内吸附剂脱气量大，也会造成再生器下料不畅。

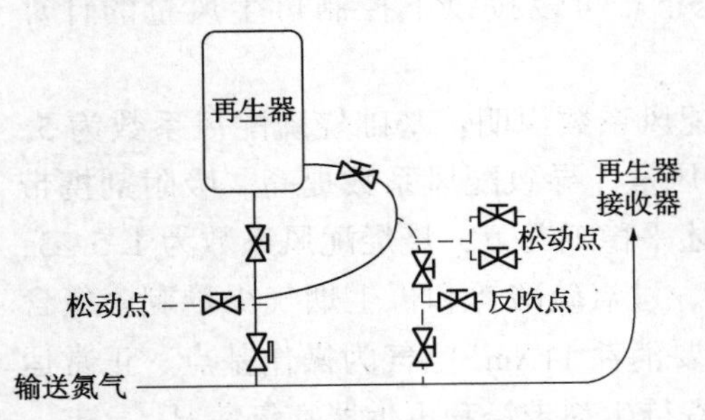

图 2-2-6　再生器下料改进示意图

（二）优化措施

由于再生滑阀通径尺寸小，且在滑阀前未设补气设施，易造成吸附剂下料不畅。通过新增一再生滑阀跨线，同时增设补气设施(松动点)，如图 2-2-6 所示。

在上述影响再生器吸附剂下料不畅情况出现时，可作为临时再生下料手段，为处理赢得时间，同时保障反应器的平稳操作。

四、再生取热优化

部分 S Zorb 装置脱硫负荷长期远低于设计值，再生负荷较小，再生温度不易控制，可以采用蒸汽或氮气保护取热盘管，停取热水。盘管蒸汽保护建议改造流程如图 2-2-7 所示。

盘管氮气保护建议改造流程如图 2-2-8 所示。

部分装置由于脱硫负荷较高或执行大循环小硫差操作，吸附剂循环量较高，造成 D110 温度偏高。为控制吸附剂失活速率，建议控制 D110 温度不大于 320℃。短期可采取再生器底部转剂线和 D110 局部拆除保温的措施降低 D110 温度，长期可将取热盘管改为热水取热。

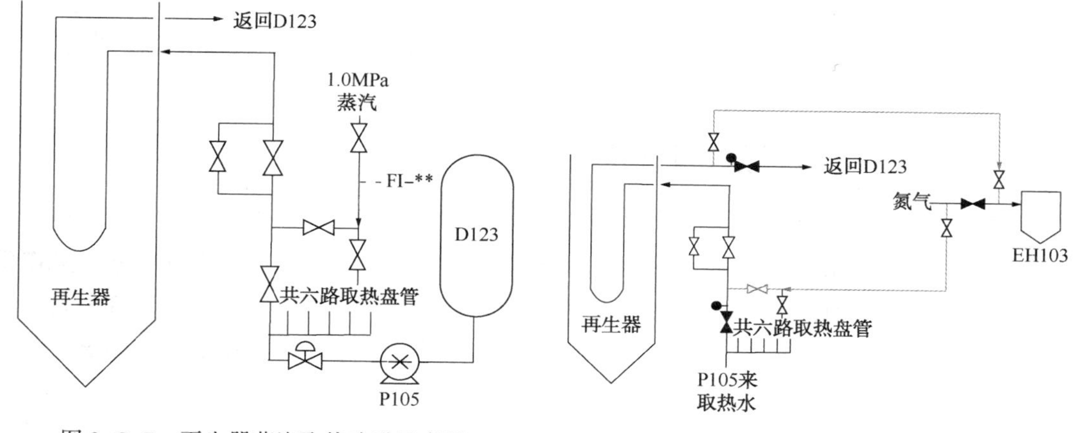

图 2-2-7　再生器蒸汽取热改进示意图

图 2-2-8　再生器氮气取热改进示意图

第四节　稳定系统优化

稳定塔优化的主要目的是在满足精制汽油蒸气压合格的要求下，提高汽油收率，减少辛烷值损失；同时，还要保证精制汽油不带水、不带氢，避免造成质量问题和安全问题。

稳定塔操作参数的调节主要依据塔底精制汽油蒸气压分析结果确定。正常情况下塔压不宜大幅改变，塔操作的稳定性由温度调整控制。为提高精制汽油收率、减少精制汽油辛烷值损失，可从以下方面优化调整稳定塔参数。

一、精制汽油水含量优化

关于精制汽油带水问题，不考虑重沸器内漏因素，水的来源主要是 D121 来的冷进料带入。通过不同工况下模拟计算可知，稳定塔顶温度过低，会导致塔顶水的饱和蒸气压大幅降低，容易造成明水出现，从而造成塔底精制汽油带水浑浊，通过对稳定塔操作工况下水分压的计算，建议塔顶温度应控制在 40℃以上，最低不应低于 30℃，否则产品带水浑浊风险将会增加。另外，还应定期对 D121 和 D201 水包界位监控、核对；E203 底部定期往地下污油罐排液，避免精制汽油带水浑浊。

二、精制汽油氢含量优化

氢气在汽油中有一定溶解度，随着温度、压力的上升，溶解度会增加，但随着温度的上升轻烃汽化会导致气相中氢分压下降，因此产品汽油溶解氢量随温度上升呈现先上升后下降的现象。通过 Aspen 模拟稳定塔工况，在相同塔底温度下，稳定塔顶压力从 0.8MPa 降低至 0.6MPa，塔底产品汽油中溶解氢气可减少 33%，所以降低塔压对降低精制汽油氢含量是最经济有效的手段。综合考虑不凝气中 C_{5+}组分回收与氢气溶解量，塔顶不凝气应优先去催化装置回收，以尽量降低稳定塔操作压力，从而减少汽油中的溶解氢气。

稳定塔塔底温度高，蒸汽消耗量大，装置能耗增加；塔底温度过低时，轻组分蒸发不完全，产品蒸气压高。因此，出于节能考虑，在保证产品蒸气压合格及保持正常塔顶回流的前提下，建议稳定塔塔底温度控制在120~145℃。

三、塔顶干气中轻烃含量优化

稳定塔顶气中含有 H_2、C_1~C_4 和少量的 C_5 组分。塔顶气的组成主要取决于进料中轻组分的含量、装置所用含氢气体的纯度、反应条件、产品气液分离器以及稳定塔的操作条件。稳定塔顶气中的 H_2、C_1 和 C_2 基本是由装置所用含氢气体带入；C_3 和 C_4 大部分是原料汽油带入，少部分由反应生成；所携带的少量 C_5 组分是由于塔顶物料携带进入回流罐，回流罐的气液相平衡使 C_5 进入气体中。

稳定塔冷进料主要为 C_4、C_5 等组分，降低稳定塔冷进料温度可以减少稳定塔塔顶气中的 C_4、C_5 组分含量，使得 C_4、C_5 等组分置于稳定塔塔底，达到提高精制汽油收率的目的。实际操作中冷进料同 E205 少换热或不换热，作为冷流进塔，从而控制较低的塔顶温度，其一般控制在40~50℃。

塔顶气的组分和塔顶的温度、压力及回流罐的温度有关。为降低塔顶气中的 C_4 和 C_5 含量，回流罐温度视条件尽可能控制低，一般冬季10~20℃，夏季20~30℃。稳定塔回流罐液相正常自循环，根据液面变化少量返塔。

第五节　装置能耗优化

S Zorb 装置为标准化设计，经过不断优化，各装置能耗明显降低。但各装置间仍存在一定差异，部分装置存在较大优化空间。以1.2Mt/a S Zorb 装置为例，装置公用工程消耗量及能耗计算见表2-2-5。装置年操作时数按8400h 计算，装置进料量为142.875t/h。

表2-2-5　S Zorb 装置能耗计算

序号	项目	消耗量		能耗指标			设计能耗/(kgEO/h)	能耗占比/%
		单位	数量	单位	数量	kgEO/h		
1	电力	kW·h	973	kgEO/kW	0.22	214.06	1.498	20.5
2	除氧水	t/h	1	kgEO/t	6.5	6.5	0.046	0.6
3	循环水	t/h	320	kgEO/t	0.06	19.2	0.134	1.8
4	凝结水	t/h	-3.45	kgEO/t	6.0	-20.7	-0.0145	-0.2
5	燃料气	kg/h	535	kgEO/t	176.6	602.3	4.216	57.6
6	0.4MPa 蒸汽	t/h	-1	kgEO/t	66	-66	-0.462	-6.3
7	1.0MPa 蒸汽	t/h	3.65	kgEO/t	76	277.4	1.942	26.5
8	净化风	Nm^3/h	600	$kgEO/Nm^3$	0.038	22.8	0.160	2.2
9	氮气	Nm^3/h	600	$kgEO/Nm^3$	0.15	90	0.630	8.6

续表

序号	项目	消耗量		能耗指标			设计能耗/(kgEO/h)	能耗占比/%
		单位	数量	单位	数量	kgEO/h		
10	原料汽油70℃热进料	MJ/h	961				0. 160	2. 2
11	精制汽油低温热利用	MJ/h	-5896				-0. 99	-13. 5
	合计						7. 32	

由表2-2-5中S Zorb装置能耗计算分析可知，装置能耗所占比例最大的公用工程主要集中在燃料气、电力和蒸汽三个方面，分别为57. 6%、20. 5%和26. 5%，S Zorb装置能耗的优化方向主要集中在以下四方面。

一、电力

S Zorb装置电力设计能耗占比约为20. 5%，主要用于泵、压缩机、空冷、电加热器等用电设备的消耗，可通过在允许情况下停运部分机泵、根据温度变化启停空冷、调节电加热器负荷等操作达到降低装置电耗的目的。

（一）停运产品汽油外送泵P-203

部分S Zorb装置设有产品汽油外送泵P203，由于稳定塔压力一般控制在0. 65～0. 7MPa，罐区脱硫汽油储罐压力较低，若产品汽油可通过压差外送至罐区，则可以停运产品汽油外送泵P203。P203设计功率为80. 1kW，满负荷运行状态下，停运P203可节省电耗：

$$80.1\text{kW}\cdot\text{h}\times 0.23\div 142.875\text{t/h}=0.13\text{kgEO/t}$$

（二）降低EH101负荷

还原氢电加热器EH101主要是将经过加热炉对流室加热过的热氢气进一步加热至400℃左右。该部分热氢气主要用于D102流化、D105流化以及闭锁料斗间断调压。

为了防止吸附剂在还原器D102内大量发生还原反应生成水，造成吸附剂失活，生产过程中，通过降低还原器温度来防止还原器内大量发生还原反应，还原器温度控制在220～260℃。正常情况下，氢气经加热炉加热后的温度(即EH101入口温度)达330℃左右，经电加热器EH101加热后氢气温度更高，但为了降低还原器D102的温度，需要开启冷氢阀门，造成了电能的浪费。因此，对EH101出入口流程进行了优化，热氢去D102氢气流程全部走EH101跨线，有效降低了EH101加热负荷，节约电耗。

正常情况下，D102流化氢气流量为1000Nm^3/h，而EH101加热氢气总量约为1850Nm^3/h(D105流化氢气量为700Nm^3/h，D106间断用氢，用量约为150Nm^3/h)，通过对流程进行优化后，D102流化氢气不经EH101加热，EH101负荷下降54%。

EH101设计功率为95KW，因此，D102流化氢气走EH101跨线后可以节省装置电耗：

$$95\text{kW}\cdot\text{h}\times 54\%\times 0.23\div 142.875\text{t/h}=0.08\text{kgEO/t}$$

再生空气电加热器 EH102 主要用于加热再生空气，根据再生器热平衡可知，若热量不足再生器内温度较低时，可投用 EH102 加热再生空气，若热量过多需要取热水取热的情况下，可停止 EH102，减少电耗。

(三) 其他

在装置日常生产过程中，根据气温变化情况，可根据冷却效果启停空冷，节约部分电耗，同时可在空冷增上变频系统、K(102+103)增上余隙调节系统等节能技术，在保证生产平稳的前提下，进一步降低电耗。从能耗角度出发，在水冷器循环水流速有余地情况下，调整温度应优先调节冷却器循环水流量，再考虑开、停空冷。

二、蒸汽

S Zorb 装置蒸汽设计能耗占比约为 26.5%，主要用于稳定塔底重沸器热源。

在原料换热器 E101 换热效果正常的情况下，稳定塔热进料温度约为 120℃。在设计条件下为保证产品蒸汽压合格，稳定塔底温度一般控制在 145℃左右。若原料气油蒸汽压较低，无须稳定塔进行调整控制时，可降低稳定塔底蒸汽用量，稳定塔底温度控制在 125~130℃，确保产品汽油能达到析出溶解氢的目的即可，稳定系统优化部分已经详细说明稳定塔底温度与精制汽油溶解氢气关系。

稳定塔底蒸汽用量设计值为 3.11t/h，保证蒸汽压合格前提下，经过核算，部分装置可做到停用重沸器，经过调整后可节省装置能耗 1.94kgEO/t。

三、燃料气

S Zorb 装置燃料气设计能耗占比约为 57.6%，主要用于进料加热炉加热原料，是影响装置能耗最大的因素。降低装置瓦斯用量可通过提高加热炉炉效、提高原料换热器 E101 出口温度等方法来实现。

排除设计因素外，炉效高低主要取决于加热炉氧含量、负压以及排烟温度。在一定范围内，氧含量越低，则加热炉炉效越高；排烟温度越低，炉效越高。在实际生产过程中，严格控制加热炉氧含量在 1%~2%，炉膛负压在-40~-70Pa，在保证加热炉烟气不会凝水造成露点腐蚀的情况下尽可能降低排烟温度，同时降低空气预热器空气跨线开度，提高空气预热器换热效率，能够有效提高加热炉效率，减少燃料气用量。

提高 E101 出口温度同样可以降低燃料气用量。一方面通过原料汽油热进料，提高原料汽油温度，可以降低加热炉负荷。另一方面要严格关注原料性质，监控原料过滤器 ME104 压差变化，防止重组分及胶质进入 E101，造成 E101 结垢影响换热效果。当加热炉入口温度低于 350℃时，及时清理换热器，保证 E101 换热效果。

四、稳定汽油低温热利用

稳定塔底汽油为 130~140℃，一般采取加热低温介质的方式，作为其他装置或系统的热源。S Zorb 装置热联合系数见表 2-2-6。

表 2-2-6 S Zorb 装置热联合系数

温差	0~9℃	10~19℃	20~29℃	30~39℃	40~49℃	50~59℃	60~69℃	70~79℃
热联合系数	0	0.348	0.696	1.044	1.392	1.74	2.11	2.43

若按照精制汽油收率为 99.20%来计算，热联合汽油温差为 30℃，则投用该热联合流程后可降低装置能耗：

$$178.5t/h\times99.20\%\div178.5t/h\times1.044=1.04kgEO/t$$

而采用稳定汽油余热发电是节能的最有效方式。以某厂 1.2Mt/a S Zorb 装置为例，采用稳定塔底低温稳定汽油作为 ORC 发电机组的蒸发热源进行发电。发电机组运行可适应装置 60%~100%负荷操作弹性要求。在设计工况下，ORC 发电机组系统净发电量平均为 550kW，其净发电量占全装置用电量的 50%以上，可使装置能耗降低 1 个单位以上。在此基础上，产品汽油空冷风机可全部停用，节约电能，节能效果显著。

通过以上建议优化措施，装置电耗较设计值降低 0.21kgEO/t；蒸汽能耗较设计值降低 1.94kgEO/t；通过投用热联合流程，装置热输出能耗降低 1.04kgEO/t。综上，装置总体能耗较设计值可降低 3.19kgEO/t，优化后 S Zorb 装置能耗分布见表 2-2-7。

表 2-2-7 优化后 S Zorb 装置能耗计算

序号	项目	设计能耗/(kgEO/t)	能耗占比/%	优化后能耗/(kgEO/t)	能耗占比/%
1	电力	1.498	20.5	1.288	31.2
2	除氧水	0.046	0.6	0.046	1.1
3	循环水	0.134	1.8	0.134	3.2
4	凝结水	-0.0145	-0.2	-0.0145	-0.4
5	燃料气	4.216	57.6	4.216	102.1
6	0.4MPa 蒸汽	-0.462	-6.3	-0.462	-11.2
7	1.0MPa 蒸汽	1.942	26.5	0	0
8	净化风	0.160	2.2	0.160	3.9
9	氮气	0.630	8.6	0.630	15.3
10	原料汽油 70℃热进料	0.160	2.2	0.160	3.9
11	精制汽油低温热利用	-0.99	-13.5	-2.03	-49.2
	合计	7.32		4.13	

第六节 装置剂耗优化

吸附剂是 S Zorb 工艺化学反应的核心，在装置运行中起到至关重要的作用。通过优化操作最大限度地保持吸附剂活性，不仅可以提高装置的脱硫能力，降低辛烷值损失，还可以降低装置的吸附剂消耗，保证装置平稳长周期运行，提高经济效益。

一、吸附剂品质监控

在日常生产中监控吸附剂品质的主要参数有硅酸锌含量和吸附剂的筛分。其中，吸附剂硅酸锌含量主要表征吸附剂的脱硫能力，吸附剂硅酸锌含量越高，代表吸附剂脱硫能力越低。而吸附剂筛分主要考察吸附剂的粒度分布，监控系统中吸附剂细粉含量。

二、吸附剂硅酸锌生成的原因及预防措施

系统中存在水是促进吸附剂生成硅酸锌的主要诱因，从以下两个方面分析系统中水的来源。

系统外带水：可以通过排查系统与水相连的管线、取热盘管及物料带水情况检查系统中是否带水，见表2-2-8。

表2-2-8　典型物料带水情况检查

序号	可能带水的管线	可采取措施
1	催化汽油进装置蒸汽吹扫线	加盲板
2	罐区汽油进装置蒸汽吹扫线	加盲板
3	稳定顶气至催化界区蒸汽吹扫线	加盲板
4	精制汽油出界区蒸汽吹扫线	加盲板
5	ME104A/B 蒸汽吹扫线	加盲板
6	原料采样器冷却水线	断开一侧法兰
7	D101 出口新鲜水、蒸汽吹扫线	加盲板
8	E101 入口新鲜水线	加盲板
9	E101 入口蒸汽吹扫线	加盲板
10	循环氢压缩机入口抽空器蒸汽线	加盲板
11	E104 内漏	循环水侧导凝打开检查是否带气
12	E106 内漏	循环水侧导凝打开检查是否带气
13	E202 内漏	循环水侧导凝打开检查是否带气
14	E204 内漏	循环水侧导凝打开检查是否带气
15	R102 取热盘管	关闭取热水出入口阀，打开倒凝放空检查是否带气
16	D110 取热盘管	
17	E105 内漏	导凝打开检查是否带气
18	E111 内漏	导凝打开检查是否带气
19	E203A/B 内漏	导凝打开检查是否带气
20	C201 底蒸汽吹扫线	加盲板
21	D201 底新鲜水线	加盲板

续表

序号	可能带水的管线	可采取措施
22	D201 底蒸汽吹扫线	加盲板
23	R102 松动管线	导凝打开检查是否带气
24	R102 反吹管线	导凝打开检查是否带气

系统工艺水包括：

① 再生系统过氧。再生系统短时间内配风过多时，会导致再生器氧含量超标，进而导致过氧硫酸锌的生成。生成的过氧硫酸锌在还原器内还原生成部分水，生成的水会促使硅酸锌的生成。

② 循环氢量过大、D121 温度过高：循环氢气量过大后对反应的危害主要表现在：一是加剧烯烃饱和反应，造成辛烷值损失增加；二是循环氢带水偏多，则大量的循环氢会携带较多的水进入反应器，促进硅酸锌的生成。D121 温度过高，脱水效果降低，循环氢水含量增加，D121 入口温度建议控制在 40℃以下。

③ 吸附剂循环量过大。在保持较高脱硫负荷(脱硫负荷大于 50kg/h)的过程中，为保证产品质量合格，往往采用增加吸附剂循环量的办法，但过大的吸附剂循环量，会导致再生系统中的氧化镍大量进入反应系统，单位时间内被氢气还原生成的工艺水增加，促进硅酸锌的生成。

④ 吸附剂短时添加量过大。短时间内向系统中添加过多的新鲜吸附剂，还原反应生成的水含量增多，促进硅酸锌的生成。

防止吸附剂硅酸锌生成的措施包括：

① 原料缓冲罐加强排水，防止原料汽油带水至反应系统。为了防止原料汽油带水进入反应系统，正常操作过程中，密切关注原料缓冲罐界面与现场玻璃板界面变化情况，严格控制原料缓冲罐界面不大于 10%。若原料带水导致原料缓冲罐界面明显变化时，及时联系调度、上游装置及技术人员，同时外操及时加强切水；若带水严重时，切断原料进装置，通过稳定产品打循环来维持生产。

② 加强现场反应与再生系统蒸汽与水线盲板管理。为了防止蒸汽管线或者水线阀门内漏窜入系统，将所有可能导致系统带水的相关管线加装盲板并挂盲板牌。

③ 规范操作，防止循环氢水含量升高。一是严格控制冷产物气液分离罐入口温度，控制 TI1203 不大于 40℃，同时注意冷产物气液分离罐切液；二是循环压缩机入口分液罐加强切液，严格控制循环氢压缩机入口分液罐液位不大于 20%。

④ 严格控制还原器温度。因还原器体积较小，导致内部水分压较大，控制还原器底部松动氢气大于 871Nm^3/h(闭锁料斗 9.0 步运行限值)，减少吸附剂在还原器中的停留时间，将还原反应后移至反应器中进行，同时控制还原器温度在 220~260℃，减少生成硅酸锌的可能。

⑤ 防止待生吸附剂带烃。为排除反应器内的少量烃通过闭锁料斗进入再生器，与再生器内氧气反应生成水，需采取以下两方面的措施：一是强化反应器接收器内吸附剂的气提

效果，尽量减少吸附剂上残存的油气；二是闭锁料斗控制程序中3.0步吹烃时间在300s以上，同时吹扫氮气量控制在110~150Nm³/h，增强吹烃效果。

⑥ 再生空气水含量监控。为防止再生空气水含量异常，加强再生空气干燥系统监控，要求控制再生空气露点温度不大于-68℃。

⑦ 控制再生空气，防止过烧。根据进料硫含量及处理量计算脱硫负荷，通过脱硫负荷及时调节再生风量，保证吸附剂载硫载碳，在吸附剂表面形成“保护膜”。严格控制再生风量的调节速率，避免再生风大幅度超标；若反应温升下降可适当提高再生风量，每次调整不超过50Nm³/h。若温升仍持续下降，缓慢地继续提高再生风量，控制再生氧含量不大于1%(体)，防止过氧，生成过氧硫酸锌。

⑧ 加强再生系统取热盘管监控。班组在日常操作过程中，再生取热水流量调整要缓慢，防止出现水击的情况。同时巡回检查中要加强监控，若发现异常要立即判断是否出现取热盘管内漏情况，若发现内漏要立即将其切出，防止大量的取热水进入再生器。取热盘管检查办法：将取热盘管单根切出，将导淋打开撤压，如果压力无法撤净且二氧化硫报警仪检测报警，则可以判定此盘管内漏。同理检验其余取热盘管及再生器接收器取热盘管。

⑨ 严格控制吸附剂循环量。在保证产品质量合格的前提下，控制吸附剂的循环量在设计的1.3倍以内，尽量减少吸附剂中氧化镍的还原量，减少系统内水的生成。若精制汽油硫含量超标，可短时提高吸附剂循环量，但不可长时间过设计的1.3倍。

⑩ 新氢带水检查。各装置新氢来源不同，氢纯度也不尽相同。日常生产中，需加强新氢带水检查，新氢罐加强脱水检查，定期检测新氢露点温度。

⑪ 适当增加新鲜吸附剂补入量。因日常生产中化学反应生成的工艺水及系统微量带水无法避免，以上各项措施仅能尽量减少系统中水的带入或生成，来降低吸附剂中硅酸锌的生成速率。吸附剂硅酸锌的生成属于不可逆的反应，且系统中已生成的硅酸锌会加速硅酸锌的生成，系统内吸附剂硅酸锌含量需控制不高于15%，而降低系统中硅酸锌含量的方法只有通过添加新鲜吸附剂进行置换，因此，适当增加新鲜吸附剂补入量，可有效抑制硅酸锌含量的上升。

三、吸附剂细粉增多的原因及预防措施

(一) 系统内吸附剂细粉增多的原因分析

① 原料中携带的杂质，例如氯化物，破坏吸附剂骨架结构，降低了吸附剂的耐磨性能，造成吸附剂破碎失活。

② 再生器取热盘管泄漏、原料带水等原因造成高温吸附剂接触自由水，吸附剂破碎。

③ 再生器旋风分离器故障，分离效率下降造成吸附剂跑损。

④ 吸附剂提升管线提升气速过大，吸附剂碰撞磨损加剧，细粉增多；反应器及再生器中气速过大，吸附剂返混程度高，吸附剂高速碰撞，造成破碎失活。

(二) 防止吸附剂细粉增多的措施

① 加强原料管理。一是原料汽油采用催化直供料方式进入装置，不宜采用罐区供料，

防止罐区脱水不当导致明水进入原料罐，继而进入反应系统；二是加强原料汽油氯含量的监控，建议每周分析一次，发现氯含量升高及时将原料切出，装置自身循环维持，待氯含量<1mg/kg 后再改进装置；三是使用重整氢气的装置需加强氯含量监控，防止重整氢气脱氯罐操作不当，氯化物随氢气进入吸附剂循环系统中。

② 防止再生器取热盘管泄漏。一是操作中严禁全开全关取热水调节阀，避免出现盘管干烧、水击现象；二是建议采用调整再生器料位的方式控制再生器温度，保持较高的再生取热水量。

③ 加强再生器旋风分离器运行效果监控。加强废吸附剂罐 D109 料位上涨趋势监控，发现料位上涨速率异常升高时，排除旋风分离器翼阀故障漏剂后，对 D109 细粉进行筛分分析，如发现大量大粒径吸附剂，及时将再生系统停运，对旋风分离器进行拆检，防止吸附剂继续跑损，增大吸附剂消耗。

④ 控制合理的吸附剂提升管线气速。在实际操作过程中，以设计给出的管线气速为依据(密相输送管线气速 3~7m/s)，结合实际工况，逐渐降低气提量，摸索所需要的最小气提流量。

⑤ 控制合理的反应器及再生器线速。以设计给出的反应器线速(0.25~0.375m/s)及再生器线速(0.2~0.375m/s)为依据，在满足反应及再生效果的前提下，尽量降低线速，缓解吸附剂高速碰撞、破碎失活。

四、吸附剂活性的日常管理

根据集团公司各个 S Zorb 装置吸附剂使用数据统计，装置吸附剂在采取上述严格的操作条件下，寿命大概为 2 年左右；因此生产中装置吸附剂要进行适当的置换，以反应藏量 40t 计算，一年的剂耗应该保持在 20t 以上。如果装置长时间不置换吸附剂，吸附剂使用时间超过 2 年，会存在吸附剂突然大量失活造成装置脱硫困难的风险。

在硅酸锌含量不大于 15%的前提下，再生吸附剂载硫控制原则上≥6%(质)，当再生吸附剂载硫<6%(质)后，停止补充新鲜吸附剂，同时进一步降低再生风量提高吸附剂载硫。

正常运行时待生剂的碳含量应控制在 2%(质)左右，待生剂/再生剂的碳差为 0.5%~1.0%(质)。

巡回检查时加强原料缓冲罐切水，遇原料罐界位上升时加快切水频率。

吸附剂硅酸锌分析频次：每月采样分析不低于两次。

控制吸附剂的循环量在设计 1.3 倍以内，尽量减少吸附剂中氧化镍的还原量，减少系统内水的生成。若精制汽油硫含量超标，可短时提高吸附剂循环量，但不可长时间超过设计的 1.3 倍。

第三章 关键设备的使用与维护

本章选取了 S Zorb 装置原料泵、压缩机、加热炉、反应进料换热器、反应器过滤器 ME101、闭锁料斗、再生取热盘管等 12 个关键设备，详细介绍了日常使用操作及维护和设备常见故障分析及防范措施，用于指导设备合理高效使用，减少设备故障率。

第一节 原料过滤器 ME104 的使用与维护

一、设备简介

汽油吸附脱硫原料过滤器 ME104 是去除原料油中固体颗粒杂质的设备，可以提高原料油的质量，保护设备正常工作。原料过滤器 ME104 采用一开一备操作模式，由过滤器壳体、管板及滤芯组成，使用中根据差压情况进行切换和清洗。其材质为 Q245R，过滤精度为 20μm，设计温度为 120℃，操作温度为 70℃，设计压力为 0. 88MPa(表)，操作压力为 0. 5MPa(表)。原料过滤器 ME104 流程图，如图 2-3-1 所示。

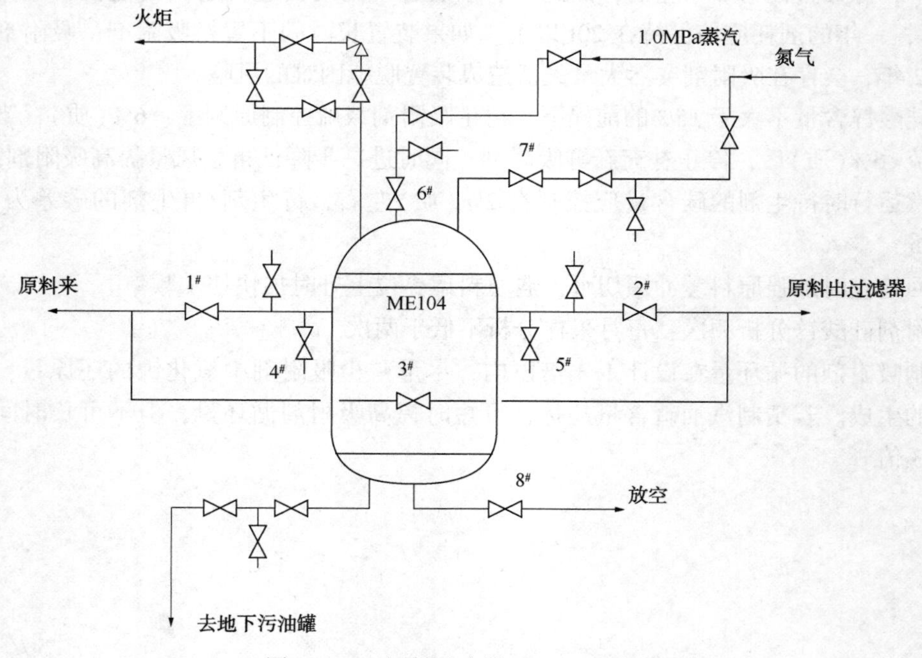

图 2-3-1 原料过滤器 ME104 流程图

二、日常使用与维护

（一）原料过滤器 ME104 操作注意事项

① 加强对原料过滤器 ME104 运行状态的监控，当过滤器压差突然上涨或原料采样发现有杂质时，应及时切换过滤器并检查过滤效果，联系上游装置排查原因，将进料改至罐区，若含大量杂质需冲洗界区外进料线。

② 加强原料油质量的管理，原料采样时注意观察外观，判断有无机械杂质，发现杂质后及时处理，切换过滤器，同时采样检查上游催化装置及罐区原料。

③ 原料带水时加强 ME104、D101 水包切水工作，联系调度通知上游催化装置排查进料带水情况，对原料汽油采样分析。原料带水严重时切断带水进料，采样分析合格后方可恢复进料。

（二）在线切换操作(ME104B 切 A)

① 稍开 ME104A 的出口阀，进行倒引充液。充液结束后全开 ME104A 的出口阀。

② 缓慢打开 ME104A 的入口阀，同时缓慢关闭 ME104B 的入口阀，直至 ME104A 完全投用，ME104B 完全切出；防止切换过程中造成原料罐液位、压力波动。

③ 全关 ME104B 出入口阀，对 ME104B 进行放油泄压。

④ 排油前确认地下污油罐液位，确保地下污油罐留有足够空间。打开 ME104B 底部污油线手阀，排油至污油罐。

（三）清理步骤(以 ME104B 为例)

① 拆除 ME104B 顶部氮气盲板，稍开氮气阀及排油阀，将存油吹扫至地下污油罐。

② 污油罐液位不在上涨时，表示过滤器存油已吹扫干净，关闭氮气阀及排油阀。

③ 导通蒸汽盲板，通蒸汽将过滤器压力冲压至 0.5MPa，对滤芯进行在线憋压吹扫，通过排放阀向地下污油罐排放。

④ 反复进行 3~5 次憋压吹扫，吹扫合格后，关闭安全阀副线，打开导淋，用氮气将水排尽。

⑤ 若出现吹扫后过滤器差压依然异常上升，再排除原料性质原因后可推断为滤芯设备问题，建议更换滤芯。

第二节　反应进料泵 P101 的使用与维护

一、设备简介

来自催化装置的汽油进入原料缓冲罐，经过该反应进料泵升压后，进入进料换热器与反应产物进行换热，再进入加热炉加热，然后进入脱硫反应器中反应。1.5Mt/a S Zorb 装置 P101 设计参数如下。

流量：正常为 262m^3/h，最小为 150m^3/h，最大为 300m^3/h。

扬程：512m。

NPSHa：6m。

入口压力：标准为0.4MPa(表)，最低为0.2MPa(表)。

出口压力：3.8MPa(表)。

入口温度：40~70℃。

二、设备使用

(一) 开机

1. 开泵前确认工作(大修后开工确认)

① 确认泵单机试车完毕。

② 确认泵处于无工艺介质状态。

③ 确认联轴器安装完毕。

④ 确认防护罩安装好。

⑤ 泵的机械、仪表、电气确认完毕。

⑥ 确认泵盘车灵活。

⑦ 确认泵的入口过滤器干净并安装好。

⑧ 确认泵循环冷却水引至供回水总阀前。

⑨ 确认泵润滑油牌号符合规定。

⑩ 确认泵前后轴承箱润滑油液位在视窗1/2~2/3之间。

⑪ 确认泵的出口和入口阀关闭。

⑫ 确认泵出口的排凝阀关闭。

⑬ 确认泵体排凝阀关闭。

2. 开泵准备

① 投用泵出口压力表。

② 投用泵的冷却水系统：打开泵循环冷却水系统回水总阀和各分支阀；打开泵循环冷却水系统给水总阀和各分支阀；关闭泵循环冷却水跨线阀(冬季关小不关闭)；确认泵循环冷却水系统畅通。

3. 灌泵

灌泵：打开泵出口排凝阀排气，缓慢稍开泵入口手阀至全开，确认排气完毕，关闭泵出口排凝阀。

4. 开泵

(1) 启动电动机

① 联系电气送电。

② 确认电动机已送电，具备开机条件。

③ 确认泵入口手阀全开。

④ 确认盘车灵活。

⑤ 确认前、后轴承箱润滑油液位在视窗 1/2~2/3 之间。

⑥ 通知电气准备启动电机，得到允许后方可启动电机。

⑦ 按下“启动”按钮，启动电动机。

⑧ 确认电动机启动。

注意：如果出现下列情况立即停泵：异常泄漏、异常振动、火花、烟气、电流持续不下。

（2）启动后对泵的调整

① 确认泵出口压力达到启动压力且稳定。

② 打开泵出口阀压力平衡阀。

③ 打开泵出口阀至全开。

④ 关闭泵出口阀压力平衡阀。

注意：在泵出口阀关闭的情况下，泵连续运转不能超过 3min，泵启动后，压力上不来，应立即停泵检查。

5. 开泵后确认和调整

① 确认泵的振动情况正常。

② 确认轴承温度正常（径向轴承≤65℃，推力轴承≤70℃）。

③ 确认前、后轴承箱润滑油液位在 1/2~2/3 之间。

④ 确认润滑油无泄漏。

⑤ 确认轴封无泄漏（机械密封漏量≤10 滴/min）。

⑥ 确认泵的循环冷却水系统正常。

⑦ 确认电动机的电流小于额定电流。

⑧ 确认电动机的转速稳定。

⑨ 确认泵出口压力正常。

（二）备用离心泵的正常切换

1. 启动电动机

① 通知电气高压班准备启动电机。

② 确认电动机送电，具备开机条件。

③ 确认备用泵出口阀关闭。

④ 确认备用泵入口手阀全开。

⑤ 确认盘车灵活。

⑥ 确认前、后轴承箱润滑油液位在视窗 1/2~2/3 之间。

⑦ 通知内操联系电气高压班准备启动电机，得到高压班允许后方可启动电机。

⑧ 按下“启动”按钮，启动电动机。

⑨ 确认电动机启动。

注意：如果出现下列情况立即停泵：异常泄漏、异常振动、火花、烟气、用电超负荷。

2. 启动后对泵的调整

① 确认备用泵出口压力达到启动压力且稳定。

② 打开备用泵出口阀压力平衡阀，渐渐打开备泵出口阀，确认泵上量(电流上升)，渐渐关闭原运行泵的出口阀。

③ 当备用泵出口压力、流量正常时，应逐渐开大备用泵出口阀，同时逐渐关小原运行泵出口阀，直至备用泵出口阀全开，原泵出口阀全关为止。

④ 关闭备用泵出口阀压力平衡阀。确认电动机电流小于额定电流。

⑤ 按动电机“停止”按钮，确认电机停转。

⑥ 冬季原运行泵停泵后，稍开预热线(压力平衡阀)，确认泵无自转。

⑦ 确认前、后轴承箱润滑油液位在视窗 1/2~2/3 处。

⑧ 确认泵循环冷却水系统畅通。

注意：切换过程中应参考两泵的压力和电流强度，尽量避免系统流量出现较大波动，严禁抽空、抢量等现象。然后才能停止运行泵。在切换过程中一定要随时注意电流、压力和流量有无波动，保证切换平稳。

三、设备维护

(1) 泵的常见故障处理

泵的常见故障处理见表 2-3-1。

表 2-3-1　泵的常见故障处理

故障现象	故障原因	处理方法
流量、扬程降低	吸入漏气	检查入口管道及法兰
	入口管线或叶轮堵	清扫
	压力不够	改善吸入压力
	泵体内有空气	放空排气
	介质在泵体内汽化	放空排气，冷却泵体
	入口蒸汽扫线阀内漏	更换阀门或加装盲板
	电机转向不对	重新接线
	入口过滤器堵	清扫
机泵电流升高，马达温度高	泵和电机不同心	校准同心度
	口环间隙过小	调整间隙
	泵体和叶轮内有杂物	清除杂物
	介质比重黏度增大	防止电流过大超负荷
泵振动值增大，有杂音	固定螺丝联轴节螺栓松动	把紧螺丝、螺栓
	泵抽空	进行工艺调整
	对轮对中不良	重新对中
	叶轮内部有杂物，破坏了动平稳	解体清除异物
	轴承磨损严重	检修更换轴承

续表

故障现象	故障原因	处理方法
密封处泄漏严重	机械密封损坏或安装不当	更换检查
	密封液压力不足	比密封腔前压力大0.05~0.15MPa
	填料过松	重新调整
	操作波动大	稳定工艺操作
轴承温度高	润滑不当	使用正确的润滑油
	轴承箱内油过少或太脏	加油或更换
	轴承冷却效果不好	检查调整
泵串轴	抽空或半抽空	调节泵流量，防止抽空
	止推轴承间隙过大或固定不正	调整轴承间隙或固定
	平衡管堵塞	检查并清理
	平衡盘磨损	更换平衡盘

（2）注意事项

① 离心泵严禁用关入口阀的方法启动或调量。

② 在关闭出口阀的条件下运转不得超过3min。

③ 离心泵出现抽空或半抽空状态应立即调整或处理。

④ 严禁超温、超压、超负荷运转。

⑤ 巡检时注意压力表、电流表的读数是否正常。

⑥ 观察润滑油位，使油量保持在规定范围内，定期检查油质，发现有变化应立即按规定牌号及时更换。

⑦ 检查离心泵和电动机地脚螺栓的紧固情况，泵体和轴泵的温度及泵运行时的声音，确认泵体运行正常，无异常响声和振动。

第三节 电加热器EH101的使用与维护（不含电气操作）

一、电加热器EH101简介

电加热器EH101的作用是将经过加热炉对流室加热后的氢气进一步加热，并用于闭锁料斗升压、吸附剂还原、反应侧流化等操作。电加热器系统包括：电加热器芯（包括内部电加热元件、测温元件和接线盒等）、壳体（压力容器）和控制柜（提供电加热器的配电、电气保护和功率控制）。

二、EH101的温度控制

电加热器EH101的操作由温控TIC2201控制，当TIC2201输出增加，EH101的加热功率随之增加，即 TIC2201 的输出值控制电加热器 EH101 的加热功率。

三、EH101 操作的原则

① 开停工过程中，严禁无氢气消耗投用电加热器，当电加热器氢气用量(FIC2301+FIC2801)≥800Nm³/h 时方可启动电加热器。同时，严格落实联锁保护系统管理规定，电加热器温度高温联锁必须投运不能旁路。

② 在调整循环氢量及还原氢气量时保证电加热器氢气消耗流量≥800Nm³/h，严防大幅调整引起流量波动造成进电加热器氢气短路，导致电加热器出现过热现象，损坏加热器和其内部电加热器元件。

③ 正常生产过程中，严禁大幅度调整 EH101 加热输出值，严格监控 EH101 加热元件温度变化趋势，根据升温趋势及时调节热负荷。

四、设备维护

(一) 电加热器防潮

① 加热器制造完成后，保持接线盒内干燥，以防止电加热器在运输过程中以及通电前由于过度潮湿降低电气设备和线路的绝缘。

② 电加热器正式通电前，加热防潮空间加热器驱散电源接线盒内的潮气，使电气设备和线路的绝缘正常，保证安全。

③ 设置备用净化风或氮气(干净惰性气体)吹扫口，用于在电源主接线盒受电前，用净化风或氮气(干净惰性气体)吹扫提高电气设备和线路的绝缘。

④ 设备停运期间，建议维持通电状态负荷输出调整为零。

(二) 电加热器压力容器的防腐

① 碳钢件表面需按照行业标准 SH/T 3022《石油化工设备和管道涂料防腐蚀设计规范》用油漆进行防腐处理。法兰接口采取相应的防腐保护措施。

② 电加热器的金属零器件均应进行防腐处理或采用不锈钢等特殊材质。

第四节　吸附进料换热器 E101 的使用与维护

一、设备简介

吸附进料换热器 E101 为 U 形管式换热器结构，布置形式为双系列并列，每列采用数台换热器串联，每列换热器的台数取决于装置的规模。一般情况下 1.2Mt/a 处理量以下的装置，每列为 3 台换热器；1.8Mt/a 处理量的装置，每列为 4 台换热器。目前，最大装置的处理能力为 2.4Mt/a，每列采用 5 台换热器。

吸附进料换热器管程介质为混氢原料，运行过程中原料汽化点位置一般位于最后第二台换热器，故一般最后两台换热器管束及管板处容易结焦。通过不断实践研究，除了对原料质量的严格控制，换热器的管板和夹持法兰也可采用一种新型的能快速拆卸的紧固结构，便于现场换热器的拆除和清洗。

二、日常使用

（一）吸附进料换热器操作要求

① 根据进料换热器 E101 压差及热端温差变化情况来判断换热器的结垢情况及换热效果的变化，发现换热效率下降时，应提高加热炉运行负荷，防止反应进料温度大幅波动。

② 关心原料质量情况，原料控制胶质含量<3mg/100mL，氯含量<1mg/kg，氮含量<75mg/kg，含水量<300mg/kg，发现原料质量指标严重超标时及时停止进装置。

③ 装置运行负荷调整过程中，应密切关注原料换热器的换热效率及压降是否异常变化，关注两列换热器管壳程出口温差，及时处理可能出现的偏流导致的换热量下降问题。对已偏流侧热物流第一道阀门进行卡阀操作，可以调节热源分配，保证中间有潜热变化换热器的液相进料，防止该换热器操作温度过高造成汽化点前移，从而加剧设备运行风险，对未偏流侧冷物流第一道阀门进行卡阀门操作，可以提高偏流侧换热器线速，降低结焦概率。运行末期极端情况下可以考虑对偏流侧管程入口卡阀操作，用足未偏流侧进料负荷，减少装置负荷下降时间和高压差运行时间。

④ 紧急降量，尽量减少系统温度波动幅度，要观察原料换热器温度，预防偏流导致温度波动过大引起进料换热器 E101 封头法兰、螺栓由于收缩不均匀导致泄漏，从而发生火灾或引起停工。在紧急降量过程中发现原料换热器发生偏流，或降量至 60%负荷以下时，增开一台循环氢压缩机，双机运行提高循环氢气量，减小偏流。此外，降量期间内操加强监控关注温度，外操要加强高温法兰检查，以防偏流发现不及时导致换热器泄漏，做好消防掩护准备工作。

⑤ 根据进料换热器 E101 压差变化及换热后温度的降低，热端温差≤90℃时应及时对结焦换热器进行切出清洗，原则上清洗完一列，接着清洗另一列，两列清洗时间间隔不宜过长。

（二）原料换热器切出停用操作法

由于装置运行期间原料中胶质及 Fe^{3+} 等金属离子含量的变化，容易导致原料换热器管程结垢，使热端温差升高，最终导致原料换热器换热效果下降。为了保证换热能力，装置需要根据生产实际情况在线停用单组换热器，或切断进料清洗处理结垢的换热器。以换热器 E101A/B/C 为例，介绍原料换热器切除停用的操作方法。

1. 停用步骤

以现场停用 E101A/B/C 组为例。

1）逐渐降低处理量至 70%，降量期间逐步关小 E101A 管程、壳程进口第一道手阀（阀门开关大小根据 E101A 管、壳程温度变化调整，尽量减少温度变化），先关闭 E101/A 壳程出口阀门，其次关闭 E101/A 管程出口阀门，待管程出口温度降至 260℃时，再关闭壳程进口阀门，关管程进口阀门，最后将 E101/A 管、壳程进、出口剩余所有阀门关闭。

2）静置观察，待管程出口温度低于 100℃后，同时观察 C 组的现场温度。缓慢打开该组换热器管、壳程至地下污油罐的放空阀和火炬放空阀，将管、壳程中的油气排放干净。

3）油气放净后，关闭泄压、排污油手阀，观察现场压力表，看压力表是否有上涨趋势，压力不上涨则在管壳程进出口加装盲板，压力上涨则逐个开关几次阀门并带紧，再次泄压、排污观察。

4）待管壳程进出口盲板加好后，管壳程分别氮气充压，放尽存油，后引蒸汽对管壳程进行蒸煮，合格后交于施工单位。

2. 投用步骤

① E101A/B/C 管束清洗、回装完毕后，检查关闭 E101A/B/C 管程、壳程出入口各放空阀。

② 水压试验结束后将管壳程内水放净，先用蒸汽对管壳程进行吹扫，再用氮气吹扫，吹扫干净，确认无明水后，加好排放阀盲板，同时拆除管壳程进出口盲板。

③ 稍开管程进口阀开始引原料油气充满换热器管程(其间可稍开管程安全阀副线，检查管程充油情况，充满后关闭安全阀副线，全开管程进口阀门)，将壳程出口阀打开，待原料换热器 E101/A 管壳程温度达到 100℃后，全开壳程出口阀，稍开壳程进口阀门，保持热端物料逐步流通加热管程原料到 300℃以上，然后稍开管程出口阀门，观察管壳程出口温度情况，逐步调整开大管程出口阀、壳程进出阀门，逐步恢复正常处理量(开大 E101/A 阀门过程中观察在重用组 E101/D 组温度波动情况，减少阀门开关引起的温度波动)。

三、日常维护

（一）加强原料管理

① 严格执行催化裂化汽油直接进装置，罐区汽油必须设置氮封且储存时间不大于 24h，否则应先去催化分馏塔顶回炼后再直供进料。

② 重汽油(如重芳烃等)去催化分馏塔中部回炼后再直供进料。

③ 含氧汽油(如 MTBE 等)不得进装置，必要时先进催化提升管回炼再直供进料。

④ 未洗胶质>4mg/100mL 或者颜色过深有颗粒物的汽油组分，不得进装置，必要时先进催化提升管回炼后再直供进料。

⑤ 加强对原料胶质含量、铁离子等基本性质的监测，降低换热器结垢现象。

⑥ 上游装置由于消缺等原因导致管线停用超 7 天以上情况，恢复进料前根据管线长度进行一定时间的原料返罐区处理，避免管道内汽油氧化或夹带杂质。

（二）操作维护

① 日常关注 E101A/B/C、E101D/E/F 两组换热器的管、壳程出口温度差，管程温差≤20℃，壳程温差≤50℃，避免换热器因偏流加快结垢速率，发现问题及时处理。

② 严格把控清焦质量，确保换热器管程全部疏通。

第五节 反应器过滤器ME101标准化操作指导

一、反应器过滤器ME101简介

反应器过滤器ME101为全自动吹扫过滤器如图2-3-2所示，是S Zorb装置的核心设备之一，通过内装的高精度滤芯组将油气中的吸附剂粉尘与脱硫后的油气彻底分离。ME101设计温度为470℃，设计压力为4.26MPa，采用的过滤材料为金属粉末烧结滤芯，具有过滤精度高、耐磨损的特点。ME101成套设备主要由壳体、滤芯组件、内部反吹组件、外部反吹管线及相关的仪表阀门组成。

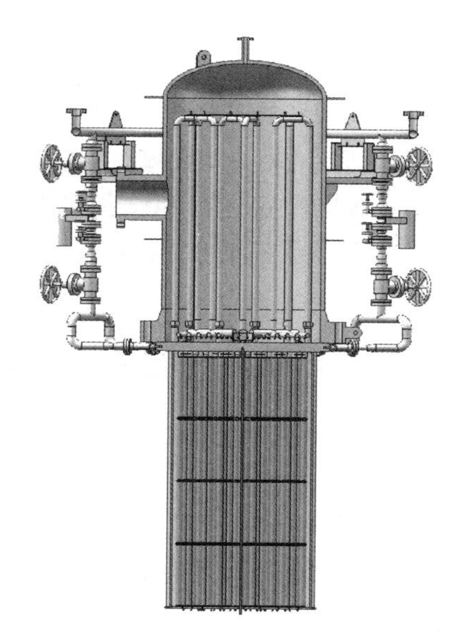

图2-3-2 反应器过滤器ME101图

（一）壳体

ME101的壳体是指上封头部分，内部安装反吹组件及滤芯组件，外部安装管线及阀门，封头的材质及公称直径根据设计条件及装置处理量选取，按照Ⅲ类压力容器设计制造。

（二）滤芯组件

滤芯组件包括管板、滤芯、拉杆和定位花板。管板材料与封头一致，上表面堆焊不锈钢，滤芯组件夹持在筒体法兰和反应器顶法兰之间。管板上的滤芯分区设计根据滤芯数量确定，一般均分为6(8/10)个区。

（三）内部反吹组件

内部反吹组件分组数量与滤芯分区保持一致，单组反吹组件由两根反吹预热管和一个气体分布器组成，反吹气体由外部进入过滤器，首先经过反吹预热管，然后进入气体分布器，气体分布器上与滤芯对应的开孔位置设有喷嘴。

（四）外部反吹管线

外部反吹管线由反吹环管和分管线组成，分管线的数量与滤芯分组数量一致，反吹气体自D114进入反吹环管，由反吹环管再通过分管线进入过滤器。每条分管线上安装手动切断闸阀、反吹启动球阀和导淋阀。

（五）自动反吹系统

正常过滤操作时，过滤器全流量运行。过滤器将混合油气中的吸附剂颗粒拦截在滤芯表面。随着过滤的进行，过滤前后压差逐渐上升，当到达设定压差或设定时间时，过滤器进行脉冲反吹。脉冲反吹时，打开快开气动阀门，由反吹气体聚集器(D114)释放的氢气流经过特殊结构的喷嘴被加速至超音速或临近音速，迅速由内而外冲击滤芯，达到爆破反吹的效果，以恢复滤芯性能。一般滤芯分为6个分区，脉冲再生时，先打开某一分区的阀门，脉冲维持时间1~1.5s，对应的成组滤芯进行再生，恢复使用性能，然后关闭该阀门。单组反吹完成后间隔一定时间，打开下一个分区的阀门，对相应的滤芯进行反吹再生，如此循环，以保证整个系统使用性能要求。所有分区的滤芯反吹再生完毕后，恢复正常过滤，等待下一次反吹循环。

反吹系统操作由DCS全自动控制，系统反吹启动方式采用压差和时间联锁控制，根据实际情况也可采用手动控制(一般系统除检修开停工阶段外尽量不要用手动控制，以免影响系统的稳定运行和设备使用)。自动反吹系统由操作员在控制面板上进行操作和控制，包括过滤器系统的在线/离线，反吹和快速反吹的启动/停止(CLEANOUT)等工艺过程的操作。

二、反吹系统相关关键参数设置原则

① 高压差设定值是决定启动快速反吹循环的压差值，压差值达到这个值时启动一次快速反吹。

② 反吹脉冲时间，建议设定为1~1.5s。因为反吹的工作原理为脉冲式反吹，需要一定的差压，设定时间过短，反吹效果较差；设定时间过长，预热氢气排完后会把低温氢带入ME101，低温反吹氢气进入反应器导致过滤器产生凝液，结焦倾向增加，滤饼过厚造成过滤器通量进一步减小，ME101压差会继续增大。因此，在一个运行周期内反吹时间不建议调整。

③ 反吹循环时间是完成所有扇区顺序反吹所需时间。其设置原则为各反吹阀反吹间隔时间应满足反吹压力达到要求值的下限。

④ 反吹周期：以过滤器恢复差压2~3kPa为依据，随装置运行时间的延长，逐步缩短反吹周期。同时避免过滤器差压短时出现趋势性上升。根据操作经验，其趋势性上升必须在72h内，通过调整反吹周期来恢复、抑制压差上涨，并分析其上升的原因，有针对性地解决避免后续再次发生。

⑤ 反吹压力：正常反吹氢压力要随反应操作压力的变化进行调整，装置运行前期反吹压力按反应操作压力的2~2.2倍设置，装置运行后期其压力按反应操作压力的2.2~2.4倍设置。

⑥ 反吹氢气温度：反吹氢气温度的高低在一定程度上影响反吹效果，但需同时兼顾反吹阀设备使用要求，通常控制反吹氢气温度在240~260℃。

⑦ 反吹间隔时间：设置原则是保证ME101反吹压力能在设置时间内恢复到反应压力的2.0~2.2倍，原则上控制在60s以内。

三、反吹系统的日常检查

① 检查反吹阀仪表风各接管是否完好，有无漏风的问题，保证仪表风供风正常。

② 检查反吹阀执行机构是否正常动作，检查回讯开关动作和显示是否正常，电磁阀和减压阀等元件是否完好。

③ 检查反吹阀启闭动作是否正常，反吹阀有无泄漏问题。

④ 观察反吹管道是否存在震动，检查反吹阀门与管道连接螺栓是否有松动，检查阀门本体紧固件是否松动，检测反吹阀门是否出现外漏。

⑤ 根据过滤器差压情况，设置适宜的阀门反吹时间、反吹循环时间和反吹压力等参数。

四、滤饼建立

过滤器投用初期，建立好永久滤饼。在运行过程中，要严密监控过滤器压差的变化，通过对反吹氢气压力、反吹氢气温度及反吹控制系统参数的调整，延缓过滤器压差上升速度，同时要保护好永久滤饼。

反应器操作必须以平稳为原则，特别是装置提降负荷过程中的平稳操作。装置提降负荷，必须以反应器线速基本不变为原则，做到提量先提压，分次缓慢进行，确保反应器线速平稳。当新氢管网压力波动时，及时调节系统压控阀，维持系统压力平稳。为提高反应器过滤器反吹系统的反吹效果，对反吹系统操作参数调整原则如下：随着反应器过滤器差压上升，反吹周期逐步缩短，提高反吹频率，抑制反应器过滤器差压上升速率。

① 在保证横管收料前提下最低负荷开始建立滤饼，保持负荷的稳定。反应线速控制在 0.37m/s 以下。

② 运行过程中确保 ME101 反吹压力为反应压力的 2.0~2.2 倍（应根据反应压力的变化随时调整反吹压力值）。

③ 反吹气温度控制在 240~260℃。

④ 开工阶段采用手动反吹，当差压上涨到 10kPa 前，启动第一次反吹，然后记录反吹后的恢复压差。此后在前一次恢复压差的基础上上涨 3~4kPa，作为下一次启动反吹的设置值，连续反吹出现恢复差压不再变化，永久滤饼建立结束。

五、日常操作指导原则

为实现过滤器长周期运行的要求，在日常操作调整中，建议按照以下指导原则进行：

① 规范操作，严禁超温、超压等异常操作工况的发生，造成过滤器设备损坏。

② 根据过滤器运行情况和反应器操作负荷，设置适宜的反应器线速（≤0.37m/s）、吸附剂藏量等操作参数。反应器内线速控制过大，造成反应器膨胀段稀相浓度过大，也会导致差压上涨过快；反应器内藏量控制在能满足 D105 正常收料的最低藏量即可。

③ 系统吸附剂粒径过小、细粉含量高时会增加过滤器负荷，导致过滤器差压上涨，建议吸附剂平均粒径应该控制在 60~80μm。

④ 保持反应器负荷稳定，避免发生短时间负荷变化过大和长期超负荷运行。保持催化直供热进料，避免加工处理过量的非催化直供汽油，如罐区油等。

⑤ 保持反吹系统运行正常，设置适宜的反吹压力，及时发现并处理反吹阀故障问题，保持反吹阀性能良好。

第六节　压缩机的使用与维护

一、设备简介

S Zorb 装置压缩机按用途分为循环氢压缩机、反吹氢压缩机、补充氢压缩机，因流量小、压比大的特点均选用往复式压缩机。

(一) 循环氢压缩机

来自冷产物气液分离罐的气体在经过循环氢压缩机入口分液罐分液后，大部分进入循环氢压缩机压缩，压缩后的气体大部分与经反应进料泵升压后的原料混合后，在吸附进料换热器中与反应产物进行换热，再进入加热炉加热，然后进入脱硫反应器脱硫。

(二) 反吹氢压缩机

为防止脱硫反应器内的吸附剂被带入后续系统，在反应器顶部设有过滤器和反吹设施。经过循环氢压缩机入口分液罐分液后的少部分气体进入反吹氢压缩机压缩，压缩后的气体进入反吹气体聚集器，用于反应器顶部过滤器反向吹扫。

(三) 补充氢压缩机

物料在脱硫反应器中反应需要消耗一定量的氢气，来自管网的新氢经补充氢压缩机升压后补入系统。氢气管网压力足够可直接补入系统时，则不设置此压缩机。

二、设备使用

(一) 开机

1. 压缩机及附属设备管道的检查

① 检查压缩机、辅机、电机所属各部件是否齐全好用，所属管线、阀门、法兰是否泄漏，地脚螺栓是否拧紧，检查电机接地是否良好。

② 检查工艺流程是否正确。

③ 检查各部压力表手阀是否打开，检查压力表、温度计、指示仪表是否正常。

2. 冷却系统检查

① 打开总进水管阀门，调整各冷却分支管的流量，并通过示水器检查各水路是否正常，检查指示仪表是否正常。

② 检查冷却水管路、阀门是否泄漏。

3. 润滑系统检查

(1) 机身油箱检查

① 检查机体油箱润滑油液位是否在看窗的 1/2~2/3 处，检查油箱有无漏油现象。

② 油箱油温应至少高于 30℃，否则启动油箱电加热器，使油温大于 35℃。

③ 确认温度计、液位计完好正常。

（2）油泵的检查

① 检查辅助油泵安装是否完好、确认电机转向正确，盘车灵活。

② 将主、辅油泵入口阀全开，检查油泵密封、连接法兰是否泄漏。

③ 打开油泵出口阀，确认泵出口安全阀好用。

（3）油冷却器的检查

① 将油冷却器油侧排污阀打开，排净杂质后关闭。

② 打开水侧排污阀，排尽后关闭；打开水侧放空阀，并稍开冷却水进口阀，待放空阀有水流出后，关闭放空阀，然后全开进出口阀。

（4）油过滤器的检查

① 检查双联三通阀的切换装置是否好用，并转动切换手柄，使润滑油只能通过一个过滤器。

② 将过滤器后至各润滑点的截止阀打开。

4. 启动润滑油系统

① 联系电气送电。

② 确认油路系统各一次阀打开，并将各监控仪表投用。

③ 启动辅助油泵，确认油泵运行良好，并检查油泵出口压力，调节油压控制阀使泵出口压力满足要求，并检查有无泄漏情况。

④ 将油冷却器和油过滤器低点放空打开排油，直至油中无任何杂质，同时检查整个润滑油系统的泄漏情况。

5. 压缩机启动准备

① 将压缩机曲轴盘车 2~3 圈，检查曲轴运动是否自如，有无不正常的声音或卡涩现象。

② 确认氢气系统所有排凝、放空阀门都已关闭。打开放空阀门，用氮气置换工艺系统，关闭放空阀门检查有无泄漏现象。

③ 关闭氮气阀。

④ 打开压缩机出、入口阀，确认负荷开关为 0。

⑤ 联系仪表、电气、保运人员至现场确认开机条件。

6. 启动过程

① 当油压≥0. 35MPa，启运压缩机主电机，启动后压缩机开始空负荷运转，检查压缩机运行情况，确认无异常声响及其他异常情况。

② 根据工艺要求调整载荷器负荷。

③ 检查各部位压力、温度及压缩机运转情况是否正常。

④ 待压缩机运转正常后，投用相关联锁。

（二）停机

1. 停机前的准备工作

① 班长及内外操岗位做好联系。

② 准备好工具。

2. 正常停机步骤

① 将负荷逐步降为零。

② 停主电机。

③ 关闭压缩机的进出口阀。

④ 打开机体放火炬阀，进行泄压。

⑤ 用氮气置换气缸中的氢气。

3. 紧急停机

(1) 由于工艺或其他原因引起紧急联锁停车

① 立即将载荷器负荷置为 0。

② 根据标准作业卡，启动备用压缩机。

③ 查找停机原因。

(2) 因压缩机本体设备故障需要采取的紧急停车

① 立即就近按动紧急停车按钮，停压缩机。

② 关闭出入口手阀，进行泄压放空。

③ 用氮气置换机体中的氢气。

④ 通知并协助有关单位检查机体，检修或更换损坏的部件。

⑤ 修好后再试运，合格后根据需要启动或作为备机。

(三) 压缩机切换

1. 初始状态确认

① 机组改造或检修完毕，有完整的安装记录，经检查合格。

② 机组有关的水、风、氮气到位，电、仪复位并调试完毕，具备投入运行的条件。

③ DCS 系统调试正常；机组联锁确认好用。

④ 现场清理干净，道路畅通，环境整洁，安全消防设施齐全、可靠。

⑤ 机组有关的氢气系统、风系统、油系统、水系统、氮气系统中的阀门开关灵活，阀位准确。

⑥ 备用压缩机主机、辅油泵、各电加热器送上电。

⑦ 工艺管线上因机组检修所加的盲板全部拆除复位，流程经三级确认。

⑧ 各压力表手阀打开，尾带阀打开。

⑨ 出入口阀全关，氮气双阀关，双阀间放空阀开，安全阀投用。

⑩ 机组润滑系统油位正常，系统跑油合格，润滑油压 0.4MPa 以上。

⑪ 顶阀器供风压力为 0.4~0.5MPa，电磁阀风线总阀打开，负荷在 0%处。

⑫ 机体内无压力，放空阀关闭。

2. 备用压缩机开机

① 盘车 2~3 圈，检查曲轴运动是否自如，有无不正常的声音或卡涩涉现象。

② 稍开入口阀充气，当机组压力与系统入口压力平衡后，全开入口阀、出口阀。

③ 检查循环冷却水、润滑油压力等是否满足开机要求。

④ 将主电机开关打至开车位，停3~5s，使主电机启动，确认电机转向正确，进行空负荷运行。

⑤ 检查机组空负荷运行情况，如油压、运转声音、电流、振动等，如有不正常现象立即停车。

3. 机组切换

根据运行机的负荷，两机进行等负荷切换，备用机必须按50%、100%依次逐级进行等量切换，且每一级负荷切换后都必须用对讲机联系两台压缩机的总排量是否正常，尽量达到排量稳定，以免影响生产。

4. 原运行机组停机

① 当备用机给足负荷，原运行机负荷为0%时，备用机排量等各参数正常后，原运行机按正常停机步骤停机。

② 关闭出口阀，再关入口阀，最后打开放火炬阀，放尽机体内压力，关闭放火炬阀。

③ 主机停运10min后，冷却水、辅油泵可根据需要来决定是否停运。

④ 根据季节情况开停油箱电加热器。

三、设备维护

① 检查机体油箱的液位和温度并保持在规定的范围内。

② 确认辅助油泵处于自动状态，进出口阀打开。

③ 确认油冷却器出口油温是否正常，根据需要调节冷却水量。

④ 确认油过滤器差压是否正常，当两端压降超过0.1MPa时，切换过滤器并清洗滤筒。

⑤ 确认机体运行正常，无异常响声和振动。

⑥ 确认进出口压力及压差正常。

⑦ 确认气缸和轴套密封良好，密封无泄漏。

⑧ 检查气阀情况，确认气缸排气温度是否正常。

⑨ 检查并确认气缸轴套冷却水出口温度是否正常，填料函冷却水出口温度是否正常。

⑩ 检查电机的电流、温度等参数是否正常。

⑪ 按时对D103进行排液，排液过程中人员不得离开，以免氢气窜至稳定塔。

⑫ 经常与内操岗位保持联系，询问操作条件是否需要变化。

⑬ 联系润滑油的供应。

⑭ 与电工、仪表及维修人员联系进行正常的设备维护与修理。

⑮ 压缩机运行一定时间后(累计180d)需进行预防性维修。

第七节 反应进料加热炉F101的使用与维护

一、设备简介

装置设置一台加热炉，并配套烟气余热回收系统，以及一个钢烟囱。其作用是加热反应进料和循环氢，使进料达到所需温度，两介质均为100%的气相。烟气余热回收系统的作用是回收离开对流段烟气的余热，是提高加热炉效率的重要节能手段。

二、日常操作

（一）点火前的检查

① 首先要检查并确认加热炉内摄像头系统装置安装合理，能够观察炉内情况并运行正常。

② 炉管需经压力试验，检查无泄漏，试压合格。

③ 检查工艺管道和炉管以及燃料管线已正确安装，确认各个阀门可以使用。

④ 检查耐火衬里材料是否完整无损。

⑤ 检查火嘴是否按规定要求正确安装，并检查是否除净污垢和杂物。

⑥ 检查所有供风管道上的蝶阀及风门是否灵活好用。

⑦ 检查烟道挡板转动是否灵活，并观察其开度指示值与实际开度是否相对应。

⑧ 检查并确认所有仪表均已安装并校验完毕。

⑨ 检查燃料气、伴热蒸汽是否畅通，并经试漏合格。

⑩ 加热炉区域清扫干净，无易燃易爆物质。

（二）引燃料气

① 引氮气置换燃料气系统。

② 仔细检查各炉前手阀完全关闭，投用三阀组放空以杜绝点火前燃料气漏入炉膛，导致点火时发生爆炸。

③ 投用长明灯线减压阀和主火嘴流控阀，打开副线阀，再次吹扫管线，各低点排凝后关闭导淋阀。

④ 投用燃料气分液罐 D203 的加热蒸汽。

⑤ 采样分析燃料气系统的氧含量<0.5%，置换合格。

⑥ 联系调度，缓慢打开界区阀，引燃料气进装置内燃料气系统，注意 D203 脱液。

⑦ 打开各炉前燃料气总管放空阀，排放 5~10min，置换系统中的氮气。

（三）点火前的准备工作

① 消防蒸汽已引至炉前。

② 所有蒸汽伴热管线已开通。

③ 检查各火嘴阀组应处于关闭位置，并翻通盲板。

④ 点火器具(电子点火器或点火棒)准备就绪。

⑤ 炉内摄像头系统投用正常。

⑥ 内外操联系好后准备点炉。

⑦ 全开自然通风门，稍开各火嘴风门，全开烟道挡板。

⑧ 引消防蒸汽吹扫炉膛，烟囱见汽 15min 后停止吹扫。

⑨ 联系化验分析炉膛爆炸气体氢+烃含量<0.2%。

（四）点火操作步骤

① 先将长明灯点燃，长明灯点燃后再根据需要增点主火嘴，主火嘴由长明灯引燃。

② 在点炉过程中，内操注意通过炉内摄像头观察点燃及燃烧情况，及时与室外人员做好沟通。

③ 调节烟道挡板，使炉膛负压在-40～-20Pa。

④ 及时调整炉膛负压、氧含量，CO 含量，使加热炉正常燃烧。

⑤ 如通过摄像头发现加热炉熄火，立即通知室外确认。室外确认加热炉熄火后应立即切断瓦斯，炉膛吹扫后联系化验分析合格后才能重新点炉。

（五）点火注意事项

① 点火时应侧身靠上风，不应正面对火嘴，以防回火伤人。

② 点火过程中必须控制炉膛的升温速度≤25℃/h。

③ 温度控制低时，烟道挡板和风门开度要小，以防将火抽灭。

④ 点火过程中，通过炉内摄像头系统注意观察炉内点燃和点燃后的燃烧情况，与室外做好沟通，及时调整。

（六）加热炉操作原则

① 多火嘴、短火焰、齐火苗、火焰不扑炉管。

② 瓦斯阀后压力大于 0.07MPa，防止回火及联锁熄炉。

③ 炉膛负压保持在-80～-20Pa，炉膛应清晰明亮。

④ 通过现场火嘴风门及瓦斯开度，控制 CO 含量不超过 100μL/L。

⑤ 通过摄像头及时观察炉内燃烧情况，保证在燃烧正常的情况下，控制低氧含量，以提高热效率。

⑥ 加强检查，检查瓦斯罐是否带油带水，各温度是否平稳，各部件配件是否完好。

⑦ 火焰调节原则见表 2-3-2。

表 2-3-2 火焰调节原则

现象	原因	调节方法
火焰呈黄红色，飘散且大，炉膛发暗	1. 空气量小 2. 燃料气量大	1. 调节风门，加大供风量 2. 减少燃料气量
火焰发白、过短、波动不稳	1. 空气量大 2. 燃料气量小	1. 调节风门，减少供风量，适当关小烟道 2. 加大燃料气量
火焰偏斜	1. 火嘴安装不正或局部火嘴堵 2. 调节不均	1. 调正火嘴垂直度 2. 清理火嘴 3. 调节燃料气、供风配比

续表

现　象	原　因	调节方法
火焰长、软，呈红色或火焰冒火星、缩火、炉膛不明，冒黑烟，炉膛温度上升	燃料气带油或带水	加强燃料气分液罐 D203 脱液排凝
蓝色火焰夹有黄色火焰	燃料气少量带油	加强燃料气分液罐 D203 脱液
CO 含量偏高	空气量小	调节风门，加大供风量

⑧ 加热炉出口温度调节原则见表 2-3-3。

表 2-3-3　加热炉出口温度调节原则

影响因素	原　因	调节方法
加热炉进料量的变化	1. 加热炉进料泵或循环机流量不稳 2. 控制仪表故障	1. 查明流量不稳原因，调整并稳定流量 2. 联系仪表排除故障
炉膛温度变化	1. 燃料气压力或组成变化 2. 加热炉火嘴燃烧不好 3. 外界气温变化 4. 仪表指示不准 5. 炉管破裂	1. 调节燃料气压力或改变瓦斯量，相应改变配风量 2. 调整风门及瓦斯量，调整火嘴火焰 3. 外界气温变化，操作中应及时调整 4. 联系仪表维护人员校验仪表，排除故障 5. 炉管破裂，按紧急停炉处理

⑨ 加热炉炉膛温度的调节原则见表 2-3-4。

表 2-3-4　加热炉炉膛温度调节原则

影响因素	原　因	调节方法
炉管内介质的变化	1. 加热炉炉管破裂 2. 冷物料中断	1. 按照炉管破裂预案执行 2. 按照反应进料中断或循环氢中断处理
燃料气变化	1. 燃料气压力或组成变化 2. 仪表指示不准 3. 瓦斯压控制阀故障 4. 燃料气流量多大	1. 调节燃料气压力或改变瓦斯量，相应改变配风量 2. 联系仪表维护人员校验仪表，排除故障 3. 及时切至副线，稳定炉膛温度 4. 控制炉膛温度≤800℃，超过 790℃不允许提高燃料气量，并应及时降低加热炉负荷，控制炉膛温度

（七）正常停炉

① 将温度控制器由"自动"切换至"手动"，按工艺要求手动调节燃料气流控阀，逐步降低加热炉出口温度(降温速度一般不超过25℃/h)，并根据炉膛温度和燃烧情况，逐步对称关闭各主火嘴。

② 停鼓风机和引风机。

③ 继续降温直至熄灭长明灯。

④ 熄火后，将风门、烟道挡板开大，炉膛吹扫，自然降温。

⑤ 关闭燃料气总阀，在阀后给蒸汽吹扫燃料气线，管线末端放空，低点排凝。

⑥ 吹扫干净各火嘴及长明灯。

⑦ 停炉过程中，利用炉内摄像头系统，观察炉内燃烧等情况，发现问题及时与室外做好沟通。

（八）紧急停炉

在正常操作过程中，要注意通过炉内摄像头系统及时观察炉内燃烧等情况，一旦发现异常情况，立即通知室外人员，出现紧急情况时需要紧急停炉。

① 紧急停炉的原因：炉管破裂、着火，燃料气严重带液等。

② 紧急停炉步骤：按下紧急停炉按钮，关闭所有火嘴阀门(包括长明灯)，全开烟道放空挡板并向炉膛吹入消防蒸汽，如炉管破裂或着火，应立即切出所有燃料系统、切出工艺介质，按紧急停工处置。

③ 其他操作与正常停炉相同。

三、加热炉的日常维护及保养

加热炉的操作直接关系整个装置的平稳生产，炉出口温度是否平衡、符合要求，直接影响到装置产品的质量合格与否，加热炉控制的好坏是关系到能否安全生产、降低能耗、加热炉寿命和开工周期的重要因素。维护和保养的主要任务是保持炉出口温度平稳并严格控制在指标规定范围内，在保证安全正常操作的前提下节能降耗。

（一）日常检查内容

① 内、外操作人员要互相配合，按工艺要求操作，使加热炉出口温度平稳。

② 巡检检查炉管、焊接头、法兰、回弯头、胀口、堵头有无泄漏。

③ 加热炉进料要保持流量平稳，根据各支路出口温度来调节火嘴，确保各支路温度基本一致，以防介质偏流结焦。

④ 加热炉防爆门、通风门、烟道挡板不能随意开关，看完火后立即关闭看火窗。

⑤ 加热炉的炉膛温度要定期校对，严格控制炉膛温度≤800℃，同一炉膛内两点热偶温差不能大于20℃。

⑥ 燃料气分液罐要定时脱液。

⑦ 经常观察炉膛内各点温度变化。

⑧ 尽可能点燃全部火嘴，保持多火嘴、短火苗、火苗应不偏，火焰高度整齐不扑炉管，炉膛应明亮，烟囱无黑烟。

⑨ 按照炉膛氧含量、负压来调节加热炉的火嘴燃烧。

⑩ 要注意检查设备管线的保温、伴热是否正常。

⑪ 调节烟道挡板、风门时，动作要缓慢，以免造成烟气压力大幅波动。

⑫ 控制辐射段温度不能过高，如果过高会引起管壁结焦或造成火嘴火焰过长。

⑬ 主火嘴和长明灯每月定期检查，发现堵塞及时清理。

⑭ 加热炉出现不正常现象要及时处理并报告。若发生事故要沉着冷静，密切配合，保证人身、设备、生产安全。

(二) 加热炉系统日常操作要求

① 严格执行工艺指标、操作规程和各项制度，服从指挥，做好平稳操作，使温度、压力等指标在工艺范围内，为反应温度稳定提供条件。

② 优化“三门一板”的调节，保证加热炉效率≥92%以降低能耗。

③ 对操作中发现的问题或事故要及时报告，采取果断措施，避免事故发生，保证加热炉的安、稳、长、满、优生产。

④ 严格按照巡检路线和巡检要求检查，定时对设备运转情况、燃料气分液罐、加热炉火焰以及各阀门的开关、泄漏等情况进行认真检查。

⑤ 按时认真、如实地进行操作记录。

⑥ 保持现场卫生清洁。

⑦ 按照交接班制度的内容，写好交接班日记，做到字迹工整、规范、无涂改。

第八节　闭锁料斗 D106 的使用与维护

一、闭锁料斗简介

闭锁料斗的作用是实现吸附剂在反应系统和再生系统之间的相互输送和氢氧环境的隔离。闭锁料斗内有过滤器以防止吸附剂被排出的气体携带出去。闭锁料斗以下述方式交替移动待生和再生吸附剂。

待生剂依靠重力由反应器接收器间歇式进入闭锁料斗，降低闭锁料斗压力并且用氮气吹扫置换，置换过的待生吸附剂依靠重力进入再生器进料罐，然后再生吸附剂同样依靠重力由再生接收器间歇式进入闭锁料斗。闭锁料斗用氮气吹扫置换并用氢气增压，再生剂由闭锁料斗进入反应还原器。在反应接收器的物料再次进入闭锁料斗前须先对闭锁料斗的压力进行调整。操作人员可对吸附剂移动的数量和速度进行控制。

采用双隔离及放空系统将氢/烃环境和氮/氧环境分开，以确保从隔离阀中漏出的物料能够进入低压的闭锁料斗缓冲罐。再生器接收器与闭锁料斗的连接管线同样采用双隔离及氮气吹扫，从而保证无含硫气体进入闭锁料斗。

闭锁料斗示意图如图 2-3-3 所示。

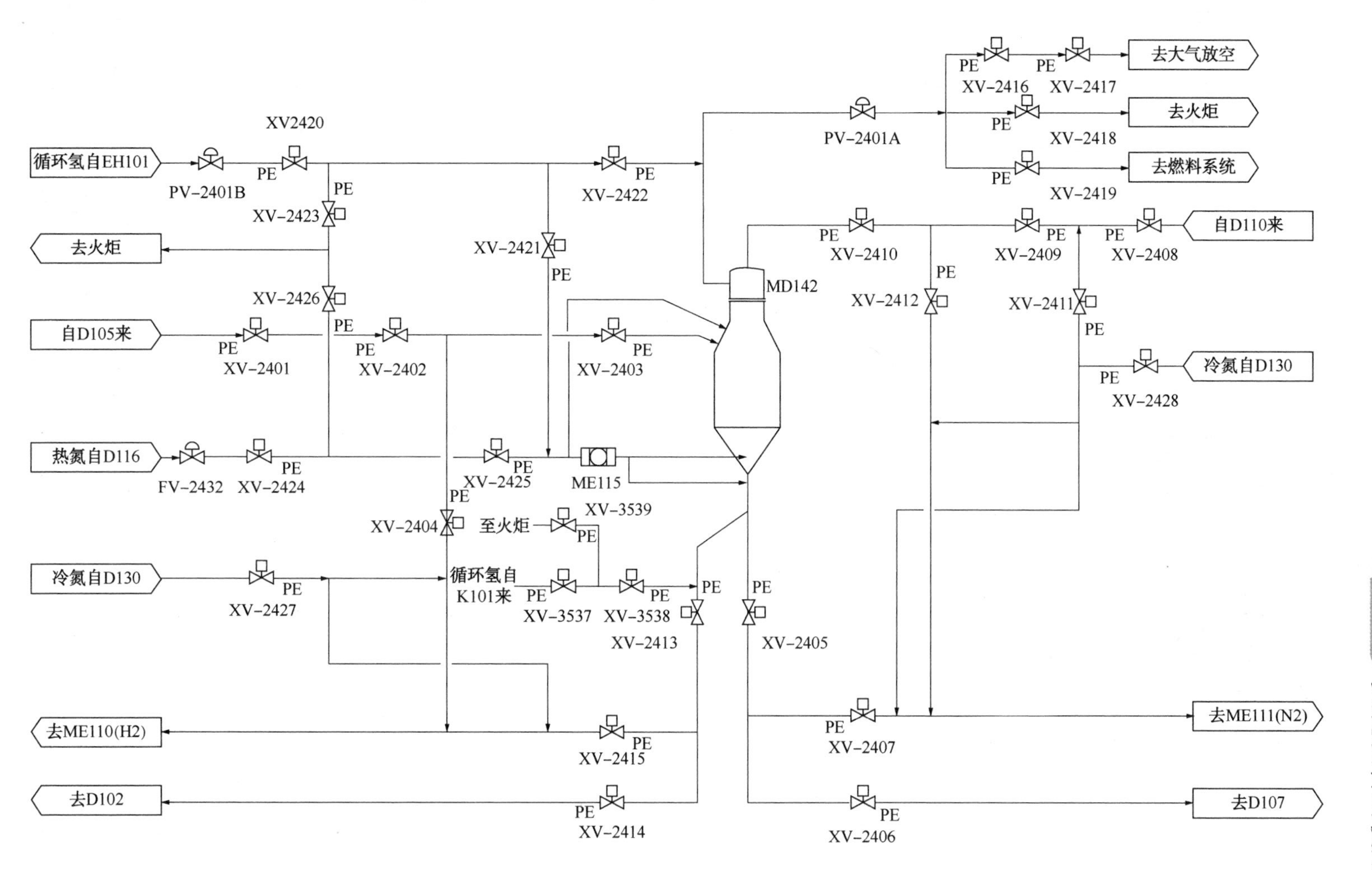

图2-3-3 闭锁料斗示意图

二、闭锁料斗附属设备简介

(一) 闭锁料斗过滤器(ME102)

闭锁料斗过滤器为疲劳设备，处于压力、温度和气体环境的交变工况中，主要由壳体、管板、滤芯、中心管和膨胀节等组成。滤芯用于去除气体中的吸附剂颗粒。

(二) 闭锁料斗程控阀

程控阀既是闭锁料斗控制系统的重要执行者，又是氢氧环境交替变换操作过程安全隔离的保证。与闭锁料斗程序控制直接相关的程控阀共有 32 台，其中有 19 台与吸附剂直接接触，在承载着温度、压力交替变化过程的同时，又要保证开关自如且密封严密，保证在闭锁料斗内氢气、氧气在不同步序变化过程中严格隔断。程控阀的质量直接关系吸附剂循环的顺畅与否，也影响装置的平稳运行与否。全金属硬密封结构的球阀更适合这类高温、含固体颗粒、高频次动作的工况，对于浮动球结构的阀门，安装时要特别注意流向问题，主密封端安装在工作环境恶劣侧。

(三) 闭锁料斗料位开关

闭锁料斗(D106)至还原器(D102)或反应器接收器(D105)下料时，如果闭锁料斗内吸附剂料斗为零，闭锁料斗料位开关 LALL-1002 开，闭锁料斗下料停止并进入下一步序。

(四) 膨胀节

由一个或几个波纹管及结构件组成，用来吸收由于热胀冷缩等原因引起的管道或设备尺寸变化的装置。波纹管是指膨胀节中由一个或多个波纹及端部直边段组成的挠性元件。

(五) 闭锁料斗通气盘

通气盘为过滤元件，其中在闭锁料斗底部安装了 3 支，主要起到过滤松动气、防止容器内吸附剂反窜到松动管线内的作用，由于闭锁料斗内工作条件复杂，所以这 3 个通气盘出现的问题较多，对闭锁料斗的操作影响也大。

(六) 闭锁料斗氢气、氮气过滤器(ME110、ME111)

在吸附剂输送过程中，闭锁料斗系统的各种吹扫过程中，部分气体中含有吸附剂，为了回收这些吸附剂，必须通过过滤器过滤才能排放到火炬系统，过滤截留下来的吸附剂被收集回收。闭锁料斗氮气过滤器主要处理闭锁料斗与再生系统之间的吸附剂及气体。

三、闭锁料斗的使用方法

在正常的连续生产过程中，闭锁料斗必须在确保安全的条件下相继完成特定的吹扫、充压、泄压等步骤。另外，控制系统和闭锁料斗的逻辑监控系统将对整个过程进行监视，若出现不正常的情况可将闭锁料斗置于安全状态。在闭锁料斗的填充和排空过程中需要完成以下几个步骤，见表 2-3-5。

表 2-3-5 闭锁料斗步序表

主要步骤	次要步骤	名称	过程描述
1	1.1	准备	将闭锁料斗隔离并置安全状态
		预吹扫	用 N_2 吹扫闭锁料斗，将其中的 O_2 由放空管排出
		压力调整	用循环氢气调整闭锁料斗的压力，与反应器接收器建立压差，压差范围：30~60kPa
	1.2	由反应接收器向闭锁料斗充料	由反应接收器向闭锁料斗填充吸附剂，使闭锁料斗内的吸附剂流化并保持反应接收器和闭锁料斗的压差
2	2.1	第一次泄压	将闭锁料斗内的气体泄至燃料气管网
	2.2	第二次泄压	将闭锁料斗的气体泄至火炬
3	3	N_2吹扫	用 N_2 将闭锁料斗内的烃吹扫至火炬
4	4.1	压力调整	用 N_2 调整闭锁料斗的压力高于再生器进料罐，建立压差，压差范围：30~60kPa
	4.2	排料	将闭锁料斗内的吸附剂排至再生器进料罐，使闭锁料斗内吸附剂流化并保持闭锁料斗和再生器进料罐的压差
5	5	保持	保持该状态，直到人为地重新开始或循环过程完成
6	6.1	压力调整	将闭锁料斗泄压至低于再生接收器，建立压差，压差范围：30~60kPa
	6.2	由再生器接收器向闭锁料斗充料	由再生接收器向闭锁料斗填充吸附剂。使闭锁料斗内吸附剂流化并保持两者压差
7	7	N_2吹扫	用 N_2将闭锁料斗内的 O_2吹扫至放空管
8	8	循环气（RG）充压	用循环气将闭锁料斗充压至高于还原器，建立压差，压差范围：30~60kPa，启动反吹风
9	9	排空	将吸附剂填充至还原器，使闭锁料斗内的吸附剂流化并保持两者压差

四、引起闭锁料斗停运的原因

闭锁料斗停运有两种原因，一是闭锁料斗自身原因停运，二是闭锁料斗联锁停运。闭锁料斗停运的自身原因包括：相关程控阀门开关不及时或不到位；闭锁料斗规定时间内吹烃或者吹氧不合格；闭锁料斗规定时间内调压不到位。闭锁料斗联锁停运情况有：闭锁料斗过滤器滤芯压差高联锁；再生器接收器（D110）压力高联锁；循环氢至进料换热器流量低低联锁；紧急泄压开关开；反应器过滤器（ME101）差压高高联锁；还原气流量低低联锁；停加热炉联锁；停循环氢压缩机联锁；D103 液位高高联锁；燃料气压力低低联锁。

五、常见故障及防范措施

(一) ME102 故障

1. 现象

闭锁料斗压控阀 PV2401A1、A2 阀门内漏调压困难；闭锁料斗 6.2、7.0 步序时 D125 罐高点放空有吸附剂粉尘排出；烃氧分析仪采样管路堵塞造成烃氧分析仪失灵；闭锁料斗泄压程控阀出现磨损内漏或卡涩现象。

2. 原因

① 滤芯与管板螺纹连接松动，使螺纹和管板间产生间隙，造成吸附剂跑剂冲刷。

② 8.0 步时对过滤器滤芯高频高压反吹，易造成滤芯松动和断裂。

③ 闭锁料斗料位填充过量，吸附剂料位超过闭锁料斗缩径段，吸附剂与过滤器滤芯接触，导致过滤器滤芯横向受力，滤芯受撞击损坏。

④ 反应器接收器向闭锁料斗装料时压差控制过大，造成吸附剂对过滤器滤芯产生冲击越大。

3. 措施

① 对滤芯固定方式进行加强。对锥螺纹部位增加锁紧装置，将滤芯与管板连接处采取点焊的方式增加阻力减缓滤芯旋转脱落，滤芯底部两两焊接固定，防止滤芯旋转松脱。

② LMS 系统升级，增加第 8.0 步序 ME102 反吹频率选择功能，根据需要选择 ME102 的反吹频次。

③ 控制料斗收料<70%。

④ 反应器接收器向闭锁料斗装料时压差控制≤0.2MPa，在满足闭锁料斗正常收料的前提下，尽可能降低装料压差。

(二) 通气盘滤芯损坏

1. 现象

热氮流量控制阀 FIC2432 阀位开度增大，严重时阀门开度为 100%，流量不能达到设定值。ME115 差压升高甚至满量程，ME115 底部放空排查有吸附剂。闭锁料斗 8.0 步骤、4.1 步骤充压困难，甚至无法达到程序设定值。

2. 原因

① 闭锁料斗装卸剂时直接冲击通气滤芯，滤芯在闭锁料斗 D106 周期性压力变化(0.1~3.0MPa)及设备振动作用下，通气滤芯受气流和吸附剂影响长时间摆动，也可能造成根部疲劳断裂。

② 安装质量问题：闭锁料斗通气滤芯焊接在通气管上，焊接质量可能存在缺陷导致滤芯断裂；通气滤芯保护罩底部加强筋与滤筒点焊连接，未使用满焊，长时间使用过程厚筋条可能从焊口处脱开。

3. 措施

① 滤芯选型时，要确认滤芯的通气能力、过滤精度、结构强度达到设计要求。

② 安装通气滤芯时，应确认滤芯防护网有孔眼的一面朝下，防止闭锁料斗装吸附剂时对滤芯产生冲击，导致滤芯根部疲劳断裂。

③ 建议滤芯保护罩底部筋条满焊，并增加筋条数量，防止脱焊造成滤芯振动。

④ 建议每个月对闭锁料斗通气滤芯进行通气能力检查，方法是在5.0步停下闭锁料斗，将顶部出口改去放空，用热氮气进行通气试验，若最大氮气量达到120Nm^3/h以上，则为通气正常。

⑤ 在LMS系统增加ME115滤芯压差高报警，提醒对ME115和通气滤芯是否故障进行检查。

(三) 程控阀故障

1. 现象

阀门内漏、阀门泄漏、阀门卡涩、填料泄漏、阀门回讯故障。

2. 原因

① 阀门高压端安装方向有误。

② 1.2步闭锁料斗装剂夹带烃类较多，烃类和吸附剂在球阀表面凝结，摩擦密封面导致阀门内漏。

③ 新程控阀阀球和阀座相对位置装配有误；阀门维修质量问题。

④ 阀门气缸弹簧疲劳失效。

3. 措施

① 所有闭锁料斗程控球阀标有承压端，图纸以PE作为标记，按图纸进行安装。

② 待生吸附剂油气在D105得到充足时间和温度汽提，保证闭锁料斗程序3.0步吹烃效果。

③ 新安装的程控阀要检查阀球和阀座相对位置对中(“T”形要对中)，保证密封重合面积满足要求。

④ 保证阀门维修质量。对维修阀门进行入厂验收，开关测试。

⑤ 对原阀门弹簧端加动力风助关，缩短阀门动作时间。

⑥ 定期对闭锁料斗程控阀进行试漏，频率不低于一次/半年。

第九节　再生器取热盘管的使用与维护

一、再生器取热盘管的用途

在再生器下部设有6(8)组取热管，利用水的汽化相变取走吸附剂氧化反应的放热量，维持吸附剂床层温度稳定。来自于冷凝水罐的凝结水(除盐水)由入口进入取热管，被床层加热后，凝结水和水蒸气混合物自取热管出口返回冷凝水罐进行水汽分离。

二、再生器取热盘管简介

取热管入口处金属壁温最低，出口处金属壁温最高，U形的两程取热管将产生较大的膨胀位移差，工程设计中利用取热管的柔性来吸收此差值。操作时，返回管可由直管自由变形为弯管，以满足其较大的热位移量引起的轴向加长。同时为防止吸附剂床层流动带来的振动冲击，对取热管仅进行两处导向固定：一处导向固定在下降管底部，防止振动的发生；另一处在返回管的顶部，承受返回管膨胀对返回水平管根部产生过大的弯矩。

取热管材料选为 1.25Cr-0.5Mo-Si 换热用管，具有耐高温、热膨胀系数小的优点。再生取热盘管示意图如图 2-3-4 所示。

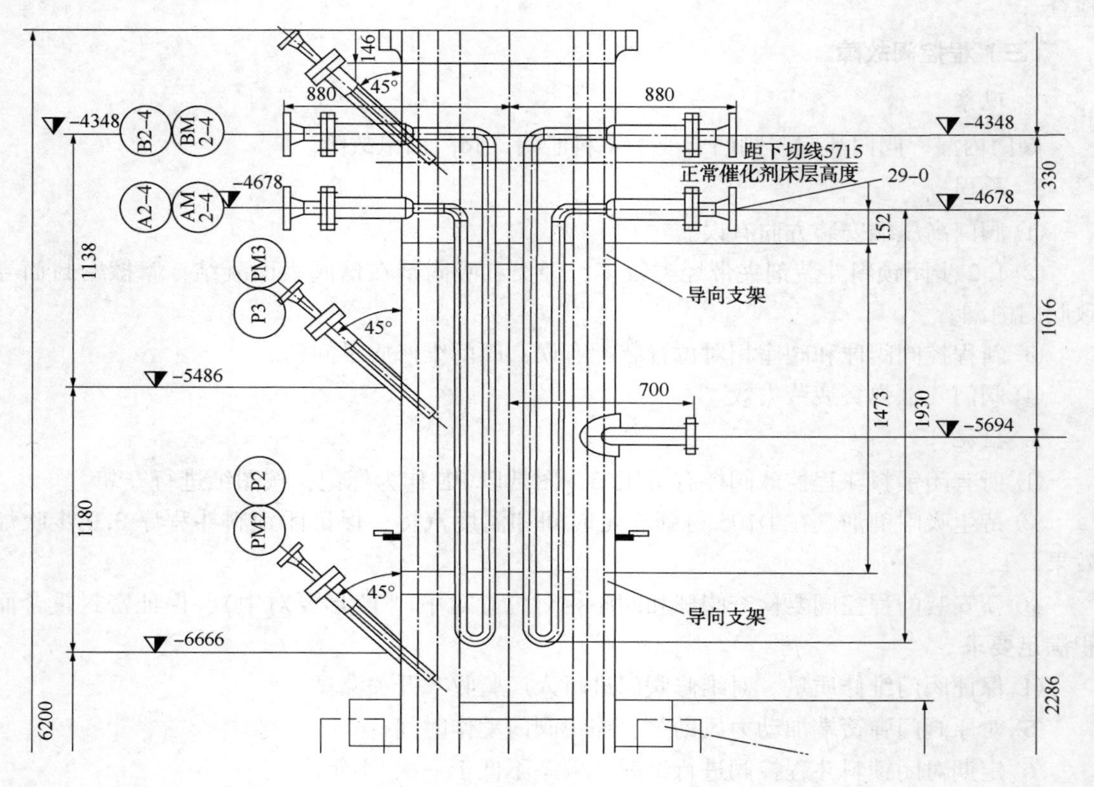

图 2-3-4　再生取热盘管示意图

因取热管内介质水温度与管外吸附剂和烟气温差近 400℃，为降低由温度梯度导致的温差应力，工程设计上采取了相应措施。包括在取热管入口和出口采用套管结构，以降低取热管与壳体之间的温度梯度值；每根取热管入口与出口尽量近，以减小壳壁与换热管因温度不同而导致的膨胀差；合理设置取热管上的导向支撑，以充分利用取热管的柔性来吸收热膨胀，从而减小管子热应力。在生产操作方面，对于此类内取热管，一般采取足够大的水汽比，来降低管壁温，从而降低温差应力，防止干烧。在实际操作中，当再生放热量较小时，为维持再生器底部吸附剂床层的温度，可采取减少取热管进水量的操作方式，但恢复再生取热盘管取热水时应尽量使用旁路，投用后逐步缓慢提高取热水量，避免大量取热水汽化对盘管造成冲击、震荡，导致取热管发生泄漏。

三、再生器取热盘管的投用步骤

① 打通冷凝水罐 D123 低压蒸汽排大气流程，PV3301A/B 处于可投用状态，缓慢打开 PV3301A 引蒸汽至 D123，投用 PIC3301 控制 D123 压力稳定在 0. 35~0. 45MPa。

② 检查 D123 液位控制阀 LIC3301，开始向 D123 里注入除氧水，并启动加药设施，向 D123 内补入磷酸三钠，控制水的 pH 值在 9~11 之间。

③ 启动 P105，将除氧水通入再生器上的每一组取热盘管中，然后循环回到 D123，检查各路无异常后，改 P105 出口除氧水直接返 D123。

④ 关闭取热盘管入口处限流孔板的上下游阀及下游阀副线阀，停再生盘管取热，取热盘管出口阀及 XV3444 和 XV3445 保持开的状态。

⑤ D123 除氧水自循环期间，需对 P105A/B 进行切换，确保两台水泵均处于完好状态。

⑥ 定时在 D123 底部排污，改善水质。

⑦ 再生器干燥期间，需蒸干取热盘管内部的水分，避免盘管内存水在开工过程中对再生点火造成影响。

⑧ 待 R102 点火后，再生温度达到 450℃以上，再投用取热盘管，逐步提高取热水量。

四、再生器取热量的控制

正常情况下，再生器内的取热量通过再生器内吸附剂料位控制。当吸附剂料位上升，取热盘管埋入吸附剂的面积增大，取热量增加；当吸附剂料位下降时，取热盘管埋入吸附剂的面积减少，取热量降低。

紧急或者异常情况，可采用取热水量来控制再生器取热量。

五、再生取热盘管泄漏的现象

如果取热盘管微漏，会导致吸附剂大量结块，使再生器底堵塞从而下料不畅，同时再生器局部温度降低，再生压力随取热水量小幅波动，再生器氧含量分析仪显示异常。当取热盘管漏量较大时，会导致再生器温度突降，压力突增，再生器底部堵塞 ME103 差压快速上升，其后各引压点堵塞等。

六、防止再生取热管破坏的措施

① 合理选用材质。推荐采用具有较高抗高温氧化能力和抗应力腐蚀能力的 1. 25Cr-0. 5Mo-Si 管子。

② 合理选取工艺参数。

③ 严格控制水质。

④ 提高焊接质量。对 Cr5Mo 管必须用氩弧焊打底，采用热 507 焊条，并严格遵循现行的 Cr5Mo 加热炉管道的焊接规程。焊缝进行 100%射线探伤检查，焊后进行热处理，以消除焊接残余应力。

⑤ 加强操作管理。一是每组盘管入口均设流量计；二是加强管理，建立检修和运行档

案；三是投运时要慢，避免波动，最好和再生器一起升温。

七、再生取热盘管漏水的原因及查漏方法

1. 原因

① 取热管在超过材质温度下使用。

② 取热管超过使用寿命(使用寿命一般为 8 年)，管壁磨损减薄、破裂。

2. 查漏方法

① 逐一将再生器 6(8)路取热水进再生器阀门关闭，取热水返回至 D123 器壁阀关闭，观察双阀间压力表示数变化，若是压力下降，取热盘管漏。

② 逐一将再生器 6(8)路取热水进再生器阀门关闭，取热水返回至 D123 器壁阀关闭，打开器壁阀前导淋，接氮气从进再生器前导淋处吹扫，观察放出来的介质。正常会放出来纯净的蒸汽，一旦取热管泄漏，导淋会放出具有刺鼻气味的烟气，甚至会有吸附剂。

③ 检修期间，逐一对各路取热水进行试压确认。

④ 正常期间可以将再生器 6(8)路取热水进再生器阀门关闭，逐一投用再生取热盘管，投用过程中对再生过滤器压差和 PV2601 的阀位开度变化加以分析判断，差压上升、压控阀门开大则可判断为投用组盘管泄漏。

第十节　旋风分离器的使用与维护

一、设备简述

S Zorb 装置再生器内设置两级旋风分离器，材质为 304 不锈钢，其作用是最大限度地回收吸附剂及满足外排烟气中吸附剂粉尘含量的要求。

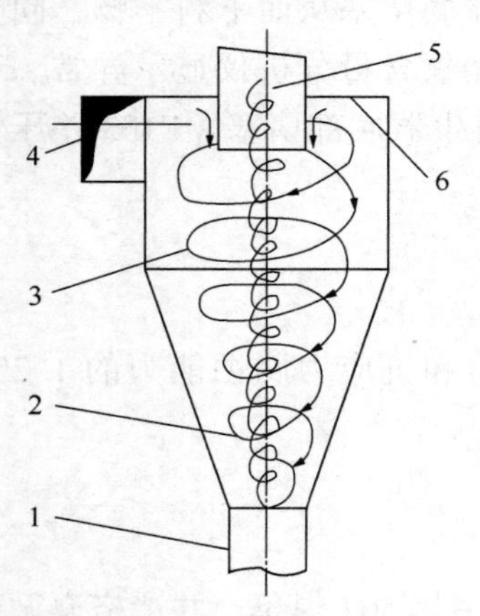

图 2-3-5　旋分内部结构及流动分布图

1—排灰管；2—内旋气流；3—外旋气流；4—进气管；5—排气管；6—旋风顶板

再生器内夹带吸附剂的烟气，自再生器上部喇叭口形的一级入口进入旋风分离器，含尘气体在旋转过程中产生离心力，将质量大于气体的吸附剂甩向器壁，部分吸附剂细小颗粒由器壁反弹回主气流夹带，大部分尘粒靠向下的重力沿壁面下落，通过防倒锥(见图 2-3-5)返回再生器锥部。旋转下降的外旋气流在到达锥体时，因圆锥形的收缩而向分离器中心靠拢，以同样的旋转方向从旋风分离器中部，由下反转而上，继续作螺旋形流动，一级旋风气经平衡管进入二级旋风管内，经二级分离，吸附剂较大颗粒落至翼阀(见图 2-3-6)处。当旋分料腿内吸附剂静压大于吸附剂量自重，超过外部床层压力和翼阀板的静态力之和时，翼阀(见图 2-3-7)打开，吸附剂排出，推动力小于翼阀自重力后翼阀关闭，

上部再生气体及一部分未被捕集的粉尘通过二级出口逃离再生器。

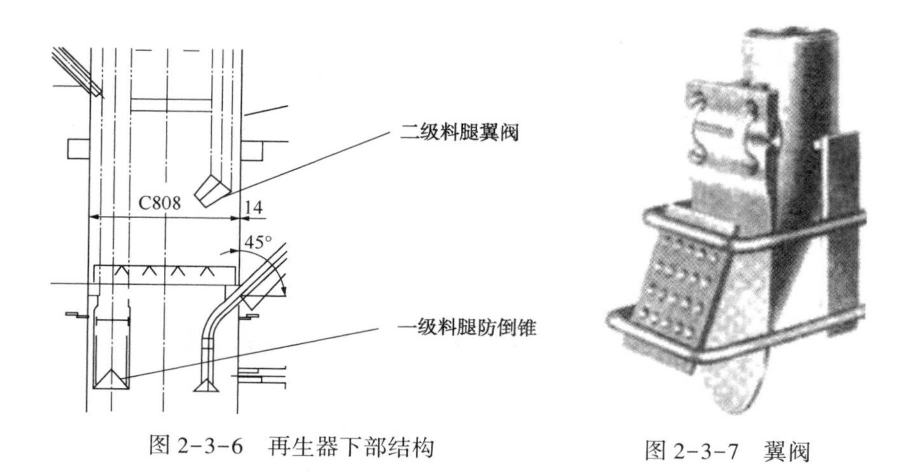

图 2-3-6 再生器下部结构

图 2-3-7 翼阀

二、设备使用

再生系统日常操作过程中，再生器料位最低不能低于旋风分离器的一级料腿，否则会造成吸附剂跑损，料位也不能太高，避免旋风分离器顶部浓度过大，分离能力不足。

因二级料腿直径较小，为防止内部吸附剂粉尘结块流化不畅，在料腿下部不同标高上设置三路热氮松动。热氮松动的主要作用是烟气含水量较大的时候投用热氮松动，可防止吸附剂生成大量硫酸锌结块而导致旋分料腿堵塞。因为吸附剂在转剂过程中会有少量带烃的情况，烃类燃烧后会生成水，因此烟气中或多或少都会存在水，三路热氮在正常生产时可以考虑长期投用一组，可有效防止硫酸锌在旋分料腿中结块。热氮进入料腿后向上流动，与烟气一起进入升气管，在热氮流动过程中会影响旋分内部流场，造成旋分效率降低。因S Zorb装置需要维持一定量的吸附剂细粉跑损，因此旋分效率不必控制在 99.998%，少量投用热氮会降低旋分效率但并不影响正常生产，并且可以较好地控制吸附剂中细粉含量，将 5μm 以下超细粉排出。综上，正常生产时建议投用一组热氮即可。

为满足两级旋风效率和再生器内流化状态需保证一定的再生线速，旋分线速在 11～14m/s 之间时分离效率最低，极易发生跑剂，旋分线速大于 22m/s 时也同样容易发生跑剂。因此为保证旋分效率，旋分线速控制区间在 16～21m/s 之间较好。建议将两级旋分入口线速做入 DCS 系统画面，便于操作。

在正常生产时发生再生系统跑剂现象，如系统藏量下降、D109 藏量快速上涨、ME103 压降上升等情况，可能的原因是旋分问题或吸附剂硅酸锌含量高产生破碎，如果能排除吸附剂问题，且旋分线速处于正常区间，那么很大可能是旋风分离器发生设备故障。常见故障包括翼阀磨穿、料腿磨穿、料腿堵塞等，发生这些问题需要停工更换旋风分离器。

三、设备维护

旋风分离器的维护主要在再生检修期间进行检查。再生检修清灰后，在再生器扩径段搭设脚手架，拆除再生器底部人字格栅。从旋风分离器一级、二级入口投入系绳通球，从防倒锥和翼阀处检查通球是否掉出，以确定料腿管畅通。上下拉拽通球，将料腿管挂壁吸附剂带出。进入下部人孔检查防倒锥是否正常，翼阀是否灵活好用。通球试验结束后，进行透光试验，打开翼阀用强光手电筒照射，主要检查热氮松动点焊缝及翼阀的密封性，并检查料腿是否有缺陷。

第十一节　ME103 的使用与维护

一、设备简介

再生器是再生系统的核心设备，其主要作用是为脱除吸附剂上的硫和碳提供场所。现大部分装置以仪表风作为再生空气，少数装置以压缩空气作为再生气体。再生空气由再生器的底部进入，经气体分布器后使再生器内的吸附剂流化。再生器过滤器设置在再生器的下游，用于除去再生尾气中的吸附剂粉尘。

ME103 过滤器中安装圆筒形烛式滤芯，使用金属粉末在高温下烧结而成，通过控制金属粉末的粒度，控制孔隙率在一定范围内。其特点是过滤精度高、流通能力大，阻力损失小，承压强度高，孔道均匀稳定，能承受热应力及冲击，具有较好的反冲洗再生能力，也可以通过高温热处理、化学溶剂、燃烧和超声波振动等方式获得离线再生，可长期连续使用。

再生器过滤器(ME103)设置自动反吹系统，可在不影响系统正常运行的情况下进行在线再生。当压降或时间达到设定值时即启动反吹程序，对各个滤芯分区轮流反吹。脉冲反吹程序的运行由 DCS 控制操作，操作员在中控室进行远程操作。

二、设备使用

(一) ME103 主要结构

1. 壳体

ME103 的壳体是指上封头部分，内部安装反吹组件及滤芯组件，外部安装外部管线及阀门，封头的材质及公称直径根据装置处理量选取按照Ⅱ类压力容器设计制造。

2. 滤芯组件

滤芯组件包括管板、滤芯、拉杆和定位花板。管板材料与封头一致，滤芯组件夹持在筒体法兰之间。管板上的滤芯分区设计根据滤芯数量确定。

3. 内部反吹组件

内部反吹组件分组数量与滤芯分区保持一致，单反吹组件由反吹管和气体分布器组成，反吹气体由外部进入过滤器，首先经过反吹管，然后进入气体分布器。气体分布器与滤芯对应的开孔位置设有喷嘴。

4. 外部反吹管线

外部反吹管线由反吹环管和分管线组成，分管线的数量与滤芯分组数量一致，反吹气体自储罐进入反吹环管，由反吹环管再通过分管线进入过滤器。每条分管线上安装有手动切断闸阀、反吹气动球阀和导淋阀。

5. 滤芯成品与配套组件的装配

滤芯成品与配套组件全部加工完毕并经检测合格之后，即可开始组装。具体装配过程如下：

首先实现滤芯与管板的连接。管板共分为 6 个区，每个区安装 5 支滤芯，共 6×5 支滤芯。滤芯与管板为丝扣连接，保证滤芯与管板连接的可靠性，防止发生泄漏现象，通常将金属滤芯与管板进行点焊或满焊。如采取了焊接连接，拆卸时需将滤芯与管板焊接处进行切割。

定位花板安装在滤芯末端，每组滤芯的定位销插入花板上的定位孔以实现滤芯组的固定，定位花板通过拉杆与管板连接在一起。

喷嘴组件包含内部反吹支管与外部反吹集合管。反吹支管共有 6 组(数量与滤芯分区数量一致)，包括反吹气体用配管和喷嘴，带有外部接头。反吹支管安装在管板上，按照流体动态特性曲线控制反吹系统的效率。反吹支管提供均匀分布的反吹气体，因此反吹喷嘴必须对准每支滤芯的中心线。外部反吹集合管共分为 6 组，通过管板进入封头内。

（二）ME103 反吹原理

当过滤介质由外向内穿过滤芯的时候，固体杂质被拦截在滤芯的外表面，形成滤饼层。随着滤饼不断加厚，过滤介质越来越难穿过滤芯，过滤器前后压差会逐渐增大，当到达触发压差或设定时间时，过滤器进行脉冲反吹。脉冲反吹系统是将过滤滤芯分成多个区域，各区域设置对应的反吹机构，使过滤气流一直保持在正常过滤状态。启动反吹时，按分区顺序通过各分区的反吹机构把高压脉冲气流引向每一个分区所对应的过滤元件，使得各分区的过滤元件依次得到反吹，脉冲持续 1.0~2.0s。在此期间，由反向脉冲引起的振动波可以将聚集在滤芯表面的滤饼从元件上有效去除。反吹会去除大部分滤饼，但滤芯的外表面还会留下薄薄一层，没有被反吹去除的滤饼成为永久性滤饼。永久性滤饼会在滤芯外表面形成保护层，有助于提升过滤效率，能有效地拦截过滤介质中更细微的颗粒，缺点是会使再生后过滤器的压差高于初始压差。

永久性滤饼的建立需要经过若干个反吹周期，在滤饼的建立过程中，过滤器的再生后压差会逐渐升高，因此，操作者需要逐步调整过滤器反吹触发压差值，注意反吹触发压差的设定要和再生后压差之间有足够的差值，以确保足够的过滤时间而形成有效的滤饼层。当再生后压差逐渐趋于稳定时，说明永久性滤饼层的建立已完成，此时反吹触发压差值也可确定下来。

(三) DCS 自动反吹系统的使用

1. 仪表和阀门的控制和显示

在 ME103 控制页面操作人员可以对反吹阀进行操作。

反吹阀门状态显示和控制阀门状态的显示与 DCS 系统的标准一致。点击相应阀号弹出该自动阀的操作小窗口，在这个小窗口中可以进行阀门操作模式的切换和在操作员模式下打开/关闭阀门。每个自动阀只有两种反吹模式，即操作员模式(OPERATOR)和程序模式(PROGRAM)。当阀门的操作模式为操作员模式时，自动反吹循环不再将它作为自动反吹顺序的一部分。这时操作人员可以打开和关闭该阀门。程序模式是反吹阀操作的主要模式。当过滤系统处于在线状态而且阀门的操作模式为程序模式时，阀门的打开和关闭通过程序自动执行。

2. 过程报警

过滤器压差高报警 PDAH-2903、过滤器压差高高报警 PDAHH-2903、反吹气压力低报警 PAL-2901、反吹气压力低低报警 PALL-2901 报警时显示为红色闪烁，报警被确认后显示为红色，报警消失后显示恢复。历史报警查询可通过系统报警画面查看。

XV-2946A、B、C、D、E、F 任一阀门故障(包括阀门打开/关闭故障)出现时显示为红色闪烁，报警被确认后显示为红色，报警消失后显示恢复。

3. 控制面板

操作员可以在控制面板上进行对过滤器系统的系统运行/系统停止和快速反吹(CLEANOUT)等工艺过程的操作。控制面板包括：系统运行/系统停止、选项开关、系统状态显示、时间倒计时显示、阀门激活顺序、快速反吹(CLEANOUT)按钮。

(1) 系统运行/系统停止选项开关

过滤器有三种状态，系统运行：当系统处于“系统运行”状态时，则处于“在线”运行状态，这时可以启动快速反吹 CLEAN OUT。当过滤系统从“系统停止”模式切换到“系统运行”模式时，反吹阀选择器指向在操作顺序中的第一个阀 XV-2946A。系统停止：当系统处于“系统停止”状态时，则处于“离线”状态，自动反吹循环被中止，反吹阀处于自动关闭状态，系统不会自动启动反吹阀，自动反吹循环停止执行。操作人员可以在屏幕上手动操作各个反吹阀。卸剂模式：现场操作柱 HK2960 开关打至卸剂模式时，XV2952 自动关闭，系统自动切换至“离线”状态，自动反吹循环被中止，反吹阀处于自动关闭状态，系统不会自动启动反吹阀。现场操作柱 HK2960 将开关打至自动模式后，XV2952 自动开启，此时需要手动点击系统运行按钮，投用自动反吹系统。

注意：当过滤系统在“ON”和“OFF”间切换时，所有的阀门都变为自动状态且关闭。切换现场操作柱 HK2960 开关时，需避开 ME103 反吹，否则容易造成阀门动作指令冲突，程序故障停止(如发生该情况，需重启程序解决)。

(2) 时间倒计时显示

① 反吹阀门开启时间：反吹阀打开后开始计时，到设定时间以后反吹阀自动关闭。

② 组件反吹间隔：下一个反吹阀门打开的倒计时。

③ 反吹等待时间：下一个反吹循环开始的倒计时。

(3) 分区反吹指示

显示在反吹循环被启动后的下一个自动打开的阀门。

(4) 启动快速反吹(CLEANOUT)按钮

当快速反吹被启动后相应按钮变为绿色显示。

(5) 设定值

① 设定值部分显示计时器和报警的设定值，有权限的操作人员可以设定这些参数。

② 高压差设定值：这个值是决定启动快速反吹循环的压差值，压差值达到这个值将启动一个快速反吹。初始设定值：30kPa。

(6) 工艺计时器

1) 反吹阀门开启时间。

这个计时器决定了阀门打开后，并保持打开状态进行反吹的时间。所有的反吹阀用这个设定值。初始设定值：1.3s。

2) 组间反吹间隔。

这个设定值是完成一个反吹以后待执行下一个阀所等待的时间。

初始设定值：该值越小越好，但考虑到反吹压力恢复需要一定时间，所以间隔时间设定值以恢复反吹压力所需时间为准。

3) 反吹等待时间。

这个设定值是完成一次反吹循环后启动下一次的反吹循环前所等待的时间。

初始设定值：该值以反吹启动后差压上涨至反吹前压力的时间为一个周期，所以等待时间以反吹后差压上涨至反吹前差压(以 3~5kPa)时的时间间隔为准。

4) 高高压差报警设定值。

这个值决定在 DCS 上显示高高压差报警。初始设定值：41kPa。

三、设备维护

再生器过滤器主要问题是 ME103 压差高，原因有以下几点：

① 再生系统负荷过大，细粉量增多。

② ME103 至 D109 的管线堵塞架桥。

③ 再生器或再生器接收器取热盘管泄漏，大量取热水汽化及过热蒸汽进去再生器与细粉混合增大 ME103 压差。

④ 反吹系统异常。

⑤ 旋风分离器故障。

⑥ 吸附剂带烃严重燃烧生成水，从而使 ME103 压差增大。

⑦ 吸附剂大量破碎，细粉量大幅增加。

针对以上原因的处理措施有：

① 降低再生负荷；提高再生器压力，降低线速，减少吸附剂带出量。

② 检查 ME103 至 D109 下料阀 XV2958、XV2951，检查至 D109 管线是否堵塞，必要时 D109 充压反顶至 ME103。

③ 检查再生器或再生器接收器取热盘管是否泄漏。

④ 检查反吹系统是否正常。

⑤ 检修时，检查旋风分离器是否故障。

⑥ 通过延长闭锁料斗 3.0 步吹烃时间、降低闭锁料斗 3.0 步设定压力值、提高吹烃热氮气流量、提高吹烃热氮气温度等措施加强闭锁料斗吹烃效果，减少吸附剂带烃进入再生系统。

⑦ 排查吸附剂破损原因，进行相应处置。

再生烟气过滤器 ME103 堵塞后在线吹扫方法：

降低再生风和氮气量，适当降低再生器各流化、提升氮气量，必要时短时间停运再生系统，打通再生器至 D109 流程，ME103 强制反吹，通过改变反吹方式将 ME103 中堵塞的吸附剂吹扫至 D109。

第十二节　稳定塔塔底重沸器的使用与维护

一、设备简介

装置设有稳定塔一台，用于处理脱硫后的汽油产品，分离出反应产物所带轻组分和氢气，并保证产品汽油蒸气压的合格。稳定塔塔底设置两台重沸器给稳定塔提供热源，重沸器利用 1.0MPa 蒸汽加热塔底介质，凝液回稳定塔进料换热器加热进料。

二、日常操作

(一) 重沸器的投用

1. 投用前的检查

① 确认换热器检修试压合格。

② 检查换热器出入口温度表、压力表安装完好，并已投用。

③ 稳定塔已引汽油进塔。

④ 已引蒸汽进装置，蒸汽管网凝结水管网系统已正常建立。

2. 重沸器的投用(两台操作方法一致)

① 确认重沸器前蒸汽大阀、小副线手阀处于关闭状态，打开阀前导淋(不宜过大)。

② 关闭凝液线控制阀 FV5001A/B 后手阀，打开控制阀前导淋(不宜过大)。

③ 将两台重沸器设置隔离区，设置防烫伤标识，严禁其他无关人员进入。

④ 稍开 1.0MPa 蒸汽管线处至重沸器根部手阀，引蒸汽至重沸器前预热管线，根据重沸器手阀前导淋出汽情况决定阀门开度。

⑤ 当阀前导淋全部见汽、没有明水时，关小导淋阀直至全部关闭，稍开主蒸汽小跨线阀引蒸汽进重沸器，内操监控换热器温度上升趋势(严格控制温度≤25℃/h)，现场通过流控阀导淋阀开度控制温度上升趋势。

⑥ 当重沸器介质出口温度 TI5007A/B 上升到一定温度(≥80℃)时，关小流控阀导淋

阀，打开流控阀后手阀，将凝液并入装置凝结水管网，注意管线水击情况，若有水击，及时关小手阀。

⑦ 稍开重沸器前主蒸汽大阀，全关小跨线阀。

⑧ 重沸器底部定期排污，每小时1次排尽存水至污油罐，防止因存水对建立虹吸产生影响。

⑨ 建立稳定塔热虹吸期间，需要控制塔压稳定，稳定塔液位必须控制在≥90%以上，等完全建立虹吸正常后控制液位40%~70%，启动塔底泵P203建立循环使物料具有一定流动性，观察重沸器介质出口温度TI5007A/B以及塔底温度TI5006的上涨情况。

⑩ 当塔板温度从下到上形成温度梯度，塔顶温度开始上升，回流罐D201见液位，当液位达到70%后启动回流泵P201建立回流。

(二)重沸器的停用(两台操作方法一致)

① 逐步关小FV5001A和FV5001B，重沸器开始降温(降温速度≤25℃/h)。

② 逐步关小凝液流控阀，当流控阀全关时，打开阀前导淋，关闭主蒸汽大阀(在关小FV5001A/B的同时同步关小)，打开E205凝液跨线阀，关闭E205A/B出入口阀，关闭凝液至管网根部手阀。

③ 关闭D208出口至E203A/B手阀，打开主蒸汽手阀前导淋排汽(刚开始稍开一点儿即可，逐步开大)，打开E205管程出入口手阀后导淋排空凝液。

④ 保持主蒸汽手阀后至凝液线流控阀FV5001A/B至凝结水管网流程畅通(主蒸汽阀和凝结水管网入口手阀关闭)，排空管线内凝液。

三、重沸器的日常维护

① 调节温度时严防大幅开关凝液流控阀。

② 投用重沸器时保证稳定塔内有一定物料充满重沸器壳程，以免单程受热。

③ 投用时严禁投用蒸汽升温过快导致泄漏(控制升温速度≤25℃/h)。

④ 降温停用时控制降温速度≤25℃/h。

⑤ 现场巡检注意管线是否有水击现象。

⑥ 现场检查重沸器保温情况确保散热在可控范围内。

第四章 标准化开工

S Zorb 装置的工艺较复杂，设备种类繁多，操作关联度紧密。本章以 150Mt/a S Zorb 装置大修后开工为例，阐述开工方法。本章所列参数仅供参考，在实际操作中应根据所在装置具体设计情况进行适当调整，进一步优化。

第一节 准备工作

① 装置各大修项目完工确认，确保不留尾项。

② 联系仪表人员，对照装置各联锁规范要求进行调试，校对好各调节阀。确保 DCS、SIS、LMS 工作正常，显示正确。

③ 编制好开工方案，并经有关部门确认、会签，组织操作人员学习本开工方案并熟练掌握，开工前组织参与开工人员进行开工各步骤风险评估。

④ 与生产调度联系，做好外收 300t S Zorb 精制汽油作油运的准备。

⑤ 与生产调度联系，做好投用中压氮气(高压氮气)、非净化风、新鲜水、循环水、消防水、低压蒸汽、火炬系统等公用工程的准备，引各介质到界区。

⑥ 联系消防支队，安排消防车待命，检查装置各消防工具是否备用。

⑦ 准备好加热炉点火工具、气密工具(喷壶、肥皂水、镜子、电筒)及可燃气体检测仪、氢气检测仪。

⑧ 检查装置各压力表、液位计、温度计、转子流量计投用状态。

⑨ 检查装置现场盲板状态是否与设备清单一致，检查各公用工程互窜点三阀组状态，检查各塔、容器与 D204 相连流程状态。

⑩ 开工总要求：检查细、要求严、联系好、开得稳；不跑剂、不超温、不超压、不抽空、不放火炬、产品合格快。开工前联系调度做好水、风、电、汽的供应工作。

各系统准备工作如下：

(1) 反应、再生和闭锁料斗系统

① 检查本岗位设备处于良好状态，确保工艺流程走向无误。

② 各自保及报警系统逐个试验确保好用，并做好记录。所有自保阀上下游阀关闭，等需要时逐个打开。

③ 检查应装拆的盲板是否已装拆好，并按规定做好记录。

④ 检查所有压力表是否全部装好，导管是否畅通，量程、规格是否符合要求。

⑤ 消防和安全器材是否完好无缺。

⑥ 安全阀定压合格并按规定铅封装好。

⑦ 所有仪表处于备用状态，调节阀调试确保好用。

⑧ 检查各松动点和加、卸料线是否畅通。

（2）原料稳定

① 检查本岗位设备处于良好状态，工艺流程走向无误。

② 各报警系统逐个试验确保好用，并做好记录。

③ 检查应装拆的盲板是否已装拆好，并按规定做好记录。

④ 检查所有压力表是否全部装好，导管是否畅通，量程、规格是否符合要求。

⑤ 消防和安全器材是否完好无缺。

⑥ 安全阀定压合格并按规定铅封装好。

⑦ 所有仪表处于备用状态，调节阀调试好用。

⑧ 检查各冷却设备和空冷器是否处于良好备用状态。

⑨ 检查各塔和容器的液位计是否清扫干净并安装完毕。

⑩ 检查紧急泄压阀是否灵活好用。

⑪ 联系调度和催化装置转至安排好原料汽油、精制汽油罐收储。

⑫ 所有机泵处于良好备用状态。

（3）压缩机及加热炉

① 检查本岗位设备处于良好状态，工艺流程走向无误。

② 各报警系统逐个试验确保好用，并做好记录。

③ 检查应装拆的盲板是否已装拆好，并按规定做好记录。

④ 检查所有压力表是否全部装好，导管是否畅通，量程、规格是否符合要求。

⑤ 消防和安全器材是否完好无缺。

⑥ 安全阀定压合格并按规定铅封装好。

⑦ 所有仪表处于备用状态，调节阀调试确保好用。

⑧ 所有机泵处于良好备用状态，并按规定加好润滑油。

⑨ 检查机组出入口电动阀是否灵活好用。

⑩ 机组油运正常。

⑪ 加热炉长明灯清理好、回装备用。

（4）公用工程系统

① 联系调度人员准备好水、电、风、汽的供应以备开工。

② 联系调度人员确保外系统催化汽油、罐区、精制汽油、污油线畅通；管网氢气、低纯度氢气线、瓦斯线畅通。

第二节　开工过程风险评估

开工过程风险评估见表 2-4-1。

表 2-4-1 开工过程风险评估表

序号	过程(步骤)	存在风险	防范措施
1	引入有毒有害物料	有毒有害气体外漏，造成人员中毒或火灾爆炸事故	① 做好引介质准备工作，对引介质流程及盲板进行三级确认； ② 做好低点排凝和高点放空阀门内漏检查工作，做好管道设备试压气密工作，确保引介质管线设备无泄漏点； ③ 做好现场标识工作和人员培训工作，确保进入现场的人员都了解各管线设备引入介质情况； ④ 做好防水体污染工作，注意现场防火防爆，做好泄漏现场手机管控； ⑤ 引火炬前做最后 0.15MPa 气密保压试验，确保流程投用正确；引火炬时选择中午或晚上清场后进行，安排人佩戴空气呼吸器，进行现场检测确认无泄漏； ⑥ 并火炬前必须将污油系统改通火炬，关闭对大气放空阀
2	收物料	盲板未拆除或下游流程不通，造成上游憋压	① 做好引介质准备工作，对引介质流程及盲板进行三级确认； ② 加强与生产调度及上游装置联系，确认流程后再收料
3	收物料	介质泄漏造成水体污染或火灾爆炸事故	① 做好防水体污染准备工作，将明沟清污分流阀和各个围堰闸阀全关，提前准备好木糠、沙袋及接油盘； ② 高温部位做好隔离措施，防止可燃介质泄漏接触高温部位引起火灾爆炸事故； ③ 做好含油污水井检查确认，确保含油污水地下管道通畅；拆含油污水盲板时提前安排抽水； ④ 修复好各损坏的围堰； ⑤ 各物料管线设备低点排凝全部上好丝堵； ⑥ 引氢气和汽油前安排消防车待命
4	收物料	管线设备超压	① 做好引介质准备工作，对引介质流程及盲板进行三级确认； ② 加强安全阀投用检查工作； ③ 引入真实物料后全面核对仪表测量点是否正确
5	反应系统引氮气	氮气泄漏，人员中毒 流程不对，氮气窜入低压系统 容器超压	① 做好引介质准备工作，对引介质流程及盲板进行三级确认，相连系统不加盲板的关闭阀，中间放空打开； ② 氮气缓慢充压，加强检查。充压前经过 1.0MPa 氮气气密； ③ 反应系统容器投用安全阀并确认签名，由于火炬系统未投用，因此打开火炬分液罐 D206 人孔，以防反应系统容器跳安全阀
6	加热炉系统引瓦斯	瓦斯外漏，造成人员中毒或火灾爆炸事故 瓦斯窜入火炬线，影响装置后期工作	① 做好引介质准备工作，安全阀加盲板，对引介质流程及盲板进行三级确认； ② 做好低点排凝和高点放空阀门内漏检查工作，做好管道设备试压气密工作，确保引介质管线设备无泄漏点； ③ 做好现场标识工作和人员培训工作，确保进入现场的人员都了解各管线设备引入介质情况； ④ 做好防水体污染工作，注意现场防火防爆，做好泄漏现场手机管控； ⑤ 干气提浓装置控制入瓦斯压力； ⑥ 引瓦斯前做好采样分析工作； ⑦ 开阀门要先开一点点，看看周围、相关区域有无异常，没有异常才能再开大阀门；装置内有异味，一定要查找源头，绝不能放过

续表

序号	过程(步骤)	存在风险	防范措施
7	燃料气系统瓦斯置换氮气	人员中毒或火灾爆炸事故	① 瓦斯置换做好安全警戒，禁止人员上加热炉顶，上反应器平台戴好防毒面具； ② 装置现场严禁使用
8	加热炉点火	加热炉点火不规范造成炉膛爆炸	① 引瓦斯前先用氮气置换干净，分析瓦斯含氧量不大于0.5%(体)时方能点火； ② 点火操作严格按照操作规程执行，点火前先用蒸汽吹扫，采样分析炉膛气体中可燃气体含量合格后方能点火
9	开压缩机	流程不通，压缩机憋压气阀温度高	① 检查并确认流程，压缩机出口压控阀投用； ② 降低出入口压降，同时降低入口压力，查找原因
10	加热炉升温	炉膛炉管超温 过快损坏	① 加强瓦斯分液罐脱液，投用瓦斯伴热蒸汽； ② 仪表联校阶段认真检查各测温热电偶长度是否合适； ③ 检查管线弹簧支吊架限位螺栓是否拆除，支吊架安装是否正确
11	反应系统干燥	反应器升温过快损坏平台或设备 压缩机入口超温	① 干燥前检查确认管线弹簧支吊架限位螺栓是否拆除，支吊架安装是否正确，平台是否阻碍反应器升温； ② 开机前投用空冷、水冷
12	反应升压升温	反应与稳定部分压差达2.0MPa以上，必然存在高低压互窜的风险	① 认真分析图纸，在合适的位置加好盲板，既可以将高低压环境隔开，又可以在需要时，通过阀门隔开将盲板翻通； ② 充压前对相关盲板和阀门要签名确认； ③ 引入物料开工后认真核查液位，确保液控阀好用
13	反应升温	高温法兰把紧存在火花引燃泄漏可燃介质的风险	① 使用防爆的铜制或带铜套工具； ② 易产生火花的部位使用润滑脂涂抹
14	反再系统装剂	床层藏量测量失准，造成藏量及装剂量误判 装剂流程及闭锁料斗投用不对，造成装剂过程缓慢，不畅	① 反再系统装剂前确认所有仪表反吹点畅通； ② 装剂流程及闭锁料斗投用流程三级确认
15	反应进料	S Zorb催化汽油吸附脱硫装置吸附剂在新装置开工时，由于烯烃加氢活性较高，而催化汽油中不可避免地带有大量的烯烃，这使新装置开工期间反应器非常容易出现飞温	① 在设计中，泵出口管线增加一根最小流量管线，保证达到装置的最小进料量； ② 进料过程中，一定要控制进料速度，待反应器内各床层温度平稳再缓慢提量； ③ 学习广州石化、上海高桥经验，用低烯烃的重整汽油作为开工油，等硫化降低吸附剂烯烃加氢活性后再切换催化汽油，以控制反应器温度
16	反应进料	进料泵低流量运行憋压，造成进料调节阀前管线超压	① 进料泵投用前做好扬程计算，适当减级后再投用； ② 反应进料控制低流量时，最小流量线流量控制不低于60%负荷； ③ 紧密监控进料泵出口与进料调节阀间管线压力，确保压力不超过5.0MPa

续表

序号	过程(步骤)	存在风险	防范措施
17	反应进料	反应器过滤器法兰泄漏，原料/反应产物换热器泄漏，程控阀门泄漏	① 严格控制好反再系统升温升压速度，按开工方案或操作规程规定进行提温提压操作； ② 重要法兰使用双金属垫片，升温过程按要求热紧，开工过程严密监控； ③ 检查确认灭火蒸汽好用
18	反应进料	反应器、再生器与平台碰撞，反应器、再生器拉动平台	① 进料前检查确认升温反应器再生器有足够的膨胀空间； ② 检查弹簧吊架投用前检查
19	再生器点火	再生器在点火升温过程中，由于硫和碳燃烧的叠加，会出现一个很快速升温的阶段，如控制不好，将容易出现“飞温”，但如果空气量低时又容易出现吸附剂流化不畅的问题	① 在再生温度达到以前，争取用氮气升温，控制通入再生器的空气量，保证再生器内再生程度合适，从而保证再生温度； ② 在通入的空气中增加氮气，从而保持再生器中吸附剂的流化； ③ 另外通过调整再生器内吸附剂的料位和取热盘管热水量来控制再生器的温度，以防“飞温”
20	产品质量、温度的控制	稳汽出装置初馏点过低，汽油带轻烃影响罐区安全，造成拔罐	① 产品汽油初馏点控制宁重勿轻； ② 精制汽油出装置温度不大于45℃

第三节　开工进度表

开工进度见表2-4-2。

表2-4-2　开工进度表

时间	关键步骤	主要内容	耗时/h	占总时间/h
第一天	反应系统引氮气置换、气密	拆各公用介质边界盲板，引介质到边界	2	20
		反应系统分阶段气密	8	
		反应系统氮气置换	10	
	再生系统氮气气密	投用松动氮气	2	
		再生系统引氮气气密	8	
	进料、分馏系统氮气置换、气密	进料及分馏系统引氮气置换	4	
		系统升压分阶段气密	6	
第二天	反应系统引氢气气密	引氢气进系统	2	40
		反应系统氢气置换	4	
		反应系统分阶段氢气气密	14	
	进料系统油运	原料罐D101收油建立液位	4	
		进料系统建立循环，开始冷油运	2	
第三天	反应系统升温	启动循环氢压缩机建立氢气循环	4	64
		引瓦斯电加热炉，反应系统按升温曲线进行升温	20	

续表

时间	关键步骤	主要内容	耗时/h	占总时间/h
第四天	反应系统装剂	倒通 D113 至 D110 添加剂流程	2	88
		启动闭锁料斗，进入开工装剂模式	14	
	反应系统喷油	启动进料	8	
第五天	再生系统点火	再生系统收剂，再生器建立料位，建立吸附剂循环	4	102
		再生系统点火	6	
	调整操作	优化调整各工艺参数，产出产品	4	

第四节 开工操作步骤

一、装置氮气气密

（一）氮气气密的目的

装置施工或检修结束后，检查设备、管线上的法兰、阀门、放空阀、压力表、液面计、活接头及压力、流量引压线、热偶连接点、焊缝等的泄漏情况，以便及时处理，为装置开工做好准备。

（二）氮气气密的准备工作

① 操作人员已详细学习掌握气密置换方案，按系统责任落实到人。

② 高处法兰需要气密检查的提前搭好架子，并进行架子验收。

③ 准备好气密用的肥皂水、小桶、喷壶、油笔、记号笔、小黑板等。

④ 联系调度做好送 N_2 准备工作，并联系保运人员现场待命。

⑤ 其他设备管线已拆开的法兰、调节阀、单向阀等部件已恢复好，压力表已装好，各容器安全阀投用，DCS 上各压力测点已投用。

⑥ 火炬罐人孔拆开，装置各安全阀按台账投用。

⑦ 氮气气密时，装置火炬线界区盲板未拆除，为防止氮气气密时设备超压安全阀起跳没有卸压设施，在氮气气密前，拆松火炬线界区盲板内侧法兰，打开内侧阀门用于排放气体。

⑧ 按表 2-4-3 清单拆除公用工程盲板，UV1101 后双阀间、D104 出口、D121 出口加好盲板。

表 2-4-3 盲板位置表

序号	盲板位置	序号	盲板位置
1	除盐水进装置	7	中压氮气进装置
2	除氧水进装置	8	高压氮气进装置
3	含氨污水出装置	9	1. 0MPa 蒸汽进装置
4	净化风进装置	10	0. 35MPa 蒸汽出装置
5	非净化风进装置	11	再生烟气进出装置
6	凝结水出装置		

(三)氮气气密原则

① 在反应器系统充压气密时，循环氢压缩机和反吹氢压缩机打开出入口阀同步气密，泄漏点处理完后关闭出口阀，避免压缩机氮封泄漏量影响系统保压结果。

② 装置氮气气密时，使用肥皂水对各静密封点进行泄漏检查，以泡沫不胀大破裂为完好标准。

③ 反应器系统 2.8MPa 气密漏点处理完成后必须进行保压试验。

(四)氮气气密注意事项及 HSE 措施

① 氮气气密须做好防窒息准备工作，引氮气充压前对流程进行三级确认，确保高点放空和低点排凝阀全部关闭，发现大漏点时不要靠近，及时汇报并停止氮气充压，待漏点处理好后再重新引氮气充压。

② 开始引氮气时先稍开氮气阀，有气体通过即可，然后安排人进行流程和泄漏点初步检查，确定流程贯通后再慢慢打开氮气阀。

③ 引氮气充压前要跟调度联系，开阀时要慢，内操做好监盘工作，避免氮气流量大幅度变化造成氮气管网波动，影响其他装置关键机组安全运行。

④ 氮气置换不得留死角，各高点放空、安全阀跨线及低点排凝适当开阀排空气，确保整个系统都置换干净。

(五)氮气气密试压标准

氮气气密试压标准见表 2-4-4。

表 2-4-4　氮气气密试压标准

序号	试压部分	试压标准/MPa	保压标准	给气部位	放空部位	介质
1	D101 原料进料部分	0.5		D101 罐顶	D101 底排口	氮气
2	C201 稳定塔	0.85		D201 罐顶	D201 顶放空 E203 底排口	氮气
3	反应系统	0.5 1.0 2.8	≤0.02MPa/h	新氢进装置边界 压缩机出口 混氢点处	D121 顶放空 D122 底放空	氮气
4	反吹氢部分	4.0 6.5	≤0.02MPa/h	新氢进装置边界	D114 底放空 D122 底放空	氮气
5	再生系统	0.3		R102 下部	再生器安全阀副线	氮气
6	再生取热系统	0.5		PIC3301B	D123 安全阀副线	蒸汽

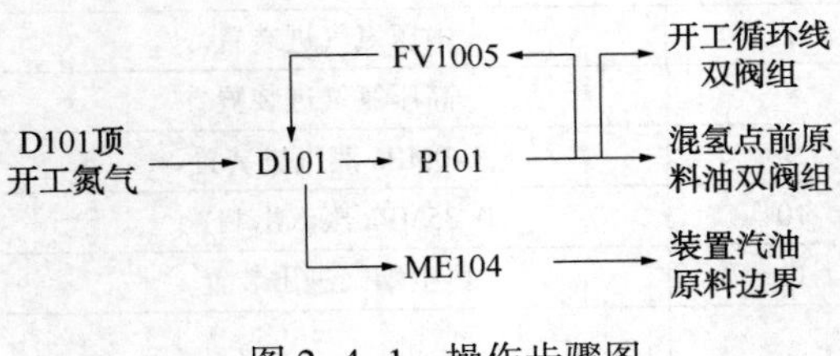

图 2-4-1　操作步骤图

(六)原料系统气密

操作步骤如图 2-4-1 所示：

1）关闭各高点放空和低点排凝，拧上堵头(不用缠密封带，不用拧紧)，投用 D101 和 ME104 顶部安全阀，按如下步骤及流程改通气密流程。

① 关闭催化汽油进装置界区第一道阀。

② 关闭稳定塔 C201 至原料缓冲罐 D101 的开工循环线阀。

③ 关闭原料缓冲罐 D101 脱水包、反应进料泵 P101A/B、调节阀排污等至污油总管阀手阀。

④ 关 PV1001B 后至放空罐 D206 的手阀。

⑤ 关闭 AI1001 出入口阀。

⑥ 关闭原料缓冲罐 D101 出口管线新鲜水和蒸汽吹扫线阀。

⑦ 打开原料罐底快速切断阀 MV1001。

⑧ 关闭 UV1101，关闭 UV1101 后混氢点双阀，打开放空。

⑨ 投用原料罐 D101 安全阀。

⑩ 投用原料过滤器 ME104A/B 安全阀。

⑪ 关闭稳定塔回流罐 D201 至原料罐靠原料罐侧补压手阀。

2）联系调度使用中压氮气，从催化汽油线、罐区汽油线及污油出装置线界区吹扫线引氮气充压至 0.5MPa，安排操作人员交叉进行气密。

3）发现漏点及时记录和汇报，泄漏较小的位置安排施工单位人员配合把紧，泄漏较大的位置以及法兰把紧后仍泄漏的位置，做好登记待泄压后更换垫片。

4）漏点整改完成后，再引氮气充压再次进行 0.5MPa 气密，确保所有密封点、低点排凝无泄漏后，气密工作完成。

5）引氮气充压至 0.5MPa，打开 D101 和 ME104 高点放空和安全阀跨线泄压，泄压至 0.05MPa 后再次充压，充泄压共 3 次，最后一次泄压保持系统内 0.1MPa 压力。安排在 D101 原料采样器和顶部安全阀处采样送分析站分析，安排操作人员用四合一检测仪检测各低点排凝，最后检测和分析结果氧含量≤0.5%(体)说明置换合格，否则再一次置换后进行分析，直到合格为止。

6）按照 1.5Mt/a S Zorb 装置原料罐 D101 容积 340m^3(与原料罐相比，其余部分容积较小忽略不计)，则每次充压至 0.5MPa 所需氮气(标准压力下，氮气 10℃)为：

$$V_2=\frac{P_1V_1T_2}{P_2T_1}=\frac{(101.325+500)\times340\times(273)}{(101.325)\times(273+10)}=1619.44\text{Nm}^3$$

7）置换次数理论计算：置换前系统中氧含量为 21%，第一次充压到 0.5MPa 并泄压至 0.05MPa 后，系统中氧含量约为 21%×[0.1/(0.1+0.5)]=3.5%。第二次充压到 0.5MPa 并泄压至 0.05MPa 后，系统中氧含量约为 3.5%×[0.15/(0.1+0.5)]=0.875%。第三次充压到 0.5MPa 并泄压至 0.05MPa 后，系统中氧含量约为 0.875%×[0.15/(0.1+0.5)]=0.219%。

8）原料系统气密和置换工作完成后，确保高点放空、安全阀跨线和低点排凝等阀门均关闭，系统保持 0.1MPa 氮气压力等待引油进行油运。

(七) 稳定系统气密

操作步骤如图 2-4-2 所示：

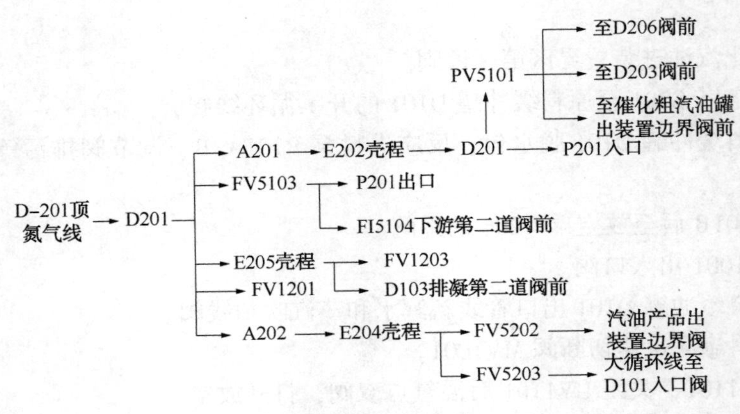

图 2-4-2 操作步骤图

1）关闭各高点放空和低点排凝，拧上堵头(不用缠密封带，不用拧紧)，投用C201顶部安全阀，关闭与冷热高分系统的隔离阀，打通轻烃线和精制汽油线至界区流程，改通顶回流系统流程(正副线均打开)，具体步骤及流程改动如下：

① 关闭 FV1203 副线及上下游阀。

② 关闭 FV1201 副线及上下游阀。

③ 打开 UV1101 后开工循环线至稳定塔线流程。

④ 关闭精制汽油出装置界区阀和不合格汽油去罐区界区阀。

⑤ 关闭开工退油线出装置界区阀和地下污油罐 D204 污油泵入口阀。

⑥ 关闭轻烃出装置界区阀。

⑦ 关闭稳定塔顶气出装置界区阀。

⑧ 关闭稳定塔回流罐 D201 顶至放空罐 D206 手阀。

⑨ 关闭稳定塔回流罐 D201 顶至燃料气总管手阀。

⑩ 关闭所有容器、调节阀、换热器排放至污油总管的手阀。

⑪ 关闭压缩机入口缓冲罐 D103 底排污去 E205 手阀。

⑫ 投用稳定塔 C201 安全阀。

2）使用中压氮气由 D201 充压线，将稳定系统充压至 0.85MPa，进行气密。

3）发现漏点及时记录和汇报，泄漏较小的位置安排施工单位人员配合把紧，泄漏较大的位置以及法兰把紧后仍泄漏的位置，做好登记待泄压后更换垫片。

4）漏点整改完成后，再引氮气充压再次气密，确保所有密封点、低点排凝无泄漏。

5）气密过程中在 0.7MPa 压力阶段对 E202/AB、E204/AB、E205/AB 管束内漏检查；检查方法为关闭换热器循环水上水和回水手阀，打开放空阀，用接满水的小桶将放空阀浸入，检查是否有气泡来判断换热器是否内漏。

6）气密完成后打开 D201 和 C201 高点放空和 C201 安全阀跨线泄压，待压力泄为零时关闭放空阀。

7）引中压氮气充压至 0.8MPa，打开 D201 和 C201 高点放空和 C201 安全阀跨线泄压，泄压至 0.05MPa 后再次充压，充泄压共 2 次，每次充压所需氮气约 1018Nm^3，最后一次泄压保持系统内 0.1MPa 压力。安排在 D201 轻烃采样器、精制汽油采样器和 C201 安全阀处采样送分析站分析，安排操作人员用四合一检测仪检测各低点排凝，最后检测和分析结果氧含量≤0.5%(体)说明置换合格，否则再一次置换后进行分析，直到合格为止。

8）稳定系统气密和置换工作完成后，确保高点放空、安全阀跨线和低点排凝等阀门均关闭，系统保持 0.1MPa 氮气压力等待引油进行油运。

（八）瓦斯系统蒸汽气密

操作步骤如图 2-4-3 所示。

1）关闭各高点放空和低点排凝，拧上堵头(不用缠密封带，不用拧紧)，投用 D203 顶部安全阀，改通瓦斯自界区第二道阀至主火嘴手阀和长明灯手阀流程(调节阀正副线均打开)，具体操作步骤及流程如下：

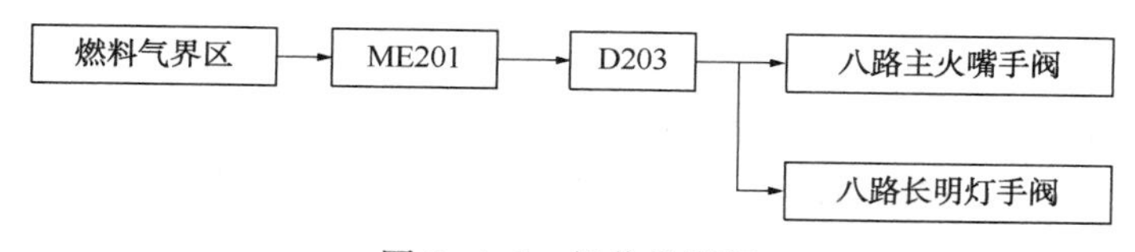

图 2-4-3 操作步骤图

① 关闭燃料气进装置第一道手阀。

② 确认稳定塔回流罐 D201 顶气进燃料气线手阀处于关闭状态。

③ 关闭八路主火嘴进加热炉最后一道手阀。

④ 关闭八路长明灯进加热炉最后一道手阀。

⑤ 关闭加热炉火嘴及长明灯圆圈盘管放大气手阀。

⑥ 关闭燃料气分液罐 D203 底排液去污油总管手阀。

⑦ 投用燃料气分液罐 D203 顶安全阀。

⑧ 关闭 PV9001、PV1603 排污去污油总管手阀。

⑨ 关闭燃料气过滤器 ME201 底排液去污油总管手阀。

2）从管网瓦斯界区利用 1.0MPa 蒸汽向系统充压至 0.5MPa，安排操作人员交叉进行气密。

3）发现漏点及时记录和汇报，泄漏较小的位置安排施工单位人员配合把紧，泄漏较大的位置以及法兰把紧后仍泄漏的位置，做好登记待泄压后更换垫片。

4）漏点整改完成后，再引蒸汽充压再次气密，确保所有密封点、低点排凝无泄漏。

5）若发现处理不好的漏点，则安排泄压换垫再重新充压气密直至合格为止。

6）气密完成后打开加热炉主火嘴高点放空，进行泄压和置换，蒸汽持续放空 15min。

7）瓦斯系统气密工作完成后，确保高点放空、安全阀跨线和低点排凝等阀门均关闭，系统保持 0.05MPa 压力等待引瓦斯进行点炉。

（九）再生系统氮气气密

操作步骤如下：

1）关闭各高点放空和低点排凝阀门，拧上堵头(缠密封带并拧紧)，投用 R102、D107、D109、D110、D112、D113、D116、D130 安全阀，关闭再生系统与闭锁料斗系统的隔离阀，打通冷氮、热氮系统和再生烟气线至界区流程，改通再生空气系统流程(正副线均打开)，投用所有的测量反吹点、松动点，按图2-4-4改通气密流程。

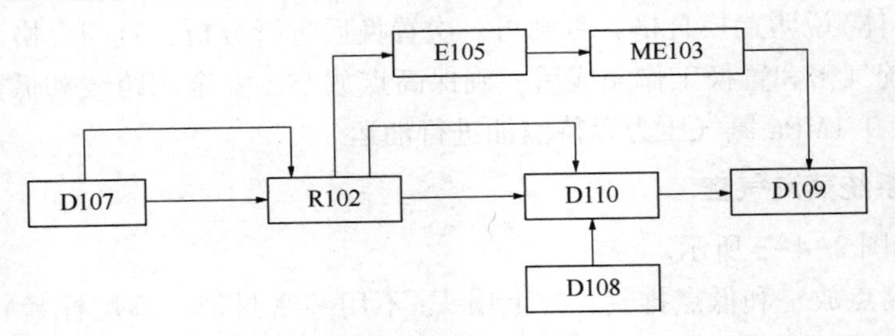

图2-4-4 操作步骤图

2）从补充氮气、提升氮气、松动及反吹氮气点等引氮气充压至0.3MPa，安排操作人员交叉进行气密。

3）发现漏点及时记录和汇报，泄漏较小的位置安排施工单位人员配合把紧，泄漏较大的位置以及法兰把紧后仍泄漏的位置，做好登记待泄压后更换垫片。

4）漏点整改完成后，再引氮气充压再次气密，确保所有密封点、低点排凝无泄漏。

5）气密过程中对再生系统各测压点进行检查、核对是否准确。

6）若发现处理不好的漏点，则安排泄压更换垫片后再重新充压气密直至合格为止。

7）气密完成后将再生器压力降至0.1MPa，等待再生系统升温干燥。

(十) 再生取热系统蒸汽气密

1）关闭各高点放空和低点排凝，投用D123安全阀和D110取热盘管出口安全阀。将1.0MPa蒸汽引入蒸汽主管和PV3301B阀前，关闭蒸汽放空消音器手阀。按如下步骤引入1.0MPa蒸汽对取热系统试压，试验压力0.5MPa。

① 关闭除氧水进冷凝水罐D123的器壁手阀。

② 关闭冷凝水罐D123底排污手阀。

③ 关闭低压蒸汽出装置界区阀。

④ 关闭低压蒸汽放空去消音器SIL102手阀。

⑤ 根据图2-4-5改通取热蒸汽流程。

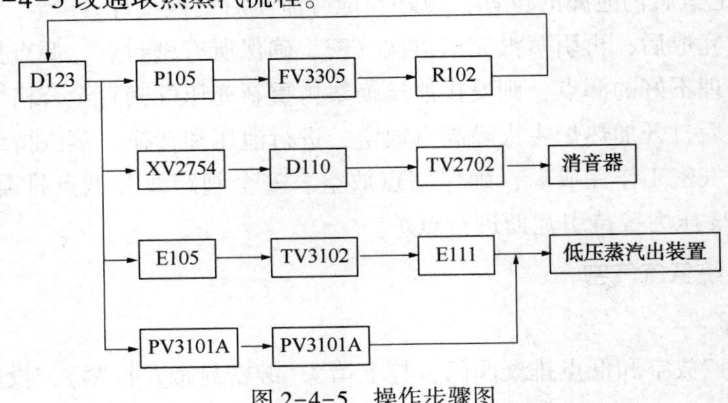

图2-4-5 操作步骤图

⑥ 内操打开取热水调节阀 FV3305 和程控阀 XV3444/XV3445。

⑦ 内操打开 PV3301A、TV3102、TV2702、XV2754。

2）使用低压蒸汽，从 PIC330B 充压至 0.35MPa，内操辅助观察操作压力，安排操作人员交叉进行检查。

3）发现漏点及时记录和汇报，泄漏较小的安排施工单位人员配合把紧，泄漏较大的位置以及法兰把紧后仍泄漏的位置，做好登记待泄压后更换垫片。

4）漏点整改完成后，再进行引蒸汽充压试压，确保所有密封点、低点排凝无泄漏。

5）若发现处理不好的漏点，则安排泄压更换垫片后再重新充压气密直至合格为止。

6）气密完成后打开 D123 安全阀跨线泄压，待压力泄到 0.05MPa 时关闭放空阀，D123 收除氧水将液位升到 50%，保持压力等待再生系统升温装剂。

（十一）反应系统氮气气密

1. 操作步骤

1）关闭各高点放空和低点排凝，低点全部拧上堵头（缠密封带并拧紧），投用 R101、E101、D121、压缩机组顶部安全阀，确认 UV1101 后混氢点盲板隔离，冷高分出口用盲板与稳定系统隔离，热高分出口与稳定塔用盲板隔离。关闭 E101 及反应器、冷热高分与 D204 相连的阀门，关闭闭锁料斗系统与再生系统、火炬系统、燃料气系统相连阀门，打通冷氢及热氢流程（正副线均打开），确认火炬总管边界管线处于盲板隔离状态。

2）按图 2-4-6 改通循环氢系统气密流程：

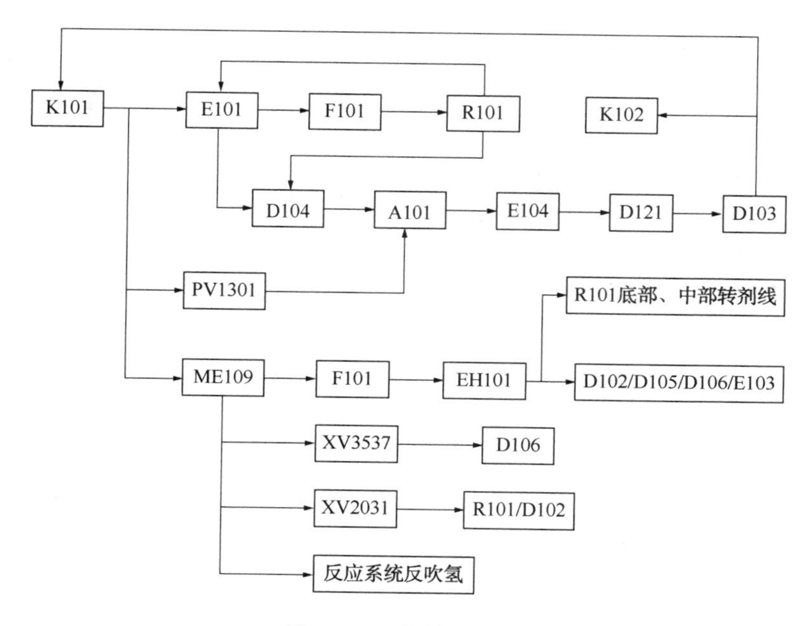

图 2-4-6 操作步骤图

3）按图 2-4-7 改通反吹氢系统气密流程：

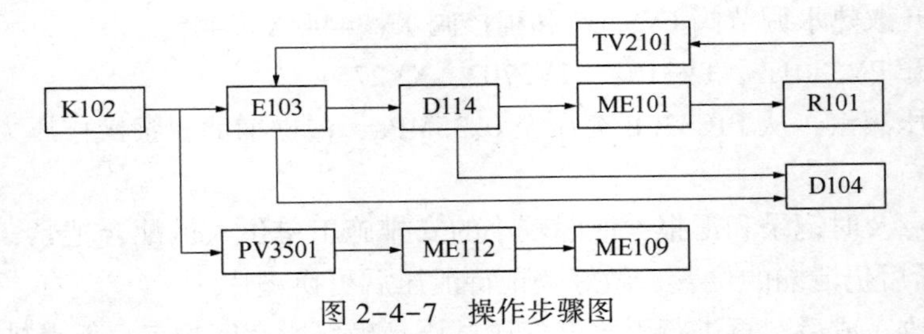

图 2-4-7　操作步骤图

4）按图 2-4-8 改通新氢系统气密流程：

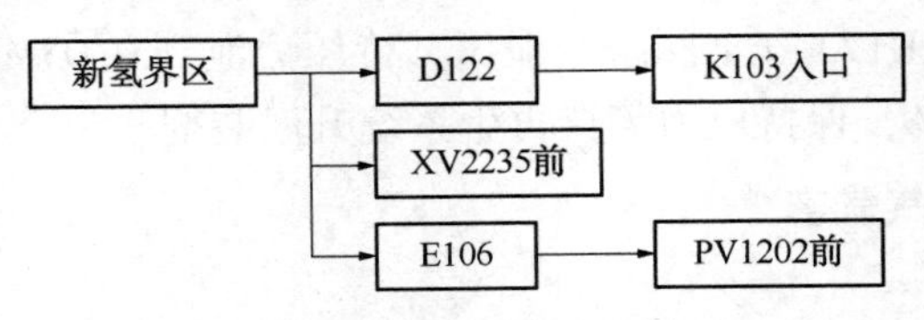

图 2-4-8　操作步骤图

5）按图 2-4-9 改通闭锁料斗流程：

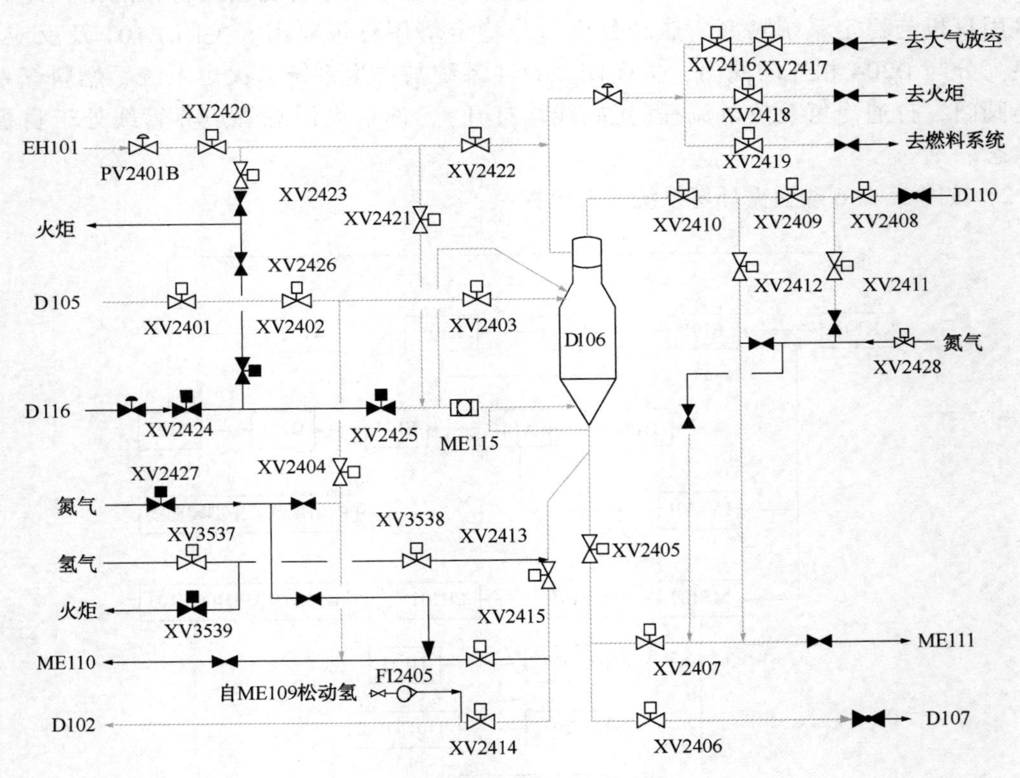

图 2-4-9　操作步骤图

2. 氮气气密过程

气密压力等级为：0. 5MPa→1. 0MPa→2. 8MPa

1）从界区引中压氮气充压至 0. 5MPa，对反应系统进行氮气气密，系统充压至 0. 5MPa

所需氮气量约 2254Nm^3。

2）计算示例(以某 1.5Mt/a 装置计算)

系统的体积约 397.21m^3。氮气气密值见表 2-4-5。

表 2-4-5 氮气气密值表

设备位号	容积/m^3	设备位号	容积/m^3	设备位号	容积/m^3
E101A	9.2	R101	176.5	D105	2.09
E101B	9	D114	7.21	D106	1.085
E101C	12.9	D104	101.082	D103	4.07
E101D	9.2	D121	24.5	D102	3.6
E101F	12.9	D103	4.07	管线体积	10
F101	4.9	D102	3.6	合计	397.21

中压氮气温度 T_2：10℃，压力 P_2：2.5MPa。

系统充压至 0.5MPa 所需中压氮气量 V_2 为：

$$V_2=\frac{P_1V_1T_2}{P_2T_1}=\frac{(101.325+500)\times397.21\times(273+10)}{(2500+101.325)\times(273+10)}=2253.74\text{Nm}^3$$

3）发现漏点及时记录和汇报，泄漏较小的位置安排施工单位人员配合把紧，泄漏较大的位置以及法兰把紧后仍泄漏的位置，做好登记待泄压后更换垫片。

注：漏点可分为 3 类：第一类为结构性漏点，气密过程中可见大体积的气泡，该类漏点需要更换垫片处理；第二类漏点会在法兰周围生成细密的小泡，但是小泡并不会随时间推移而增大，该类漏点可不处理，当法兰面温度升高能完成自紧；第三类漏点为法兰周围出现大量泡沫，并随时间推移而变大，则需要联系施工单位人员把紧。

4）漏点整改完成后，再进行引氮气充压再次气密，确保所有密封点、低点排凝无泄漏后，系统升压至 1.0MPa 进行气密。

5）联系调度，从边界引高压氮对系统进行 1.0MPa 气密，单次气密用氮气量约 1911Nm^3。

6）若发现处理不好的漏点，则安排泄压换垫再充压气密，直至 1.0MPa 氮气气密合格为止。

7）1.0MPa 氮气气密合格后，反应系统需要升压至 2.8MPa 进行气密。在升压之前需要确认两点：①新氢系统之前一直与反应系统联合气密，若新氢罐 D122 安全阀定压低于 2.8MPa，则需要将新氢系统与反应系统进行隔离，避免 D122 安全阀起跳。②2.8MPa 气密需要装置启动循环氢压缩机进行升压，由于氮气和氢气分子结构的差别，需要在开工前提前更换压缩机的气阀。

8）引氮气经循环压缩机升压后送入反应器系统进行气密，气密压力为 2.8MPa，需从界区补氮气量约 6806Nm^3。

9）气密过程中在 2.8MPa 压力阶段对 E101A～F 管束内漏及管壳程出入口阀门是否能关严进行检查。

10）气密过程中要关注反应器、反应器接收器、还原器和闭锁料斗系统各测压点是否压力相等，有问题的及时联系处理。

11）若发现处理不好的漏点，则安排泄压换垫再充压气密直至 2.8MPa 氮气气密合格为止。

12）闭锁料斗跟反应系统同步气密，有问题可单独切出泄压处理；闭锁料斗气密时要对主流程程控阀进行内漏检查。以 D105 至 D106 流程为例，关闭 XV2404 和 XV2401，打开 XV2403/XV2402，此时观察闭锁料斗压力是否升高。若升高迅速则 XV2401 阀门内漏。

13）反吹氢压缩机更换气阀后开启单独对 D114 反吹氢系统做 6.5MPa 气密；同时检查各反吹阀是否内漏，气密合格后停反吹氢压缩机，将气阀换回原气阀。

14）系统 2.8MPa 气密完成后，对反应系统进行氮气置换。停循环氢压缩机，将压缩机气阀换回原气阀。打开反应系统各低点就地排凝进行泄压（D102 底部排凝、D121 底部排凝），待压力值泄为 100kPa 左右时关闭放空阀，此时系统的氧含量应≤0.724%。

15）最后一次氮气充压前，系统视为表压为 0MPa，氧含量为 21%。系统充压至 2.8MPa 后，其绝对压力为 2.9MPa，则此时系统的氧含量为：

$$21\% \times \frac{0.1}{0.1+2.8} = 0.724\%$$

16）再次向反应系统内引入氮气，将系统充压到至少 0.19MPa，可满足系统内氧含量≤0.5%的置换要求，因此需额外向系统内补入氮气量至少 340.29Nm^3。系统泄压至 0.05MPa，安排在新氢采样器、循环氢采样器和 E101 顶部安全阀处采样送分析站分析，安排操作人员用四合一检测仪检测各低点排凝，最后检测和分析结果氧含量≤0.5%（体）说明置换合格，否则重复置换后再进行分析，直到合格为止。

17）反应系统气密和置换工作完成后，确保高点放空、安全阀跨线和低点排凝等阀门均关闭，系统保持 0.05MPa 氮气压力等待充氢升压和点炉升温。

18）为防止反应器系统内未清理干净的吸附剂倒窜到加热炉炉管，反应器系统充压必须顺流程，反应器必须在冷高分顶泄压，防止逆向充泄压导致反应器内残存吸附剂倒窜到炉管。

（十二）污油和火炬系统气密

操作步骤。

1）关闭中压氮气与氢气系统连通双阀打开中间放空，确保没有氮气窜入反应系统。

2）关闭与地下污油系统地漏口连通的设备管线排凝阀，打通 D204 和 D206 连通流程，关闭底部放空阀。

3）打开 D204 顶低压氮气线，向火炬和地下污油系统充压至 0.1MPa，安排操作人员交叉进行气密。

4）发现漏点及时记录和汇报，泄漏较小的位置安排施工单位人员配合把紧，泄漏较大的位置以及法兰把紧后仍泄漏的位置，做好登记待泄压后更换垫片。

5）漏点整改完成后，再引氮气充压气密，确保所有密封点、低点排凝无泄漏。

6）置换时，若采取充压至0.1MPa，泄压至0.05MPa的方式，根据置换前系统中氧含量为21%，第一次充压到0.1MPa并泄压至0.05MPa后，系统中氧含量约为21%×[0.1/(0.1+0.1)]=10.5%，第二次充压到0.1MPa并泄压至0.05MPa后，系统中氧含量约为10.5%×[0.15/(0.1+0.1)]=7.87%，以此类推，共需置换12次，理论氧含量才能置换到0.44%。因此火炬系统的置换建议利用反应系统撤压时同步进行，打开D206、D204顶部放空，最后一次撤压时保持系统内0.05MPa压力，在D206顶部压力表、火炬线放空处采样送分析站分析，安排操作人员用四合一检测仪检测各低点排凝，最后检测和分析结果氧含量≤0.5%(体)说明置换合格。

7）污油-火炬系统气密和置换工作完成后，确保高点放空和低点排凝等阀门均关闭，打开火炬罐高点放空泄压，泄压拆除火炬线界区盲板。

二、再生系统干燥

（一）干燥范围

再生器R102、再生器进料罐D107、吸附剂回收罐D108、再生粉尘罐D109、再生器接收器D110、再生烟气冷却器E105、再生烟气过滤器ME103。

（二）干燥前准备

1）再生系统气密合格。

2）再生风电加热器EH102调试完毕，可投用。

3）氮气电加热器EH103调试完毕，可投用。

4）非净化风干燥器PA103调试完毕，可投用。

5）非净化风罐D124排凝脱液。

（三）再生器R102干燥

1）改通流程。

2）按图2-4-10改通再生空气流程。

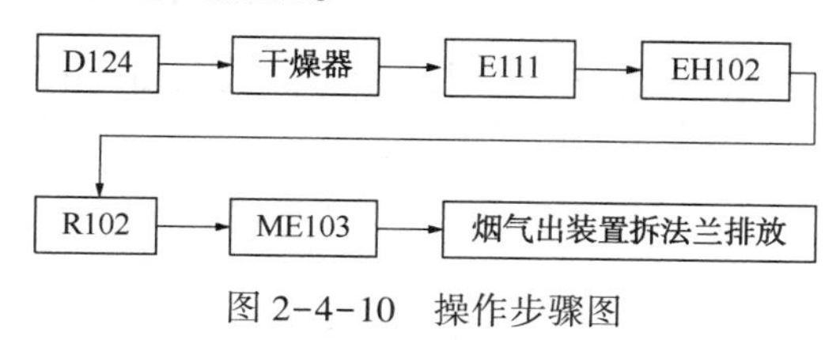

图2-4-10 操作步骤图

3）按图2-4-11改通再生氮气流程。

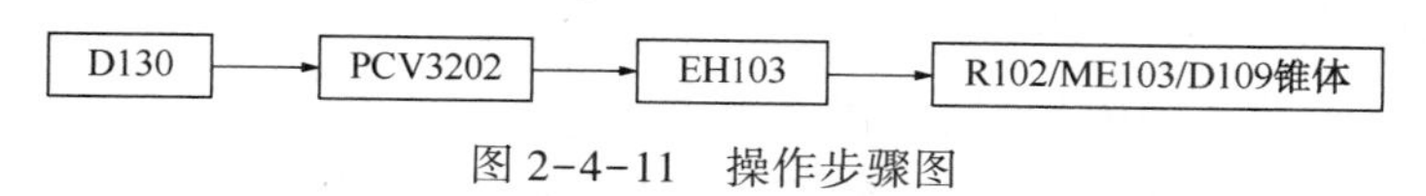

图2-4-11 操作步骤图

4）按图2-4-12改通各松动点氮气流程。

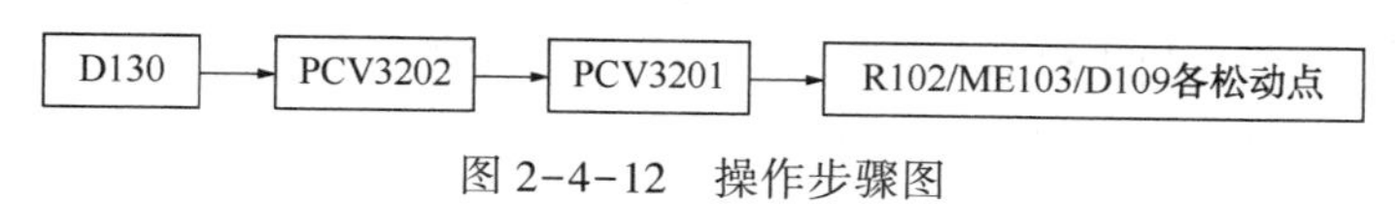

图2-4-12 操作步骤图

① 打开 XV2958、XV2951。

② 投用 EH102/EH103 元件温度高高联锁。

③ 投用 EH103 入口流量低低联锁。

5）投用电加热器 EH102/EH103。

① 投用非净化风干燥器 PA103。

② 打开非净化风调节阀 FV3101，流量控制在 $1000Nm^3/h$。

③ PV2601 投自动，再生器压力控制在不大于 0.1MPa。

④ 投用 E111 管程蒸汽流程。

⑤ 在加热器元件温度 TI3105B、TI3106B 不超 600℃的情况下提高 EH102 负荷，再生器开始升温干燥，升温速度不大于 50℃/h。

⑥ 投用氮气电加热器 EH103，出口温度 TIC3203 控制在 180℃。

⑦ 再生烟气出装置温度 TI2903、再生粉尘罐 D109 温度 TI2901 达 150~200℃大于 12h 干燥结束。

（四）再生器接收器 D110 干燥

1）按图 2-4-13 改通 D110 干燥流程。

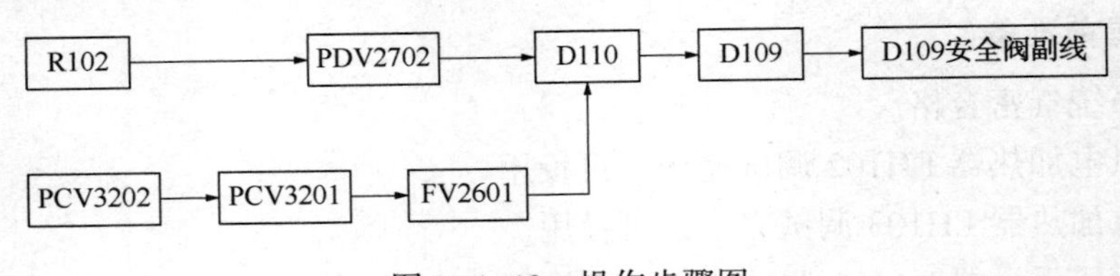

图 2-4-13 操作步骤图

2）关闭 XV2958、XV2951。

3）再生器接收器 D110 温度 TI2701 达 150~200℃大于 12h 干燥结束。

（五）吸附剂回收罐 D108 干燥

1）关闭 D110 卸剂线→D109 流程，按图 2-4-14 改通 D108 干燥流程。

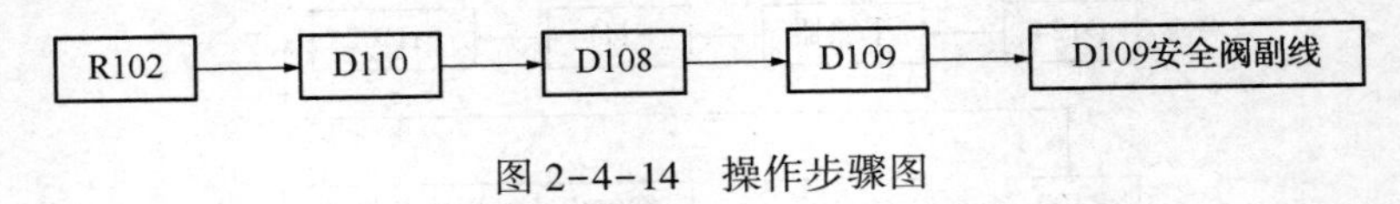

图 2-4-14 操作步骤图

2）关闭 FV2601。

3）吸附剂回收罐 D108 温度达 150~200℃大于 12h 干燥结束。

（六）再生进料罐 D107 干燥

1）按图 2-4-15 改通 D107 干燥流程。

2）改通“再生进料罐 D107→PDV2502B→R102 顶部”流程。

3）打开 D107 底部下料球阀，打开 HV2533。

4）FV2501→R102 吸附剂管线干燥后可关闭 HV2533 后球阀，让 FV2501 热氮从 HV2533 进入 D107，提高 D107 升温速度。

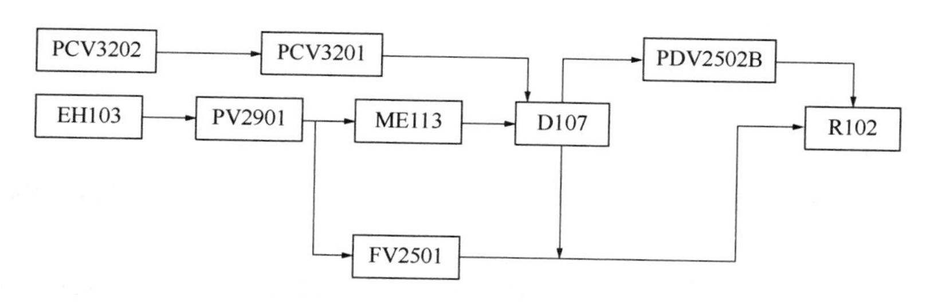

图 2-4-15 操作步骤图

5）再生进料罐 D107 温度 TI2501 达 150~200℃大于 12h 干燥结束。

（七）再生系统干燥完毕后处理

1）再生系统干燥后，恢复 D107/D108/D109/D110/R102 正常生产流程；

2）将调节阀 FV3101 投自动，控 100~200Nm^3/h，调整电加热器 EH102 负荷，再生器温度大于 120℃，等待再生装剂。

（八）注意事项

1）干燥过程中，检查打开干燥流程的最低点排液阀，确保无明水。

2）干燥过程中，对管线受压情况、弹簧支架及弹簧进行常规检查。

3）干燥过程检查确认所有松动点畅通，发现堵塞，及时处理。

4）干燥过程现场排空，气体要选择经过过滤器过滤后排放，防止容器残留吸附剂吹出，污染环境。

三、原料稳定油运

（一）油运准备工作

1）原料、稳定系统气密合格，用 N_2 置换至 O_2 含量<0.5%(体)。

2）检查消防设施及可燃气体监测和报警设施等完好，消防通道畅通，消防用品配备齐全。

3）检查关闭油运流程中的所有放空、排凝阀。

4）投用污油系统，污油泵 P202 处于备用状态。

5）投用火炬分液罐 D206，火炬线并网，确认原料-稳定系统所有安全阀投用。

6）稳定塔 C201 重沸器 E203A/B 处于备用状态。

7）联系调度做好水、电、汽、风、氮气的正常供应。

8）联系调度，准备好约 250t 开工汽油。

（二）油运期间注意事项

1）引油垫油、建立冷热油循环时加强检查，严禁“跑、冒、滴、漏”。

2）油运期间，注意检查各设备管线有无漏点、机泵运转是否正常，并做好记录。

3）油运期间，每隔 8h 切换机泵，考察其运行状况，做好记录。

4）油运期间冷换设备、调节阀的副线、泵的出入口旁路均需过量一定时间后关闭。

5）冷油运期间，设备及管线各低点应及时切水。

（三）原料-稳定系统油运

1）原料罐 D101 收油。

2）改通“界区罐区催化汽油线→原料进料调节阀 FV1004→原料过滤器 ME104A→原料罐 D101”流程。

3）改通氮气罐 D130 至原料缓冲罐 D101 充压氮气流程，改通原料缓冲罐 D101 顶压控阀 PV1001B 至火炬流程。

4）投用原料缓冲罐 D101 顶压控阀 PIC1001，压力设定 0.3~0.4MPa。

5）打开原料进料调节阀 FV1004，联系调度送开工油进装置。

6）原料缓冲罐 D101 收油达 75%~80%液面时，停止收油，原料罐静置 8h，切水。

7）及时脱除原料罐 D101 水包中的水，并校对玻璃板和液位远传。

（四）稳定塔氮气充压

改通氮气罐 D130 至稳定塔回流罐 D201 氮气流程，打开氮气充压阀。

1）稳定系统充压至 0.3~0.4MPa 后，关闭氮气充压阀。

2）改通稳定塔回流罐 D201 气相去火炬流程。

3）投用稳定塔顶压控阀 PIC5101，压力设定 0.6MPa。

（五）稳定塔 C201 收油

1）改通“D101→P101A→FT1103 跨线→FV1101→UV1101→开工循环线→C201 第 12 层进料”流程。

2）改通“P101→FV1005→D101”流程。

3）按岗位操作法启动 P101A，FV1005 投自动，设定 80t/h，原料泵打循环。

4）打开调节阀 FV1101，向稳定塔垫油，FIC1101 控 80t/h。

5）稳定塔 C201 有液位时，校对玻璃板和液位远传。

6）稳定塔收油到 50%液面后，稳定塔准备向原料罐送油。

（六）建立油运循环

1）改通“C201→A202A-F→E204A/B→P203A→FV5203→开工循环线→ME104A→D101”流程。

2）打开精制汽油泵 P203 跨线阀。

3）打开调节阀 FV5203，对稳定塔-原料罐开工循环流程管线、设备进行灌油。

4）现场确认调节阀 FV5203 有油经过后，关闭 P203 跨线阀，关闭调节阀 FV5203。

5）稳定塔收油达 60%~65%，按岗位操作法启动精制汽油泵 P203A。

6）打开稳定塔开工循环线调节阀 FV5203，向原料罐送油，稳定塔液位 LIC5001 投自动，FIC5203 投串级，液位设定 50%。

（七）开始油运

1）装置油运期间外操加强原料罐脱水，油运所经控制阀、流量计打开副线进行赶水。

2）油运期间注意观察仪表的使用情况，联系仪表专业人员，打开仪表引管低点，排净存水。

3）油运4h后将原料泵P101A和精制汽油泵P203A切换至原料泵P101B和精制汽油泵P203运行，打开原料泵P101A和精制汽油泵P203A泵体低点排凝进行切水。

4）当污油罐V204液位大于60%时，联系外送污油。

四、反应系统氢气气密

（一）气密方式

1）反应系统分为三个阶段气密，第一阶段气密压力为冷态气密，气密压力0.5MPa，需要向系统补充约3215Nm^{3}的氢气。

2）0.5MPa气密合格后，开循环氢压缩机并点炉升温进行第二阶段热态气密，气密压力为1.0MPa(由于临氢装置设备规定，设备压力超过设计压力的25%时，设备温度不得低于93℃。S Zorb反应器设计压力为4.26MPa，当反应系统升温至93℃时，装置压力应不大于1.0MPa，则系统冷态压力最高为0.75MPa)，需要补充氢气量约1535Nm^3。

3）1.0MPa气密合格后，开新氢压缩机和反吹氢压缩机，进行第三阶段热态气密，气密压力为2.8MPa，需要补充氢气量约6222Nm^3。同时对反吹氢系统按4.0MPa、6.5MPa压力等级依次气密。D114的容积为7.21m^3，加上管线的总体积为8m^3，则气密过程中需额外补充氢气量约205Nm^3。

4）闭锁料斗系统跟反应系统同步进行气密。

（二）气密范围

气密范围为：反应进料换热器E101A~F、加热炉F101、反应器R101、还原器D102、反应器接收器D105、热高分D104、反应产物空冷A101、反应产物水冷E104、冷高分D121、还原器过滤器ME109A/B、氢气电加热器EH101、循环氢压缩机K101A/B、反吹氢压缩机K102A/B、补充氢压缩机K103A/B、反吹氢-反应产物换热器E103、反吹气体聚集器D114、循环氢压缩机入口分液罐D103、补充氢压缩机入口分液罐D-122、补充氢返回冷却器E106、闭锁料斗D106系统。

（三）反应系统隔离

反应系统隔离主要有：反应系统与原料稳定系统高低压隔离、反应系统与氮气系统隔离、反应系统与新鲜水系统隔离、反应系统与蒸汽系统隔离、反应系统部分低点排污去地下污油罐系统隔离、闭锁料斗系统隔离。同时注意，系统引氢气气密前确保火炬总管盲板已改通。

1. 反应系统与原料稳定系统的隔离

① 确认反应紧急切断阀UV1101后盲板调至盲向。

② 确认循环氢压缩机入口分液罐D103底排油去稳定塔进料凝结水换热器E205三道手阀关闭，打开D103底双阀间的排凝阀。

③ 确认稳定塔热进料盲板调至盲向。

④ 确认稳定塔冷进料盲板调至盲向。

⑤ 确认 D121 底含氨污水液面控 LV1203 副线阀及上下游阀关闭。

2. 反应系统与新鲜水系统的隔离

① 确认原料换热器 E101A 入口新鲜水线盲板调至盲向。

② 确认原料换热器 E101F 入口新鲜水线盲板调至盲向。

3. 反应系统与蒸汽系统的隔离

① 确认原料换热器 E101A 入口蒸汽线盲板调至盲向。

② 确认原料换热器 E101F 入口蒸汽线盲板调至盲向。

③ 确认循环氢压缩机 K101 入口抽真空器 EJ101 盲板调至盲向。

4. 反应系统与氮气系统的隔离

① 确认原料换热器 E101A 入口氮气线盲板调至盲向。

② 确认原料换热器 E101F 入口氮气线盲板调至盲向。

③ 确认循环氢压缩机 K101A/B 入口 0.6MPa 氮气线盲板调至盲向。

④ 确认反吹氢压缩机 K102A/B 入口 0.6MPa 氮气线盲板调至盲向。

⑤ 确认补充氢压缩机 K103A/B 入口 0.6MPa 氮气线盲板调至盲向。

5. 反应系统低点排污与地下污油罐系统的隔离

① 确认循环氢压缩机 K101A/B 入口与地下污油罐 D204 隔离。

② 确认反吹氢压缩机 K102A/B 入口与地下污油罐 D204 隔离。

③ 确认反吹氢压缩机 K103A/B 入口与地下污油罐 D204 隔离。

④ 确认原料换热器 E101A/D 管壳程入口与地下污油罐 D204 隔离。

⑤ 确认反应器 R101 入口与地下污油罐 D204 隔离。

⑥ 确认反吹氢聚集器 D114 与地下污油罐 D204 隔离。

⑦ 确认闭锁料斗通气过滤器 ME115 与地下污油罐 D204 隔离。

⑧ 确认循环氢调节阀 FV1102 与地下污油罐 D204 隔离。

⑨ 确认补充氢压缩机入口缓冲罐 D122 底与火炬罐 D206 隔离。

⑩ 确认还原器过滤器 ME109A/B 与火炬罐 D206 隔离。

⑪ 确认循环氢采样器 SA103、新氢采样器 SA108 已隔离。

6. 闭锁料斗系统隔离

① 确认闭锁料斗与再生系统隔离。

② 确认闭锁料斗与火炬系统隔离。

③ 确认闭锁料斗与就地放空系统隔离。

④ 确认闭锁料斗与燃料气系统隔离。

⑤ 确认闭锁料斗与氮气系统隔离。

⑥ 确认闭锁料斗与过滤器 ME110/111 隔离。

(四) 改通气密流程

① 确认循环氢压缩机 K101A/B、反吹氢压缩机 K102A/B、补充氢压缩机 K103A/B 出

口安全阀投用。

② 确认反应器 R101、闭锁料斗 D106、冷高分 D121、反吹氢聚集器 D114 安全阀投用。

③ 确认原料换热器 E101C 管程、壳程安全阀，E101F 管程、壳程安全阀投用。

④ 确认反应系统所有仪表投用。

⑤ 反应系统氢气气密流程与氮气气密相同，流程隔离可见氮气气密流程图。

（五）反应系统 0.5MPa 冷氢气气密

1. 反应系统充压

① 引氢气之前，联系化验分析反应系统氧含量，氧含量<0.5%(体)为合格。

② 拆除界区新氢线盲板。

③ 联系调度装置准备引氢气，升压至 0.5MPa 约需 3215Nm^3 氢气。

④ 按≤1.0MPa/h 速度升压。

⑤ 打开新氢进装置界区阀，引新氢进装置，反应系统升压至 0.5MPa 后，关闭新氢界区阀。压力以冷高分 D121 顶压力表 PG1202 和 DCS 上 PI1202 为准。

2. 反应系统气密

① 按气密流程，用氢气检测仪、肥皂水进行气密，发现问题及时处理。

② 气密检查无明显漏点后，准备反应系统升压至 1.0MPa 气密。

（六）反应系统 1.0MPa 热氢气气密

1. 循环氢压缩机开机

① 确认压缩机仪表管线、安全阀投用。

② 压缩机润滑油系统加油并油运正常。

③ 投用压缩机冷却水系统及润滑油冷却器，试水站水泵压力低启动辅助水泵联锁。

④ 投用压缩机漏气回收系统。

⑤ 试压缩机润滑油压力低启辅助油泵、润滑油压力低低停电机联锁。

⑥ 调试压缩机气阀是否动作。

⑦ 压缩机盘车。

⑧ 改通压缩机出入口流程，全开 FV1102，关闭 PV1301。

⑨ 复位压缩机启动联锁，启动两台压缩机 K101A/B，提负荷至 100%。防止 E101 偏流，造成温度不均匀。

2. 燃料气系统引瓦斯

① 确认 D203 安全阀、液位计、伴热投用。

② 确认燃料气系统氧含量置换合格，氧含量<0.5%(体)。

③ 确认燃料气压力低低联锁、反应进料低低联锁、反应进料泵状态、循环氢流程低低联锁旁路，复位 UV1602/UV1601，打开 UV1602/UV1601。

④ 按图 2-4-16 改通引瓦斯流程：

⑤ 燃料气界区盲板调通，联系调度，改通管网燃料气至装置界区流程，打开燃料气界区阀，引燃料气进装置，打开火嘴及长明灯环管末端放火炬手阀，置换 10min。

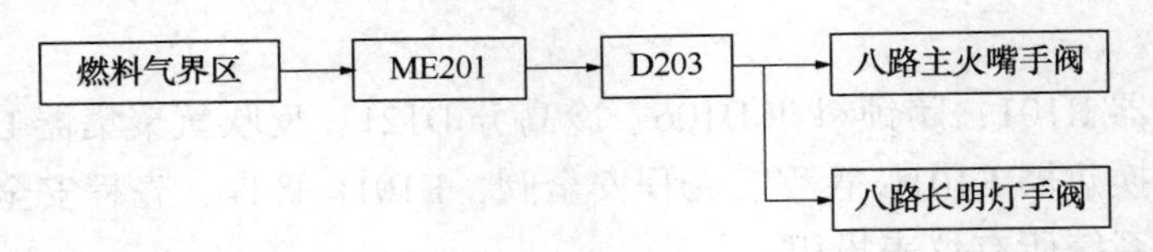

图 2-4-16 操作步骤图

3. 加热炉点火升温

① 确认快开风门 UV6001A/B/C/D 打开。

② 确认空气预热器烟气入口切断阀 UV6003 关闭，烟囱挡板 UV6002 打开，控制烟道挡板 HIC6006 开度，炉膛负压控制为-20Pa。

③ 逐个点燃长明灯，用长明灯风门控制配风量，调节好火焰燃烧情况。

④ 控制反应器升温速度≤30℃/h，根据需要对称增点加热炉火嘴；打开火嘴手阀后，根据火焰燃烧情况，控制手阀的开度，保证主火嘴燃烧情况良好。

⑤ 根据炉膛氧含量、负压、火焰燃烧情况，控制炉膛负压在-80~-20Pa。

⑥ 经常检查火嘴燃烧情况，发现问题及时处理，确保每个火嘴正常使用。

⑦ 根据冷高分 D121 入口温度 TE1203 投用反应产物空冷 A101A/B 和反应产物水冷 E104A/B，TE1203 温度控制在≤40℃。

4. 反应系统升压

① 反应器温度>93℃，暂停升温，联系调度引氢气，升压至 1.0MPa。

② 按≤1.0MPa/h 速度升压。

③ 打开新氢进装置界区阀，引新氢进装置，反应系统升压至 1.0MPa 后，关闭新氢界区阀。压力以冷高分 D121 顶压力表 PG1202 和 DCS 上 PI1202 为准。

5. 反应系统气密

按气密流程，用氢气检测仪、肥皂水进行气密，发现问题及时处理。

（七）反应系统 2.8MPa 热氢气气密

① 联系调度装置准备引氢气，升压至 2.8MPa。

② 打开新氢进装置界区阀，内操关闭新氢调节阀 PV1202。

③ 外操按岗位操作法开启补充氢压缩机 K103A，补充氢压缩机 K103A 给 100%负荷，通过新氢调节阀 PV1202 开度，控制补充氢量 FE1301≤4000Nm^3/h。

④ 启动反吹氢压缩机 K102A 给 100%负荷，PV2105 控 2.8MPa。

⑤ 反应系统升压至 2.8MPa 后，关闭新氢界区调节阀，打开新氢调节阀 PV1202，新氢打内循环。压力以冷高分 D121 顶压力表 PG1202 和 DCS 上 PI1202 为准。

⑥ 按气密流程，用氢气检测仪、肥皂水进行气密，发现问题及时处理。

（八）反吹氢系统 4.0MPa、6.5 MPa 氢气气密

① 内操将反吹氢压控阀 PV2105 投自动，设定 4.0MPa，压力以 DCS 上反吹氢聚集器 D114 压力显示 PI2105、PI2106 为准。

② 按反吹氢气密流程，用氢气检测仪、肥皂水进行气密，发现问题及时处理。

③ 同样的方法进行反吹氢系统 6.5MPa 氢气气密。

④ 反吹氢系统气密完后将反吹氢压力调至 4.0 MPa。

（九）反应系统干燥

① 反应系统在完成 2.8MPa 氢气密后进行反应系统干燥，加热炉继续升温。

② 将反应器压力控制器 PIC1202 投自动，压力设定 2.8MPa，压力高时通过 FV1202 排废氢去燃料气管网。

③ 控制加热炉出口温度 TIC1606，以 25~30℃/h 的速度升温，炉温达 250℃ 投用加热炉余热回收系统。

④ 当反应器温度达到 250℃时(以 TI2103 为准)，暂停升温，反应系统进行热紧。

⑤ 控制加热炉出口温度 TIC1606，以 25~30℃/h 的速度升温，当反应器温度达到 400℃时(以 TI2103 为准)，进行热态检查，发现问题及时整改。

⑥ 在干燥过程中，冷高分 D121 每 30min 脱水一次，做好记录。

⑦ 干燥过程无温度要求，但需要在 D121、D104、D103、E101、D114、D102 底部进行脱水，确认无水后方可结束干燥过程。

干燥注意事项：

① 在升温过程中，设备专业对仪表引管、压力管线系统、弹簧支架及弹簧吊架热膨胀情况进行检查。

② 在升温和恒温过程中，冷高分 D121 每 30min 脱水一次，做好记录。

③ 校对反应系统温度计。

④ 点燃主火嘴后投用燃料气压力低低联锁。

⑤ 检查 E101 换热器是否偏流。

（十）反吹氢系统升温

① 改通 EH101 出口至 E103 壳程入口流程，关闭 TV2101。

② 投用 EH101 元件温度高高联锁。

③ 启动 EH101，提高负荷，控制反吹氢温度为 240~260℃。

五、闭锁料斗系统氢气环境气态调试

反应系统 2.8MPa 氢气气密过程中，需要进行闭锁料斗氢气气态调试，为下一步反应器收剂做准备。将闭锁料斗系统与反应、火炬、燃料气、氮气、氢气等系统连通，与再生系统进行隔离。在正常操作的气态工况下，考查程序运行情况及初始条件确认，对闭锁料斗的“正常循环”“开工装剂”“停工卸剂”程序分别进行调试运行，调试正常后，D106 可投入实际转剂工作。

六、反应再生系统装填吸附剂

（一）反再系统装剂前准备工作

① 反再系统运行完好，干燥完毕。

② 反应器 R101 压力 PI2101 为 1.6~2.0MPa，反应温度 TI2103 为 320~360℃。反应器压力控制过高，反应压力随进料量增加后汽油汽化体积增加而增加，反应系统压力波动大。同理，控制较低的反应器温度，可避免进油后反应温度超温。

③ 再生器 R102 压力 PI2601 为 0.10~0.14MPa，再生温度 TI2607≥200℃。

④ 核料位计安装完毕、仪表检测运行正常，所有仪表和在线分析仪投用正常；将现场反吹松动仪表流量计流量调整至量程 1/3~2/3 即可。

⑤ 确认闭锁料斗 D106 气态试运合格。

⑥ 吸附剂罐 D112、D113 检尺并做好数据记录；压控 PIC3901、PIC3001 投用。

⑦ 打开还原器 D102、反应器接收器 D105、再生进料罐 D107、再生器接收器 D110 与闭锁料斗 D106 相连的吸附剂器壁阀。

（二）再生系统吸附剂装填

1. 吸附剂储罐 D113 升压

① 改通 D113 顶充氮气流程。

② D113 压控阀 PIC3001 控 0.3MPa。

③ 检查确认 D113 锥体松动投用正常。

2. 自 D113 向再生器接收器 D110 装吸附剂

① 确认关闭程控阀 XV2408、XV2409、XV2410，关闭 D110 至 D109 卸剂流程，关闭 D108 至 D110 转剂流程。

② 打开 D113 底输送氮流量计 FI3046 前后阀门。

③ 打开转子流量计 FI3046，确认 D113 至 D110 转剂流程畅通。

④ 打开 D113 底部下料球阀，调整转子流量计 FI3046 流量为 50~140Nm³/h，开始向 D110 装剂。

⑤ 当 D110 料位达到高报时，投用闭锁料斗向反应转剂。

3. 反应吸附剂装填步骤

(1) 装剂前准备工作

① 检查闭锁料斗所有流程已经正确投用。

② 闭锁料斗程序空负荷试运结束，试运期间发现的问题都处理完毕。

③ D107 和 D110 盲板调至通位，并打开器壁阀。

④ 将 D102 流化氢 FI2801 流量提至 1200Nm³/h。

⑤ 投用 EH101 后至 E103 壳程开工线使 D114 反吹氢出口温度为 240~260℃。

(2) 装剂操作步骤

① 控制还原器 D102 温度在 220~260℃。

② 投用闭锁料斗。

③ 第一轮开始装剂时，闭锁料斗第 6.2 步(再生器接收器向闭锁料斗装剂)设定值 20%，运行一轮之后逐步提高设定料位，将闭锁料斗转剂速度调整至最快。

④ 8.0 步压差设定值比 PT2801 高 50~200kPa，后续根据闭锁料斗运行情况适当调整。

⑤ 打开闭锁料斗至还原器 D102 料腿壁阀。

⑥ 闭锁料斗运行模式打到“开工装剂”模式，再生器接收器 D110 向还原器 D102 装剂。

⑦ 随着 D110 冷剂进入 D102，后续进入 R101，D102 和 R101 温度大幅度下降，及时调整 EH101 和加热炉负荷，控制还原器温度为 220~260℃，反应器温度为 320~360℃。

⑧ 装剂前按要求投用 ME101，并进行首次反吹，调整压比范围在 2.0~2.2。

⑨ 当吸附剂进入反应器后，反应器床层温度会有所下降，及时调整电加热器负荷，使 D114 反吹氢出口温度尽可能达到 250℃，在反应进油后当反应器出口温度达到 350~370℃后，再投用 TV2101，停 EH101 后至 E103 壳程开工线。

⑩ 向反应器 R101 装吸附剂至反应器正常料位的 70%，暂停向反应器转剂。

⑪ 关闭吸附剂储罐 D113 底第一道球阀和第二道球阀。

反应器装剂还原水计算：平衡剂中 NiO 质量分数按照 20%计算，反应装剂时每吨吸附剂还原反应生成水量计算见表 2-4-6。

表 2-4-6 生成水量计算表

反应藏量	NiO(20%)		H_2O		
质量/t	相对分子质量	质量/(kg/t 吸附剂)	相对分子质量	质量/(kg/t 吸附剂)	总水量/kg
30	74.7	200	18	48	1440

由上表得知，每吨平衡剂还原会生成 48kg 水，根据反应系统实际装剂量为 30t，计算还原反应总生成水量为 1440kg，装剂后在 D121 底部定期排水并计量水量与计算值相当后，再进行下一步反应进料操作。

4. 注意事项

① 向反应器装剂过程中，校对闭锁料斗核料位仪。

② 装剂过程中，当反应器出现压差后，校对反应器料位压差，并与料斗转剂数量进行比对。

七、反应系统进油及再生器点火

（一）反应器进油前条件确认

① 现场氢气流程畅通，D104 出口、D121 出口、UV1101 后盲板改通。D104 和 D121 出口手阀关。

② 循环氢保持双机最大量，防止 E101 偏流。

③ 反应压力 2.0MPa，D105 流化氢气约 600m³/h，D102 流化氢气约 900m³/h，反吹氢气温度由 EH101 来热氢加热至 240~260℃，反吹氢压力 4.2MPa。

④ 原料汽油采样分析，D110 吸附剂和循环氢气采样分析，硫在线分析仪投用。

⑤ 改流程至：原料泵最小流量线自循环，确认进料流量小控制阀 FV1104 及进料调节阀 FV1101 全关，P101 出口至反应系统流程通畅手阀全开。维持 C201 液位在 50%左右，保持塔压，稳定塔重沸器开始预热。原料罐液位在 60%左右，压力稳定。

（二）反应进油

1. 第一阶段

打开最小进料线 FIC1104，进料量按≤20t/h 控制，记下进料时间，重点监控好表 2-4-7 位置，等待。

表 2-4-7　重点监控位置表

密切监控点	炉出口温度	反应器下部和中部温度	反应下部温升	反应中部与下部温升 TI2103~TI2003	反应压力
控制范围	向下控但不小于340℃	340~430℃，适当向下限控制	上涨趋势	上涨趋势	平稳

第一阶段以吸附热的作用为主，主要现象为反应器底部温度至反应器中部温升不断加大，需及时降低加热炉负荷。开始时反应器中部温度 TI2103 高于反应器底部温度 TI2003，随着时间推移，直至反应器底部至反应器中部温升趋势平稳。

2. 第二阶段

提处理量，每次提处理量为 2~5t，每提一次处理量至少停顿 15min（为反应器出口至 E101 预留换热时间，防止飞温），待加热炉入口温度相对稳定后再提量，重点监控好表 2-4-8 位置。

表 2-4-8　重点监控位置表

密切监控点	炉出口温度	反应器下部和中部温度	E101C/F 管程出口温度	反应压力
控制范围	向下控但不小于 340℃	340~430℃，适当向下限控制	上涨趋势	平稳

第二阶段反应器内部以烯烃加氢放热作用为主，主要现象为 E101 管程出口温度快速上升，注意及时降低加热炉负荷，监控燃料气压力控制阀阀位，阀位过小时可以联系外操现场适当关小火嘴手阀。严防炉出口温度突升，反应器超温。直至 E101 管程出口温度相对稳定，可逐步提高处理量，此过程中（FV1104 阀位大于 80%），将进料控制阀由 FIC1104 切换至 FIC1101 控制。

3. 第三阶段

逐步提处理量至 60%负荷，每次提处理量需等待加热炉出口温度和反应温度控稳后再提，重点监控好表 2-4-9 位置。

表 2-4-9　重点监控位置表

密切监控点	炉出口温度	反应器下中上温度	冷热高分液位	反应压力	稳定塔
控制范围	340~430℃，适当向下限控制	340~430℃	约 50%，高则排稳定塔	平稳	平稳

反应放热逐渐下降后，增加汽油进料量会降低反应器床层温度，通过缓慢增加加热炉出口温度来获得需要的正常床层温度。冷热高分液位控稳，稳定塔压力和液位控稳，液位高打循环回原料油罐，稳定塔底升温至正常，稳定塔顶回流罐液位高及时打开回流泵。

汽油进料逐步提至60%以上负荷，维持装置正常操作。停一台循环氢气机，调节循环氢气量以达到需要的氢油比。

产品汽油进行化验分析，蒸气压、硫含量和腐蚀合格则外送。同时引催化汽油进装置，降低产品汽油循环量，维持原料罐液位稳定。

缓慢增加反应系统压力至正常操作压力，同步提循环氢机出口压力比冷高分压力高0.6~0.9MPa，调好反吹氢机出口压力。

4. 注意事项

（1）进油过程注意ME101滤饼建立

① 进油操作过程中，反应温度上升，保持炉出口温度和反应器温度维持在340~430℃，向下限控制，但不能低于316℃，防止带液。防止进油过程温升大，反应器超温445℃。

② 反应系统在加热炉和E101达到正常工况温度后，进行第二次热紧。

③ 进油过程中注意原料换热器E101偏流，现场及时调整。

④ 提处理量过程，控制加热炉平稳，监控好各炉管温度。监控好反应底部分配盘压降。

⑤ 引催化汽油以及再生点火成功后吸附剂转入正常循环时，都会引起反应温升加大，及时调整加热炉负荷控稳反应温度。

⑥ 处理量和循环氢气量正常后，确认仪表好用，按要求投用联锁。

（2）反吹氢气温度控制

反应器出口温度大于350℃以后，投用反吹氢气温控阀TV2101，控制反吹氢气温度维持在240~260℃。逐步关小EH101出口去E103氢气手阀直至全关。同步调整EH101功率，防止元件超温。

（三）向系统中继续补充吸附剂

① 反应进料提高至装置负荷60%以后，打开D113底部球阀继续向D110装剂，再通过闭锁料斗向反应器转剂，直到反应器正常生产料位的110%。

② 调整D105横管松动氢气流量50~90Nm^3/h，D105汽提氢气流量FIC2301控制450~650Nm^3/h，根据D105收料情况适当调整横管松动氢气流量和D105汽提氢气流量。

③ D105由横管正常收剂，反应温度控制在420℃左右。

④ 改通D105锥体松动，调节松动流量20~50Nm^3/h；若使用R101底部转剂线，改通R101底部转剂线至D105流程，并确认输送氢流量正常。

⑤ 将闭锁料斗D106从“开工装剂”模式转换到“正常循环”模式。

⑥ 自闭锁料斗D106装填吸附剂至再生器进料罐D107。

⑦ 打开再生器进料罐D107底输送氮调节阀FV2501，输送氮控30~80Nm^3/h。

⑧ 打开待生滑阀HV2533，再生器进料罐D107向再生器装剂。

（四）再生点火

1. 准备工作

确认再生器内取热流程、再生器接收器内取热流程及蒸汽后路畅通，取热水罐液位正常。

2. 再生点火

自反应器接收器正常收料后，通过闭锁料斗连续向再生进料罐转剂 4 斗，流化氮气中配入 100m^3/h 的再生空气，当再生器床层温度达到 260℃后吸附剂上的碳开始燃烧，当再生器床层温度达到 316℃后吸附剂上的硫开始燃烧。此过程中逐步补入再生风，根据再生器床层温度的变化，逐渐减小 EH102 负荷。

再生温度达到 450℃时，再生器温度将迅速上升，及时开启除氧水泵 P105，保持大取热水量，控制风量和流化氮气量，适当提高再生料位，控制再生器温度在 500~520℃。闭锁料斗投用正常循环模式，打开再生器下料阀和 D107 下料阀，调整参数保持吸附剂循环量正常。

当再生器达到正常再生状态时，调整反应、再生、稳定系统的工艺参数达到操作平稳。

3. 注意事项

① 降再生流化氮气和空气过程，为防 EH102 加热元件超温应及时降低 EH102 功率。

② 再生系统达到正常工况温度后，对再生系统设备法兰进行第二次热紧。

③ 再生系统达到 450℃后温度上升较快，及时采取降低再生风量等手段防止再生器超温。

八、建立反再吸附剂循环

① 打开再生器 R102 底输送氮调节阀 FV2601，输送氮控制在 60~140Nm^3/h。

② 打开再生滑阀 HV2634，再生器 R102 向再生器接收器 D110 转剂。

③ 调节待生滑阀 HV2533 开度，再生器进料罐 D107 料位控制在 40%~50%。

④ 调节再生滑阀 HV2634 开度，再生器 R102 料位控制在 70%~80%。

⑤ 关闭 D113 底部下料球阀，停 D113 向 D110 装剂。

⑥ 关闭吸附剂储罐 D113 转剂至再生器接收器 D110 的入口球阀。

⑦ 关闭吸附剂储罐 D113 底输送氮流量计 FI3046 和上游手阀。

⑧ 调整闭锁料斗第 6.2 步装剂料位设置，再生器接收器压差 PDI2704 控制在 35~50kPa。

第五章 ▶ 标准化停工

第一节 准 备 工 作

① 制定停工方案并按规定程序完成审批，同时组织装置职工对停工方案进行学习并考试合格。提前做好停工过程准备，班组和技术人员上班安排。停工方案、扫线流程、关键步骤确认表、盲板表等张贴上墙，由专人检查确认并签字。

② 联系生产计划及相关部门，核实停工具体时间和油品、安全、检修人员等系统配合情况。

③ 检查确认装置内地下污油泵等停工用关键机泵状态良好可用，提前将 D204 内污油送至罐区。

④ 绘制盲板图、编制盲板表，准备好停工用盲板，并由专人负责管理。

⑤ 检尺测量平衡剂罐 D113 空高，根据停工所需卸吸附剂量测算所需容积，以备接收系统所需卸出的吸附剂，若 D113 无足够空高，将吸附剂转至 D112 中。提前将 D108、D109 内吸附剂卸空。

⑥ 装置内的窨井和下水道需疏通通畅。

⑦ 消防器材准备齐全，并经安全员检查好用。

⑧ E101、ME101 蒸汽盘管热备用。

⑨ 提前贯通反应器底部转剂线，热备用。

⑩ 装置停工时，提前办理好联锁工作票，根据停工进度及时摘除联锁。

第二节 停 工 原 则

① 停工过程严禁设备超温、超压、防止损坏设备。

② 转动设备要严格执行操作规程，在启动和停运过程中，做到及时检查，发现问题及时解决。

③ 停工过程做到不跑油、不窜油、不超温、不超压、不着火、不爆炸。

④ 在停工过程中，不得随地排放油、水、瓦斯、污水等有毒有害的液体和气体。

⑤ 在停工过程中，不允许向环境排放有机气体，做到密闭吹扫排放。

⑥ 停工过程在线烟气监测仪表控制：停工过程关注好烟气在线仪表各环保参数，确保

在指标范围内，现场留人调风门控制加热炉氧含量，熄灭或者增点火嘴要均匀，通过提高循环气流量增加取热量，保持加热炉一定的瓦斯消耗量。

第三节　停工过程风险评估

停工过程风险评估见表 2-5-1。

表 2-5-1　停工过程风险评估表

序号	风险识别项目	识别选择	风险点具体描述	风险可能性	风险影响程度	风险等级	采取措施
1	人员培训不到位，素质不高	是	因不熟悉流程产生误操作	低	中	一般	提前组织全员培训，工作三级确认
2	关键操作失误	是	操作失误	极低	中	一般	提前组织全员培训，提高人员素质
3	仪表失灵、失真	是	仪表失灵造成 D121、D104 高压串低压等后果导致人员受伤、设备损坏	极低	高	一般	提前进行仪表校对检查，对问题仪表进行处理
4	水电汽风系统波动	是	造成关键设备停运、紧急停工	极低	低	一般	出现波动及时通知车间及调度，公用工程介质中断时按《S Zorb 装置应急处置方案》执行
5	物料跑、冒、窜	是	氮气、氢气、瓦斯互窜	极低	高	一般	严格执行停工方案，各盲板按盲板表进行抽堵
6	设备超温、超压	是	加热炉、反应器超温	极低	高	一般	降量、降温速度按方案严格控制
7	三剂因污染，性能下降、失效	否					
8	产品质量异常风险	是	停工时不合格产品污染产品大罐	极低	中	一般	提前改产品至不合格线
9	未对环境因素识别引起的物料排放、泄漏造成环境污染	是	退油吹扫时乱排乱放污染环境	极低	中	一般	严格执行密闭吹扫方案
10	未对危险源充分识别引起的着火、爆炸	是	易泄漏部位泄漏发生着火、爆炸	极低	高	一般	对重点部位进行识别，加强重点部位的检查，出现泄漏时按《S Zorb 装置应急处置方案》执行

续表

序号	风险识别项目	识别选择	风险点具体描述	风险可能性	风险影响程度	风险等级	采取措施
11	人身伤害	是	人员受伤	极低	低	一般	加强劳保配备、开展安全培训，标准化操作
12	系统吹扫、置换、气密标准不高	是	吹扫置换不彻底	极低	中	一般	提高人员操作水平，确保吹扫置换干净彻底
13	停工条件确认把关不严	是	未将停工方案彻底贯彻执行	极低	中	一般	严格按照停工方案执行
14	其他需要识别的风险	否					

第四节　停工进度表

停工进度见表 2-5-2。

表 2-5-2　停工进度表

时间	关键步骤	主要内容	耗时/h	占总时间/h
第一天	切断进料	降量，停进料(同时停新氢进装置，新氢界区盲板隔离)，提高循环氢量(开双机)	2	
	系统退油	原料系统退油	8	
		热氢带油、D105 卸剂(冷热液面不上涨 30min)	2	
		稳定塔退油	16	
	卸吸附剂	停吸附剂循环、降温至 360℃	4	2
		反应系统底部转剂线卸剂(恒温、降压、启用底部转剂线)(D102 反向卸剂)(D105 已卸空，30t 以下)	10	12
		再生系统卸剂	4	
第二天	反应降压降温	停压缩机、停加热炉(停火嘴关界区瓦斯阀)、闭锁料斗	3	
		反应系统降压降温(冷热高分压力低于 0.8MPa，向稳定塔压油，低于 0.5MPa 压机入口补氮气)	6	
		氮气充压置换(4 次)(注意①第一次全系统置换。②后三次 E101 切除蒸汽置换。③冷热高分加盲板切断后路)	12	24
	全面吹扫	原料系统	24	
		稳定系统	24	
		地下污油罐退油	6	30
		吹扫装置火炬系统	6	36

续表

时间	关键步骤	主要内容	耗时/h	占总时间/h
第三天	继续吹扫	地下污油罐吹扫		
	加装盲板		12	48
	开人孔	开人孔	8	
		通风、采样分析	24	

停工过程联锁摘除作出风险识别和管控(确定联锁摘除的时间点)见表 2-5-3。

表 2-5-3　停工联锁摘除表

序号	摘除联锁内容	联锁摘除风险管控措施	摘除时间	摘除人	确认人
1	反应进料低停炉联锁	及时调节加热炉瓦斯流量，防止加热炉超温	停进料前		
2	辐射室出口压力高高	及时调节鼓、引风机，烟道挡板等控制好炉膛压力	降温前		
3	加热炉主燃料气和长明灯燃料气压力低低	在降低瓦斯流量的同时及时关小主火嘴和长明灯手阀，保证压力	降温前		
4	循环氢低流量停工联锁	加强盯表，关注各相关参数	置换完成时		
5	D104 液位低低联锁	及时关注稳定塔压力，现场派人校对 D104 现场液位计	退油前		
6	D121 液位低低联锁	及时关注稳定塔压力，现场派人盯住 D121 现场液位计	退油前		
7	反吹氢与补充氢差压低低	根据反应压力变化及时调整	反应卸剂前		
8	再生风低流量		反应卸剂前		
9	取热水低流量	无	停再生取热前		

其他未列出联锁，根据需要摘除。

第五节　停 工 步 骤

一、切断进料

(一) 提前降量

① 停工前 8h 逐步降反应进料量，控制降量速率≤20t/h(炉出口温度维持在 400～410℃)，防止因降量过快导致加热炉出口温度过高反应器飞温，必要时停用部分火嘴。

② 降量过程中，设定进料泵总出口流量不低于进料泵设计最小流量。

③ 降量同时以≤0.2MPa/h 的速度降低反应系统压力，反吹氢压力同步降低。

④ 根据进料量，提前摘除低进料联锁。

⑤ 为防止换热器偏流，循环氢量随反应进料量的降低逐步提高至最大，必要时(进料量降至设计值60%以下前)启动两台压缩机运行，调整 E101 偏流情况。

(二) 停反应进料

① 根据降量速度，提前停全部汽油进装置，配合产品循环线控制原料罐液位逐步降低。

② 待反应进料降低至 30t/h 时且进料罐液位降至 5%时，关闭混氢点前进料双阀，反应进料切断，停原料泵。

(三) 反应器停进料后

反应器床层温度逐步降温到 360℃，降温幅度不超过 25℃/h，关闭新氢进装置双阀(新氢加盲板)，新氢阀门关闭后，系统压力会逐步降低，反吹氢压力同步降低。

(四) 降量期间

反应系统压力降低，对反应系统现场加强检查，发现泄漏及时处理。

二、热氢带油

(一) 恒温热氢带油

① 当反应器床层温度达到 360℃后恒温，循环氢流量保持全量循环(开双机)，恒温赶油 2h。

② 热氢带油过程中，空冷器 A101 全部启动，E104 循环水开大，尽量降低冷高分罐 D121 温度；热高分罐 D104 中存油不断被带入 D121 中，D121 液位升高，为减少循环氢带液，控制 D121 液位在 20%~30%。

③ 稍开 E101、E103 跨线，将 E101、E103 跨线内存油赶入 D104。

④ 待 D104 和 D121 液面持续 30min 不再上升时即反应带油结束，以 25℃/h 的速度调整反应床层温度至 320℃。

(二) 反应排油

① 关闭新氢后系统压力 PIC1202 逐渐降低，稳定塔压控制在 0.5MPa。

② 系统降压同时降低冷热高分罐液位。待系统压力降至 0.8MPa 后，先后将冷热高分罐及 D103 存油全部排至稳定塔。D104 液位回零后，当稳定塔压力出现明显上涨时，关闭 D104 至稳定塔流量控制阀 FV1201。重复上述压油操作 3 次，将 D104 及相关管线内存油彻底压净。依上述操作继续将 D121 及 D103 存油排空，关闭 D121 至稳定塔流量控制阀 FV1203。

③ 热氢带油过程中反应系统低点应加强向 D204 排液，防止死角存油，包括 FV1102、E101AD 管壳程排凝、混氢点盲板后排凝、PV1301、FV1201、FV1203 等，关注 D204 液位，

液位高及时外送污油。打通 EH101 出口至 E103 油路入口流程，排净存油。

④ 热氢带油过程中调整 EH101 和 TV1607，使还原器 D102 床层温度 TI2801 在 220~260℃，反应器接收器 D105 床层温度 TI2301 与反应床层温度一致。

三、卸吸附剂

（一）系统卸剂的条件

① 反应再生系统的所有吸附剂都要通过再生器接收器 D110 卸出，反应系统吸附剂先通过闭锁料斗输送到再生器，最后通过 D110 卸出，最后卸到 D113。

② 在降量过程中，逐渐关小再生空气量 FV3101，提前切除再生风低流量联锁，确保再生烟气氧含量<2%，保持床层流化。

③ 控制 R102 温度>400℃，确保吸附剂上烃类燃烧干净，取样分析再生吸附剂含硫量一般不低于 6%，既防止再次开工时吸附剂活性过高发生飞温，又保证开工初期再生正常运行前吸附剂有足够的脱硫能力。

④ 开始卸出吸附剂之前，确保 D110 中的吸附剂温度低于 D113 的最高允许温度（430℃）。

（二）反应系统卸剂

① 反应器切进料后，闭锁料斗切换至“停工卸剂”模式，开始从再生器接收器 D110 向 D113 内转剂，持续将再生器中的吸附剂转到 D110 中。反应系统卸剂过程中维持反应温度在 320~360℃，卸剂过程中反应压力会逐渐降低，当反应器压力<0.5MPa 时，从循环机入口补氮气，维持反应器压力，确保卸剂正常。

② 当从 D105 的正常溢流无法接剂时，关闭 D105 锥体器壁阀和底部转剂线至 D105 器壁阀，从反应器底部转剂线向 D106 卸剂，需控制闭锁料斗料位，防止将闭锁料斗装满。

③ 当反应器无藏量显示，D106 收不到吸附剂后，通过 D102 向 D106 反向手动卸剂。反向卸剂可能导致吸附剂进入 D106 至 D102 管线膨胀节导流筒中，检修时需对膨胀节进行拆检，回装时确保膨胀节完好、导流筒内无吸附剂等杂物。还原器内残余的吸附剂待反应系统泄压、氮气置换结束后拆底部卸剂线短接排至铁桶。

④ 反应器卸剂过程中关注 ME101 反吹前后差压，适当延长反吹间隔。

⑤ 反应系统卸剂完成后，停闭锁料斗，停 ME101 反吹程序，停联合压缩机。

⑥ 反应系统卸剂完成后，维持循环氢最大量循环。

（三）再生系统

① 当 D107 卸空后，再生器取热逐步降低，调整再生风量，维持再生器温度，可调整 EH102 负荷辅助调节。当再生器内吸附剂卸空后，以≤50℃/h 的速度降低再生器温度。

② 降温过程中，逐步将再生风改为氮气，控制烟气氧含量≤2%。

③ 再生器温度降至 316℃后，再生烟气从硫黄改出，再生温度降至 260℃，再生器内吸附剂烧硫烧碳反应基本停止，将再生风全部切换为氮气，再生器继续降温。

④ 根据再生温度降低再生取热水量，直至停水泵，逐渐关闭 PV3301B，停 D123 内

1.0MPa 蒸汽补压，D123 自产蒸汽改直排大气中。

⑤ 再生器内吸附剂全部转移至 D110，D110 内吸附剂全部转移至 D113。

⑥ 卸剂结束后关闭 D110 底部卸剂手阀，吹扫卸剂线 3min 后关闭提升气管线相关阀门，停止 ME103 反吹程序。

四、闭锁料斗程控阀试漏

① 程控阀试漏安排在反再卸剂结束后、反应系统泄压前进行，对相关程控阀进行试漏，试漏结束后停循环氢压缩机。

② 以 XV2401 为例：关闭 XV2401、XV2404，打开 XV2402、XV2403，其余程控阀均关闭，观察 D106 压力变化，如果压力升高则判断 XV2401 内漏。

③ 试漏完毕后，所有程控阀开关恢复安全状态，进行闭锁料斗隔离。关闭 D105 锥体器壁阀、D102 入口器壁阀、PIC2401B 前手阀、XV3537 前手阀、D110 锥体器壁阀、D107 入口器壁阀、ME110/111 顶放火炬阀、FV2432 前手阀、XV2418 后手阀和 XV2419 后手阀。

五、反应系统降温

① 维持最大循环氢量，且各仪表反吹气流量正常，确保测量仪表不被吸附剂颗粒堵塞。

② 调整火嘴燃烧数量及瓦斯流量，以不大于 25℃/h 的降温速率，降低加热炉出口温度。反应系统卸剂完成后，关闭界区瓦斯进装置阀门(并加盲板)，关闭火嘴，保留长明灯，待瓦斯烧尽后停炉。

③ 开启鼓、引风机使炉膛内强制通风，维持循环氢气继续循环，降低炉内温度，待反应器温度降到 200℃以下时，停循环氢压缩机。

六、反应系统氢气泄压及氮气置换

1）当反应器出口温度降到 200℃以下后停循环氢压缩机。

2）反应器系统以≤1.0MPa/h 的速率向高压瓦斯总管泄压，当系统压力高于瓦斯管网压力 0.1MPa 时，关闭闭锁料斗气边界阀和与瓦斯管网碰头点切断阀，开始向火炬系统泄压。

3）反应系统通过 D121 顶安全阀副线向火炬系统泄压，压力降至 0.05MPa 时，停止泄压。

4）排净 D121 底部的水。关闭 D121 含氨污水线调节阀 LV1203、其上游阀及副线阀，关闭污水采样器 SN104 入口阀。

5）泄压到位后，在新氢边界给氮气对反应系统充压至 0.3~1.0MPa，对反应系统盲区进行反窜置换：

① 将进料双阀靠近混氢点阀门打开，打通进料双阀至地下污油罐流程，将存油排净并置换后路管线。

② 打开热高分去稳定塔 FI1201 控制阀手阀，将底部存油排净并置换后路管线。

③ 打开冷高分去稳定塔控制阀手阀，将冷高分底部存油排净并置换后路管线。

④ 打开冷高分底部含胺污水去地下污油罐流程，将存水排净；打开 D103 底部排液阀，将 D103 底部存油排净并置换后路管线。以上四路反复操作 3 次后，将后路管线阀门关闭，并将加盲板隔离。

6）置换氮气开始向火炬排放。

7）经过第一次氮气置换后，临氢系统与原料、稳定等部分进行盲板隔离(具体隔离位置见停工盲板表)，将 E101 切出，对其进行进一步处理：

① 将 E101 两列管、壳程出入口阀关闭，打开双阀间导淋，防止蒸汽窜入反应系统，打开 E101 管、壳程吹扫蒸汽进行憋压，打开管、壳程安全阀副线向火炬撤压吹扫，反复吹扫多次，检查放空见汽无油后吹扫结束。吹扫结束后停蒸汽，关安全阀副线。

② 对 E101 进行蒸汽吹扫蒸煮 12h 后改为氮气再次进行吹扫，分析合格后打开顶放空与大气连通，交付检修。

8）闭锁料斗气线装置内吹扫置换。

闭锁料斗内氮气充压，XV2419→放燃料气线→D121 废氢排放线→FV1202→UV1201 副线→低压瓦斯，吹扫废氢排放线，吹扫 10min 后关闭各阀门。

9）反应系统氮气置换。

反应系统氮气置换流程如图 2-5-1 所示。

在置换过程中，强制打开 XV2031、XV2235，手动全开 PV3501，全开新氢返回线 PV1202A，XV3537、XV3538、ME101 反吹阀 XV2130A～F 置换管线。充压置换时 PV1301 和 K103 出口至 D103 管线先不投用，系统压力稳定后再对此管线进行置换。确保整个反应系统(包括反吹系统)及管线均被置换，联系仪表配合同步置换仪表引压管。

反应系统置换过程中，所有安全阀需开副线，对火炬线进行置换吹扫(列清单)，置换后联系化验分析系统氢+烃含量。当整个反应系统氢+烃含量<0.2%时，确认系统氮气置换合格。系统氮气置换次数与系统所充压力有关，以每次置换泄压至 0.05MPa，反应系统容积 400m^3 进行计算：

A 方案：系统氮气充压至 0.3MPa 时开始泄压，需置换 6 次达到合格条件，置换过程耗氮气约 11400Nm^3。

B 方案：系统氮气充压至 0.5MPa 时开始泄压，需置换 4 次达到合格条件，置换过程耗氮气约 7200Nm^3。

C 方案：系统氮气充压至 1.0MPa 时开始泄压，需置换 3 次达到合格条件，置换过程耗氮气约 6000Nm^3。

综合考虑，推荐使用 B 方案。

七、停用再生取热系统

① 停 P105，打开各冷却盘管出口阀，关闭各冷却盘管入口阀。关闭从冷凝水罐 D123 至再生器接收器冷却盘管蒸汽手阀。

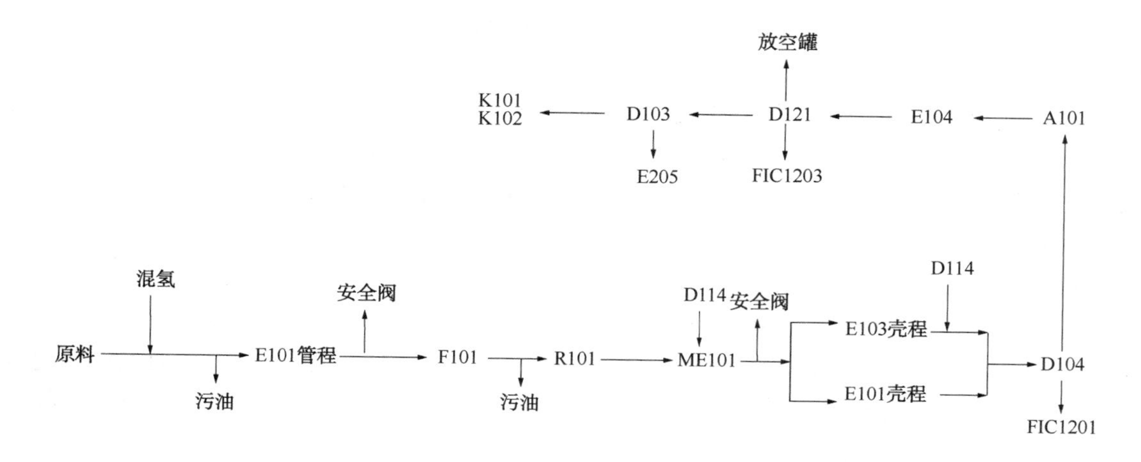

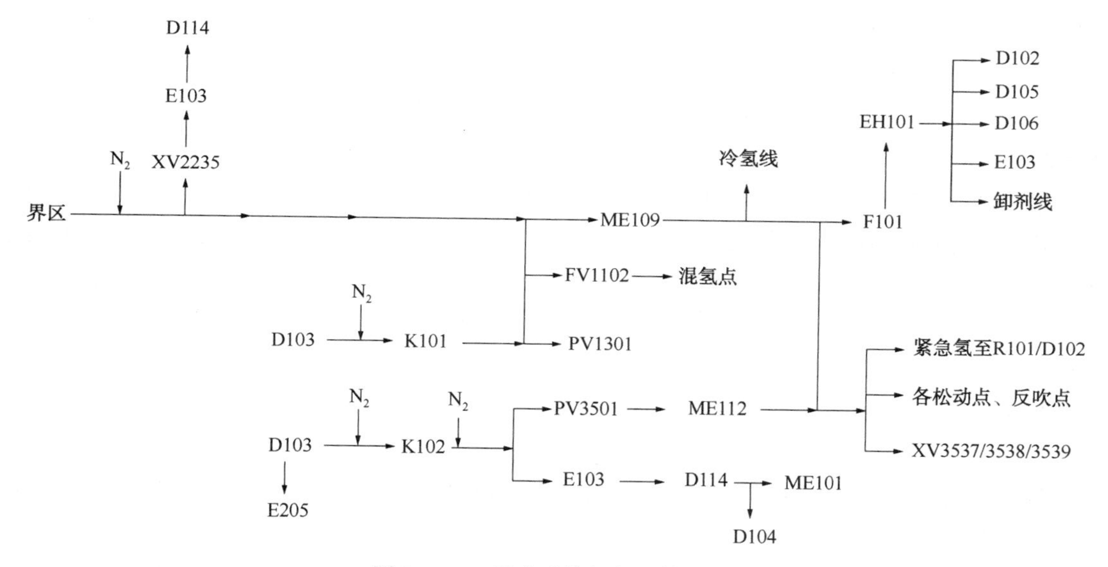

图 2-5-1　反应系统氮气置换流程

② 以不超过 50℃/h 的速率降低再生器的温度至 90℃。切断再生器电加热器的电源，停用电加热器。

③ 将再生系统压力通过放空卸压至 0.05MPa。

④ 关闭除氧水边界阀，与 D123 隔离。打开 D123 顶放空，放净 D123、P105 及管线存水，将 D123 降至常压。

八、密闭退油扫线

（一）吹扫注意事项

① 停工前做好扫线的组织工作，条条管线落实到班组，落实到个人负责。

② 做好扫线联系工作，严防窜线、伤人或发生设备事故。

③ 扫线时统一指挥，保证扫线效果。停工吹扫期间污水排放应按计划执行，严格遵守“清污分流，污污分流”的原则。

④ 扫线给汽前一定要放尽蒸汽冷凝水，并缓慢给汽，防止水击。

⑤ 吹扫过程中要及时拆下本班吹扫管线与设备上的压力表，以免吹扫超压损坏压力表，按要求吹通引压线，压力表集中放置至装置指定的库房内。各流量计主线前后导淋见汽后应关死上下游阀并开副线吹扫。

⑥ 扫线时先扫重质油品、易凝油品，后扫轻质油品、不易凝油品。

⑦ 吹扫初期要密闭排放，塔的吹扫应先用小汽量吹扫，并开各塔顶空冷，控制好吹汽量，吹扫后的汽相经塔、容器顶空冷器、水冷器冷却，开低点排污排至地下污油罐，少量不凝气去低压瓦斯管网，检查分液罐内基本为水后，打开塔、容器顶放空进行检查，用蒸汽继续吹扫直至干净为止。

⑧ 扫线时所有的连通线、正副线、备用线、盲肠等管线、控制阀都要扫尽，不允许留有死角，各采样点在吹扫时关闭，待主管线干净后再进行吹扫。吹扫设备本体时，需打开设备相连的安全阀副线，后路火炬线一并吹扫，吹扫 5~10min 后关闭安全阀副线。

⑨ 扫线过程中绝不允许在各低点、放空点排放，各低点放空只能作为检查扫线情况并要及时关闭。

⑩ 扫线完毕要及时关闭蒸汽阀门，并要放尽设备、管线内蒸汽、冷凝水。

⑪ 停工扫线要做好记录，给汽点、给汽停汽时间和操作员姓名等均要做好详细记录，落实责任。

⑫ 一般水冷却器吹扫时要关闭上、下水阀，放净存水，打开排凝阀，防止憋压及影响吹扫；换热器吹扫时，另一程应改通流程，以防憋压。

⑬ 吹扫塔等设备时，汽量由小到大，严防冲翻塔盘；机泵不能长时间吹扫，防止损坏密封，同时泵的副线、预热线也要吹扫干净。

⑭ 吹扫前联系仪表部门做好相关工作；清洗过程中要求按清洗流程和时间进度维护好仪表，并对仪表管线进行冲洗。

⑮ 吹扫需密闭处理。装置设备管线是否干净，退油期间如何减少不凝气量、不对瓦斯系统造成冲击，保证设备不出现超压、超温，不就地排放，减少蒸汽和水耗量是吹扫工作的重点。为降低塔、容器顶不凝气量，退油吹扫期间控制蒸汽量，并开全部空冷器、冷却器尽可能将油气冷却，经低点排污排至地下污油罐。

吹扫时易产生死角管线见表 2-5-4。

表 2-5-4　易产生死角管线

序号	管线部位	检查部位
1	闭锁料斗 8.0 步闭锁料斗松动氢气线	质量流量计阀后导淋
2	EH101 至闭锁料斗氢气线	PV2401B 前导淋
3	D121 紧急泄压线	UV1201 前导淋
4	D121 顶外排废氢线	FV1202 前导淋

续表

序号	管线部位	检查部位
5	抽空器至新氢管线	拆抽空器连接处法兰
6	各安全阀处	开安全阀导淋阀
7	D104 底部至控制阀 FV1201 之间管线	开排油线排至 D204
8	D121 底部至控制阀 FV1203 之间管线	接皮管排油至 D204
9	ME109A/B 底部火炬排放线	向火炬排放

（二）再生系统

① 开大再生器补充氮气，将再生器内残留的吸附剂粉末通过 ME103 送入废剂罐 D109 内。

② 通氮气将 D110 和 D107 内可能残存的吸附剂吹扫至放空罐 D125 内（开 D110、D107 安全阀副线，关闭压力平衡线，关闭滑阀）。

（三）瓦斯系统

利用长明灯烧尽管线剩余瓦斯，长明灯熄灭后关闭手阀，用低压蒸汽吹扫瓦斯系统。吹扫流程如图 2-5-2 所示。

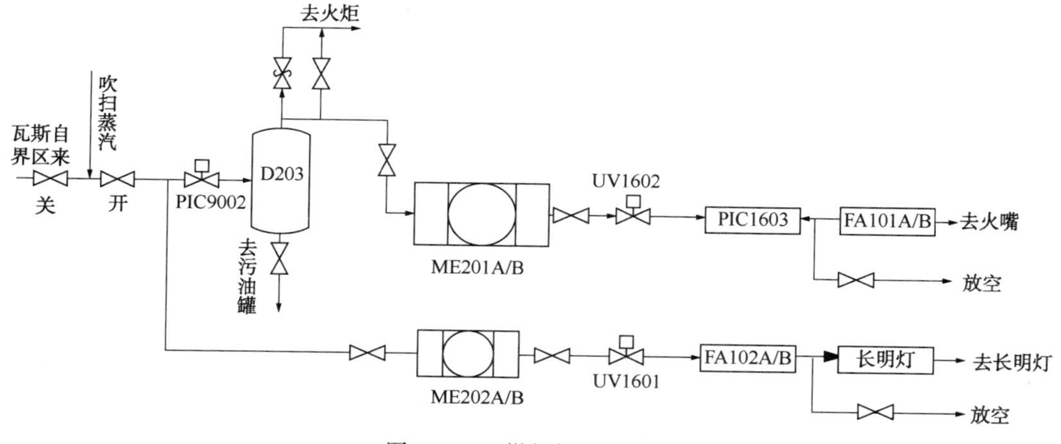

图 2-5-2　燃料气吹扫流程

（1）吹扫位置

① 给汽点：燃料气管网边界给汽点。

② 吹扫后路：D203 安全阀副线放空、底部去地下污油罐。

（2）吹扫条件准备及确认

① 现场盲板都已经改通，界区外手阀关闭。

② 燃料气线停用，D203 底部液位压空。

③ 主火嘴和长明灯软管拆下并固定好，加热炉区拉好警戒线。

（3）操作步骤

① 瓦斯罐流程吹扫：界区吹扫蒸汽→D203→安全阀副线→火炬系统。

② 主火嘴流程吹扫：

界区吹扫蒸汽→D203→ME201A/B→UV1602→PIC1603→FA101A/B→主火嘴总管→高点放空线。

③ 长明灯吹扫流程：

界区吹扫蒸汽→D203→ME201A/B→UV1602→PCV1601→FA102A/B→长明灯总管→高点放空线

④ 燃料气和长明灯逐条吹扫，最后同时吹扫，检测各软管放空无可燃气后吹扫结束，停蒸汽，关界区给汽手阀，确认各排凝点关闭，打开 D203 顶放空联通大气。

(4) 燃料气系统吹扫合格后的隔离措施

界区手阀关闭加盲板。吹扫蒸汽加盲板。

(5) HSE 注意事项

① 软管拆下并固定好，防止甩尾伤人。

② 燃料气吹扫注意防火、防硫化氢中毒。

③ D203 安全阀定压 1.6MPa，操作压力 0.5MPa，防止超压。

(四) 进料稳定系统

(1) 进料稳定系统退油

退油流程如图 2-5-3 所示。

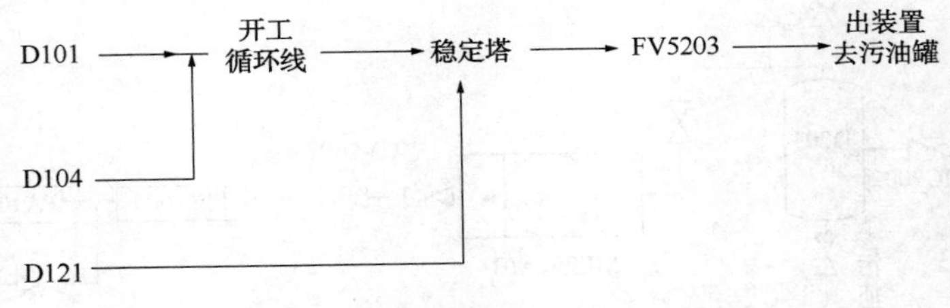

图 2-5-3　进料稳定系统退油流程

1) 改通开工循环线将原料罐 D101 内存油退至稳定塔直至压空为止，压完关阀；将 D201 内存油走送回送去稳定塔，D201 液位回零后停泵关阀；反应器系统充压将 D104、D121 内存油压入稳定塔，直至压空为止，压完关阀。然后稳定塔充压至 0.3MPa，外甩塔内存油出装置，直至 C201 液位回零 0%。

2) 进料泵 P101 停运后，D101 及入口管线、P101、ME104 及管线内存油通过低点排凝排至污油罐 D204，进料硫分析仪提前停运，排净存油后关闭取样、回样阀。

3) D201 内液体全部打回稳定塔，P201 抽空后停泵，通过低点排凝排至污油罐 D204。将稳定塔内液体送往罐区，稳定塔液位归零后，停止外送。产品硫分析仪提前停运，排净存油后关闭取样、回样阀。稳定压力不足时，通过 D201 顶部充压氮气线将稳定系统充压至 0.3MPa，将管线、设备内存油通过低点排凝排至 D204。

4) 退油吹扫注意事项

① 退油过程中，注意控制退油量，防止 D204 满罐，及时将 D204 污油外送至轻污油罐。

② 料稳定系统吹扫时，稍开 D101、ME104、C201 安全阀副线，对安全阀排放线进行吹扫。密闭吹扫期间需严格原料缓冲罐温度，控制在 100℃以下(防止大量蒸汽进入火炬系统)。

（2）ME104、D101 吹扫方案

给汽点：ME104 吹扫蒸汽给汽、催化汽油进装置界区双阀间吹扫蒸汽。

吹扫后路：D101 开安全阀副线放空至火炬、地下污油罐。

1）吹扫条件准备及确认：

① 精制汽油质量流量计 FI5201 走副线。

② 联系调度，已经同意放火炬和使用新鲜水。

2）操作步骤：

① 改通流程，打开各调节阀副线，ME104 正线前后手阀关闭，副线打开。

② ME104 吹扫：过滤器吹扫蒸汽线→ME104A/B → 火炬系统
└→退油线 → 地下污油系统

③ 催化汽油进装置原料线：界区吹扫蒸汽线给汽→控制阀 FV1003→原料过滤器 ME104A/B(先正线后跨线)→D101→火炬系统。

④ 罐区汽油进装置原料线：界区吹扫蒸汽线给汽→控制阀 FV1004→原料过滤器 ME104A/B(先正线后跨线)→D101→火炬系统。

⑤ 原料缓冲罐 D101：界区吹扫蒸汽线给汽→控制阀 FV1004→原料过滤器 ME104A/B 跨线→D101→火炬系统。

⑥ 反应器进料线(至混氢点)：界区吹扫蒸汽线给汽→控制阀 FV1004→原料过滤器 ME104A/B 跨线→D101→P101A/B→FIQ1103 跨线阀门→FV1101→UV1101→地下污油罐。

⑦ P101 最小流量线：a. 界区吹扫蒸汽线给汽→控制阀 FV1004→原料过滤器 ME104A/B 跨线→D101→P101A/B→FV1005→地下污油罐；b. 界区吹扫蒸汽线给汽→控制阀 FV1004→原料过滤器 ME104A/B 跨线→D101→FV1005→地下污油罐。

⑧ 汽油开工循环线：界区吹扫蒸汽线给汽→控制阀 FV1004→原料过滤器 ME104A/B 跨线→D101→P101A/B→FIQ1103 跨线阀门→FV1101→UV1101→开工循环线→稳定塔 C201→火炬系统。

⑨ 原料采样器 SN101：界区吹扫蒸汽线给汽→控制阀 FV1004→原料过滤器 ME104A/B 跨线→D101→SN101→反应器进料线。

⑩ 吹扫结束停各蒸汽给点，关 D101 安全阀副线，打开 ME104A/B 顶部放空连通大气。隔离已经吹扫干净的系统。

注意打开低点放空检查吹扫效果，并进行必要的补充吹扫。为保证 P202 出口温度≤40℃，可以两路配新鲜水冷却 D204，E101 冲洗新鲜水、D203 底去 D204 新鲜水冲洗线现场盲板改通。D204→P202→污油出装置。

3）吹扫合格后的隔离措施：

D101 出口阀关闭，P101 进口手阀关闭。FV1005 正副线关闭，开工循环线并 D104 出口管线处壁阀关闭，各排凝点关闭。

4）HSE 注意事项：

① 改流程注意防止互窜，无关流向阀门要关闭。

② 吹扫完成后注意塔容器不能出现负压。

吹扫时管线吹扫给汽时脱尽存水，给汽缓慢，吹扫前系统循环温度不低于 150℃。发现管线水击立即停止给汽。

③ 防止 D204 液位和温度过高，及时开 P202 外送，适当开火炬排凝至 D204 冲洗新鲜水、D203 底去 D204 新鲜水冲洗，配送冷却 D204 外送污油。

④ 吹扫检查验收的方法和标准：各调节阀、低点放空处见汽，无油气味，无油痕迹。

（3）稳定系统吹扫

1）吹扫位置。

稳定系统吹扫分为四部分：塔底产品出装置、C201 汽油进料线、D201 底部设备管线，D201 顶部设备管线。

2）吹扫前的条件。

① C201 保持微正压。

② C201 液位压空至 D204，包括 E203 也放空至 D204，D201 液位放空。

③ P202 试过好用，D204 液位仪表校表准确，改通排空至火炬，开泵拉低液位至≤20%。

④ D121、D104 已与稳定塔盲板隔离。

⑤ D201 底吹扫蒸汽盲板改通。燃料气界区吹扫盲板改通。塔顶气去催化吹扫盲板改通。含氨污水出装置吹扫盲板改通。D201 顶放空手阀盲板改通，放空手阀关闭。

⑥ D201 顶去 D101 顶部线：提前改至氮气，该线停工前吹扫并将盲板改通。

3）操作步骤：

① 塔底产品出装置线吹扫：产品汽油界区吹扫蒸汽→FIQ5201 副线→FV5202→P203 跨线→E204A/B→A202A/B/C/D→C201→火炬系统。

② 开工循环线：产品汽油界区吹扫蒸汽→FIQ5201 副线→FV5202→FV5203→D101→火炬系统。

③ 开工退油线：产品汽油界区吹扫蒸汽→FIQ5201 副线→FV5202→FV5203→地下污油系统。

④ 产品采样器 SN201：产品汽油界区吹扫蒸汽→FIQ5201 副线→FV5202→P203 跨线→E204A/B→A202A/B/C/D→C201→火炬系统。

⑤ 稳定塔冷进料线：

稳定塔吹扫蒸汽→稳定塔→E205A/B →FV1203 导淋→去原料罐→火炬线。

稳定塔吹扫蒸汽→稳定塔→E205A/B →D103 排液阀→地下污油罐系统。

⑥ 稳定塔热进料线：稳定塔吹扫蒸汽→稳定塔→FV1201 导淋→地下污油罐系统。

⑦ 稳定塔顶气线：稳定塔吹扫蒸汽→稳定塔→E202A/B→D201→PV5101→火炬系统。

⑧ 稳定塔回流罐 D201：

稳定塔吹扫蒸汽→稳定塔→E202A/B→D201→PV5101 → 火炬系统。

└→FV5102 → FV1203 → 地下污油罐。

回流罐底部出口蒸汽线(关闭 P201A/B 入口阀)→D201→PV5101→火炬系统。

⑨ 回流罐顶至原料罐线：

稳定塔吹扫蒸汽→稳定塔→E202A/B→D201→D101→火炬系统。

回流罐底部出口蒸汽线(关闭 P201A/B 入口阀)→D201→D101→火炬系统。

⑩ 稳定顶气出装置线：

稳定塔吹扫蒸汽→稳定塔→E202A/B→D201→D101→地下污油系统。

回流罐底部出口蒸汽线(关闭 P201A/B 入口阀)→D201→PV5101→界区双阀导淋退油线→地下污油系统。

⑪ 稳定塔回流线：回流罐底部出口蒸汽线(关闭 D201 出口阀)→P201 跨线→FV5103→C201→火炬系统。

⑫ 液态烃线：回流罐底部出口蒸汽线(关闭 D201 出口阀)→P201 跨线→稳定顶气→地下污油系统。

⑬ 含氨污水线：

稳定塔吹扫蒸汽→稳定塔→E202A/B→D201→FV5102→FV1204→地下污系统；

稳定塔吹扫蒸汽→稳定塔→E202A/B→D201→FV5102→边界含胺污水出装置双阀。

4）稳定系统吹扫合格后的隔离措施。

① 所有给蒸汽点关闭，排凝关闭，C201 安全阀副线关闭。为蒸塔做好准备。

② 至盲位盲板：精制汽油线界区盲板，塔顶气出装置界区盲板，含氨污水出装置界区盲板。塔顶气去燃料气界区阀间线隔离盲板，闭锁料斗气出装置界区盲板。FV5203 后至污油线盲板。

5）吹扫合格确认。

① 各罐、塔凝液排空，检查底部排凝处见汽无油气味，无油痕迹。

② 安全阀投用副线关闭，各出口、返回线已隔断。

6）注意事项。

① 确认流程后，开给汽，对 D201 后路放低压瓦斯排放蒸塔。刚给汽时注意给汽速度，内操关注压力，严禁超压。

② 主线吹扫 2h 后，通知仪表引压线吹扫。稳定塔蒸塔 8h 后，采样检测，合格后关闭给汽阀门，开顶部放空与大气连通。

（4）地下污油及火炬系统吹扫

1）火炬系统在火炬末端利用反应系统置换氮气(最后一次置换压力控制在 0.5MPa)，从各个安全阀副线向火炬管网吹扫，待压力降至 0.2MPa 时关闭安全阀副线，关闭火炬出装置阀门。

2）地下污油罐系统在系统末端先开新鲜水进行冲洗三次，后开蒸汽吹扫阀进行吹扫，吹扫过程中确认地下污油罐与火炬罐联通进行吹扫，待火炬连通线温度超过 50℃后，停止蒸汽吹扫，吹扫过程中注意防止互窜。

3）注意事项：新鲜水冲洗时，安排好不合格罐存放含油污水。

第六节 装置紧急停工

一、概述

装置紧急停工可分为联锁切断进料停工与手动切断进料停工两类。联锁切断进料分为切断进料不停循环氢压缩机与停循环氢压缩机两级；手动切断进料不停循环氢压缩机。短时间可恢复的异常无须卸剂，短时间无法恢复的异常按正常停工卸剂处置。

二、紧急停工的一般原则

装置发生事故时需采取的措施因各事故不同而有所差别，但总的原则应按下列优先顺序进行事故处理：首先保证人身安全；其次保证设备安全；再次避免对环境造成冲击；最后抢救物料和产品。在事故处理过程中还应遵循下列具体原则：防互窜、防超温、保护吸附剂。

三、紧急停工的处理方案

（一）切断进料不停压缩机紧急停工

（1）第一步骤：能量隔离、切断物料

班长：

确认装置进料泵停运，加热熄灭，汇报值班人员、装置技术人员、管理人员、生产调度并通知上下游装置；组织岗位力量进行事故处理。

内操人员：

① 手动全关反应进料控制阀 FIC1101，确认快速切断阀 UV1101 关闭；手动全关原料泵返回控制阀 FIC1005。

② 手动全关 F101 主燃料气压控阀 PIC1603，确认主燃料气快速切断阀 UV1602 关闭。

③ 手动全关热高分至稳定塔进料控制阀 FIC1201，手动全关冷高分至稳定塔的进料控制阀 FIC1203，手动全关冷高分界控 LIC1203；控制好稳定塔底液位。

外操人员：

① 确认原料联锁阀门 UV1101 动作正常，关原料泵 P101 出口阀。

② 确认 F101 联锁阀门 UV1602 动作正常，长明灯燃烧正常，现场关闭主火嘴总手阀。

（2）第二步骤：退守稳态

班长：

① 装置高低压互窜点手阀已关闭；长明灯燃烧正常，各主火嘴手阀关闭；

② 反应系统氢气正常循环；

③ 再生系统维持氮气流化保硫、保碳、保温；

④ 原料系统维持液位稳定，系统保压；

⑤ 稳定系统停热源、停回流、停外送、系统保压；

⑥ 闭锁料斗处于安全状态。

内操人员：

① 通知调度催化汽油改冷出料。

② 确认闭锁料斗的控制处在事故状态下的安全位置。

③ 关小非净化风控制阀 FIC3101，关小再生进料罐底部滑阀，关小再生器底部滑阀，关小取热水控制阀，再生系统维持氮气流化保硫、保碳；必要时，关闭非净化风控制阀 FIC3101，关闭再生进料罐底部滑阀，关闭再生器底部滑阀，关闭取热水控制阀，再生系统氮气流化保硫、保碳。

④ 手动关闭稳定塔底出装置控制阀 FIC5202，关闭塔底重沸器蒸汽控制阀 FIC5001A/B，注意调整控制好塔压及塔和各容器液面。

⑤ 待外操原料改进罐区后，手动关闭汽油进装置控制阀 FIC1003、FIC1004，控制好 D101 液位和压力。

外操人员：

① 关闭冷、热产物分离器至稳定塔进料控制阀手阀，冷高分界控手阀，关闭进稳定塔再沸器的蒸汽手阀。

② 确认催化汽油改冷出料后，将原料改进罐区。

（3）第三步骤：消气防联动

接到通知并要求工艺、设备、安全人员立即到达现场。检查现场有无泄漏；联系钳工、电气、仪表维护到现场，查明异常原因，做好开启循原料泵备机准备工作；确认流程正确，做好恢复进料准备。短时间无法恢复的异常按正常停工卸剂处置，必要时联系消气防到现场。

（二）切断进料停循环压缩机紧急停工

（1）第一步骤：能量隔离、切断物料

班长：

确认装置循环氢压缩机故障停运，循环氢中断，汇报工区主任、值班长、生产调度并通知上下游装置；组织岗位力量进行事故处理。

内操人员：

① 手动全关反应进料控制阀 FIC1101，确认快速切断阀 UV1101 关闭；手动全关原料泵返回控制阀 FIC1005。

② 手动全关 F101 主燃料气压控阀 PIC1603，确认主燃料气快速切断阀 UV1602 关闭。

③ 手动全关热高分至稳定塔进料控制阀 FIC1201，手动全关冷高分至稳定塔的进料控制阀 FIC1203，手动全关冷高分界控 LIC1203；控制好稳定塔底液位。

外操人员：

① 确认原料联锁阀门 UV1101 动作正常，关混氢点手阀和原料泵 P101 出口阀。

② 确认 F101 联锁阀门 UV1602 动作正常，长明灯燃烧正常，现场关闭主火嘴总手阀。

③ 打开 D121 安全阀副线，反应系统泄压、带油、降温。

(2) 第二步骤：退守稳态

班长：

① 装置高低压互窜点手阀已关闭；长明灯燃烧正常，各主火嘴手阀关闭。

② 紧急氢引入系统；若加热炉和反系统发生泄漏着火，停氢气进装置，开紧急泄压，当反应系统压力小于 0.8MPa 时，引氮气进入系统。

③ 再生系统维持氮气流化保硫、保碳、保温。

④ 原料系统维持液位稳定，系统保压。

⑤ 稳定系统停热源、停回流、停外送、系统保压。

⑥ 闭锁料斗处于安全状态。

内操人员：

① 手动关闭汽油进装置控制阀 FIC1003、FIC1004，控制好 D101 液位和压力。

② 关闭新氢压缩机回流阀 PIC1202，关闭去反应接收器的流化气控制阀 FIC2301 和还原器的还原气控制阀 FIC2801，确认紧急氢阀 XV2031 打开。

③ 确认闭锁料斗的控制处在事故状态下的安全位置。

④ 关闭非净化风控制阀 FIC3101，关闭再生进料罐底部滑阀，关闭再生器底部滑阀，关闭取热水控制阀，再生系统氮气流化保硫、保碳。

⑤ 手动关闭稳定塔底出装置控制阀 FIC5202，关闭塔底重沸器蒸汽控制阀 FIC5001A/B，注意调整控制好塔压及塔和各容器液面。

外操人员：

① 确认循环氢压缩机、新氢反吹氢压缩机停运。

② 确认紧急氢流程正确，关闭还原器 D102 流化氢器壁手阀。

③ 关闭冷、热产物分离器至稳定塔进料控制阀手阀，冷高分界控手阀，关闭进稳定塔再沸器的蒸汽手阀。

(3) 第三步骤：后续处置

接到通知并要求工艺人员、设备人员、安全人员立即到达现场。检查现场有无泄漏；联系钳工、电气工、仪表维护工到现场，查明异常原因，做好开启循环氢压缩机备机准备工作；确认流程正确，做好将循环氢重新并入系统，短时间无法恢复的异常按正常停工卸剂处置。

第七节 附 件

停工盲板见表 2-5-5。

表 2-5-5　停工盲板表

序号	安装位置	正常状态	停工状态	备注
界区平台				
1	催化汽油进装置	通	盲	吹扫结束后盲
2	罐区汽油进装置	通	盲	吹扫结束后盲
3	新氢进装置	通	盲	吹扫结束后盲
4	氮气跨新氢进装置线	盲	通	新氢阀关闭后
5	精制汽油出装置	通	盲	吹扫结束后盲
6	稳定塔顶气出装置	通	盲	吹扫结束后盲
7	稳定塔顶液相出装置	通	盲	吹扫结束后盲
8	闭锁料斗气出装置	通	盲	吹扫结束后盲
9	含氨污水出装置	通	盲	吹扫结束后盲
10	燃料气进装置	通	盲	吹扫结束后盲
11	污油出装置	通	盲	吹扫结束后盲
12	火炬出装置	通	盲	吹扫结束后盲
13	除氧水进装置	通	盲	停工后放水导盲
14	新鲜水进装置	通	盲	停进料前
15	1.0MPa 蒸汽进装置	通	通	三停时关阀
16	非化风进装置	通	通	无
17	非净化风进装置	通	通	无
18	中压氮气进装置	通	盲	反应系统置换完成
19	0.4MPa 蒸汽出装置	通	盲	停再生取热后
20	再生烟气去硫黄	通	盲	吹扫结束后
21	凝结水出装置	通	盲	蒸汽吹扫结束后
22	边界各线吹扫蒸汽	盲	通	停进料前导通
D101 区域				
23	UV1101 后开工循环线	盲	通	
24	D101 抽出线新鲜水	盲	通	提前导通
25	D101 抽出线蒸汽	盲	通	提前导通
26	汽油混氢点前	通	盲	吹扫结束后盲
27	D101 氮气充压线	盲	通	提前导通
28	D101 放空	盲	通	提前导通
E101 区域				
29	E101C 管程出口放空	盲	通	反应第一次置换后
30	E101C 壳程入口放空	盲	通	反应第一次置换后

续表

序号	安装位置	正常状态	停工状态	备注
31	E101F 管程出口放空	盲	通	反应第一次置换后
32	E101F 壳程入口放空	盲	通	反应第一次置换后
33	蒸汽至 E101A	盲	通	反应第一次置换后
34	氮气至 E101A	盲	通	
35	蒸汽至 E101D	盲	通	
36	氮气至 E101D	盲	通	
37	E101C 管程出口排污	盲	通	反应第一次置换后
38	E101C 壳程入口排污	盲	通	反应第一次置换后
39	E101F 管程出口排污	盲	通	反应第一次置换后
40	E101F 壳程入口排污	盲	通	反应第一次置换后
稳定区				
41	D104 底抽出	通	盲	稳定退油前
42	D121 底抽出	通	盲	稳定退油前
43	稳定塔底吹扫蒸汽	盲	通	稳定退油前
44	D201 底蒸汽	盲	通	稳定退油前
45	D201 液态烃至火炬	通	通	稳定退油前
46	D201 顶氮气	盲	通	稳定退油前
47	PV5101 后氮气	通	通	稳定退油前
48	D201 底新鲜水	盲	盲	稳定退油前
49	稳定塔顶放空	盲	通	稳定退油前
反再区				
50	反应器进料单向阀前去污油线	盲	通	使用前导通
51	D107 待生吸附剂入口	通	盲	反应卸剂结束后盲
52	D110 底部吸附剂出口	通	盲	反应卸剂结束后盲
压缩机区				
53	D122 底排空阀第二道阀后	盲	通	使用前导通
54	1.0MPa 蒸汽至地下污油总管第二道阀前	盲	通	使用前导通
55	清洗新鲜水至地下污油总管第二道阀前	盲	通	使用前导通
吸附剂储罐				
根据安环要求对 D112、D113 单独隔离				